争議的美味

Foie Gras

鵝肝與食物政治學

CONTESTED TASTES: AND THE POLITICS OF FOOD

米歐耶拉・德蘇樹
Michaela DeSoucey

王凌緯 譯

目錄

推薦序

食物政治學的必讀佳作

郭忠豪（臺北醫學大學通識教育中心助理教授）

法國菜素以烹飪技術純熟、地方食材豐富與高貴典雅氣氛聞名於世，其中作為法式料理著名食材的鵝肝與鴨肝，近年來受到動物保護團體的抨擊。引起廣泛批評的就是鴨鵝被拘束於窄小空間內，透過特定金屬器具將飼料「硬塞入」鴨鵝口內強迫灌食，促使肝臟變大進而販售獲利。上述景象透過報章媒體揭露流傳，引起各界批評人類為了滿足貪婪的口腹之欲，以不人道的方式對待動物，有違倫理。

《爭議的美味：鵝肝與食物政治學》從政治、社會與文化等層面深度探討「鵝肝」（即「肥肝」，Foie Gras）議題，原著英文書名是*Contested Tastes: Foie Gras and the Politics of Food*，由社會學家米歇耶拉·德蘇樹（Michaela DeSoucey）撰述，二〇一六年由美國普林斯頓大學（Princeton University）出版，在臺灣由「八旗文化」引介，並以精湛準確的翻譯品質呈現給中文讀者，提出了許多關於「食物政治」（Food Politics）的研究方向，值得讀者們深思。

作者米歇耶拉．德蘇樹（Michaela DeSoucey）曾在美國西北大學攻讀社會學博士，透過訪談芝加哥、紐約以及法國的主廚、餐館業者、鴨鵝養殖業者以及政府官員對於「肥肝」議題的看法，以客觀持平的態度彙整「贊成者」與「反對者」的意見，再透過「文化社會學」的研究方法，探索「肥肝」議題背後的歷史脈絡、品味建構以及飲食倫理。

第一章〈肝臟能給我們什麼教訓？〉簡介「肥肝」在法國菜的變遷與消費脈絡，豢養禽類增肥肝臟的食俗源自古埃及，爾後傳到南歐與東歐，並在法國發揚光大，並於二〇〇五年通過法案將「肥肝」列為「官方美食遺產」。然而，法國肥肝文化也引起批評，反對者以「強制」與「硬塞」等字眼描述灌食鴨鵝的殘忍行為，希望立法禁止「肥肝」消費。

第二章〈肥肝萬歲！〉論述「肥肝」如何從地方性食物，經過特定修辭與再造過程，逐漸成為代表法國飲食的佳餚。作者透過「風土」（Terroir）觀念，將「肥肝」置入法國「地方性飲食」脈絡，以東北部阿爾薩斯省與西南部省分為主。爾後政府再以「保護政策」與「觀光農業」策略將「肥肝」置入法國美食學（Gastronomy）範疇。當然，單靠官方推動成效有限，法國作家與餐館藉由飲食文學、菜單、食譜與圖片等方式宣傳「肥肝」美味，最後再由《米其林指南》（*Le Guide Michelin*）鞏固地位。有趣的是，性別（Gender）也扮演推動角色，法國「農村祖母」灌食鴨鵝的圖像與文字代表了「肥肝產業」中的「傳統」與「美德」。另外，法國的聖誕晚餐也提供「肥肝」菜餚。透過「美食國族主義」的建構過程，「肥肝」從小規模的地方產業變成甚具法國色彩的「跨國性」食品產業。我發現此章節的撰述脈絡與「拉麵」在戰後日本的變遷有相似之處，例如一九八〇年代在日本報章媒體宣傳下，「拉麵」得以普及全國，爾後加入日本元素，包括禪風服飾、日本音樂、嶄新裝潢以及不同食材，促使日本拉麵「去中國化」，逐漸成為象徵日本飲食的產物。*

第三章是〈打造美食國族主義〉，作者訪談法國西南部鴨鵝生產商，他們強調從飼養鴨鵝到製作肥肝的過程，需掌握氣候變遷、飼養方式、飼料種類與肝臟結構，是「手工」（Artisan）與「技藝」（Craft）的展現，再透過「新鄉村景觀旅遊」將肥肝產業的重要性與特殊性凸顯出來。

第四章是〈禁肝令〉，作者將主軸拉回芝加哥，考察「肥肝禁令」在當地引起不同回

* 請參閱George Solt, *The Untold History of Ramen: How Political Crisis in Japan Spawned a Global Food Craze.* (Berkley: The University of California Press, 2014). 此書已有中譯本，參閱喬治・索爾特，李昕彥譯。《拉麵：一麵入魂的國民料理發展史》（臺北：八旗文化，2016）。

應：動保團體以宣揚「仁慈」（Mercy）投入反對運動，政治人物可能為了名聲加入聲援行列，至於贊成肥肝的消費者也能提出合理說詞。第五章〈弔詭觀點〉，作者走訪紐約上州的「哈德遜谷」填鴨工廠，當地業者強調：人類不是鴨子，怎麼知道在填鴨時有「不愉快的感受」呢？此外，作者認為相對於一九八〇年代的「反皮草」、「反活體解剖」與「反吃小牛」等運動，「食物政治」（Food Politics）在美國發展日趨複雜。第六章〈結論〉說明某些特殊動物與飲食消費的爭議無所不在，例如部分歐洲國家食用馬肉、華人消費魚翅以及北歐國家與日本捕殺鯨魚等。

閱讀完此書，我深深吸一口氣，感受到今日社會的飲食消費（特別是肉類）確實複雜，因為背後經常涉及衛生、疾病、宗教、道德、動物倫理與政治議題。舉例來說，二〇〇三年在中國廣東順德發生的SARS事件以及二〇一九年在湖北武漢發生的「新型冠狀病毒」（COVID-19），均與消費果子狸與蝙蝠等野味有關。有鑒於此，中國當局開始禁食「野味」，但明顯抵觸了華人長久以來的進補食俗。此外，二〇〇七年進口殘留「瘦肉精」的美國牛肉爭議也涉及臺灣與美國雙方政治與經濟問題。再者，先前曾發生的禽流感、狂牛病、雞瘟、豬瘟和口蹄疫也說明了在全球化潮流中，當人類與動物流動愈趨頻繁之際，我們必須更加關注人畜間的衛生與疾病。

「動物權」（Animal Right）是此書主要論點之一，如果將之放在臺灣社會與華人脈絡，也有諸多議題值得研究。首先是「魚翅消費」的爭議，魚翅經常出現在宴會菜餚中，象徵富貴容華，隨著環保與動保意識提升，消費者逐漸出現共識，即減少消費魚翅或用其他相似的物質代替。其次，過去臺灣夜市常有現場宰殺「蛇鱉」強調滋補養生，此現象也受到動保團體抨擊，今日已不復見。

總結來說，我認為本書有許多優點：第一，作者的研究方法甚為嚴謹，不僅彙整自己的田野調查，同時也徵引許多社會學與食物研究的重要書籍進行對話；第二，本書結構完整且論點清晰，再加上翻譯流暢，可讀性相當高，非常適合對於社會人文、食物研究與動物權有興趣的讀者來閱讀；最後，該書提出「飲食政治」（Gastropolitics）與美食學（Gastronomy）的觀念甚具啟發性，強調「食物研究」必須納入時間、空間、文化修辭、道德規範與市場經濟等議題進行研究，才能完整地呈現「飲食文化」的複雜性與特殊性，上述觀點也值得學界將之用於華人與臺灣的飲食政治議題進行研究。

前言

我是以旁觀者的身分開始對肥肝著迷。二〇〇五年三月，《芝加哥論壇報》（*Chicago Tribune*）網站上的一篇文章，鉅細靡遺地刊出查理．綽特（Charlie Trotter）與瑞克．特拉蒙托（Rick Tramonto）這兩名當地主廚之間針鋒相對的言詞往來。讓兩位主廚爭論不休的是，綽特稍早決定自己的同名餐廳不再供應已販售多年的「肥肝」（Foie Gras），原因顯然是因為肥肝的生產方法。肥肝是透過刻意灌食而增肥的鴨肝或鵝肝，雖然被視為獨特、美味的精緻食材，卻也被當成工法殘忍又有違倫理的產物。特拉蒙托指責綽特的決定是偽善之舉，因為店內仍供應其他的動物製品；而綽特則揶揄特拉蒙托「並非這街區最聰明的傢伙」，並建議他料理自己那顆「夠肥」的肝。這場言論交鋒立刻演變成芝加哥食物政治的避雷針。

當時，我在芝加哥的週六小農早市擔任志工，兜售在地有機農場的產品。那個市集是當地大廚在為自家餐廳的週末特餐採購食材之餘的熱門社交場所。有些人因為這場論戰而震驚，說全國各地的主廚朋友都打電話來問：「芝加哥現在是在演哪齣？」其他人則認為這整件事有點幽默，因為他們私下都認識綽特和特拉蒙托，或是曾在他們手下工作。少數人在我問起他們對肥肝有何意見時，顯現出一種急於辯駁的惱怒，有些則注意到前一年導致加州立法禁止肥肝產銷的動物權宣傳活動。

雖然我於公於私都對食物的文化及政治感興趣，卻幾乎不識肥肝為何物，就算吃過，我也不記得。美國的食品雜貨店大多買不到肥肝，而我的研究生預算也不允許我到供應肥肝的高檔餐廳用餐。隔週，我前去法國拜訪在當地讀書的妹妹，我注意到肥肝出現在法國各城大大小小的餐廳與商店中，幾乎無所不在。我問了妹妹的法國友人一些有關肥肝的事情，也買了好幾罐當成伴手禮帶回美國。我在法國時，因綽特與特拉蒙托之爭而湧入的信件與網路回應讓《芝加哥論壇報》應接不暇。報紙刊出同一位記者的後續文章，讓這起事件不至於煙消雲散。肥肝倫理引發的激辯占據了像是「eGullet」或「Chowhound」等與烹飪或廚師相關的網路討論板。回國後，我將一小罐肥肝送給我在西北大學的指導教授蓋瑞・艾倫・芬恩（Gary Alan Fine），並和他討論那篇文章。蓋瑞拿著罐頭，看著它，又看著我，開口說道：「妳知道，這會是個美妙的計畫。」

一如往常，他是對的。

我隨即意識到，這場肥肝論戰遠比兩個火爆主廚的唇槍舌戰還更激烈、複雜，而且在社會學上更是扣人心弦。激烈混戰在美國、法國和其它地方爆發，而這些衝突正示範了我所謂的「飲食政治」（Gastropolitics），也就是處於社會運動、文化市場與國家管制交界地帶，關於食物的衝突。這個術語刻意喚起「美食學」（Gastronomy）一詞，一個帶有雙重意涵的詞彙，既指精進廚藝的研究與技術，也指源自特定地域、文化背景與人群的煮食風格。美食學關乎認同，而且關乎某種程度在社會上相當獨特的食物或料理，換言之，關乎大眾推崇或貶斥的食物之品味。飲食政治滲進了空間、修辭、潮流，以及支持著這一連串關於飲食物件和烹飪手法爭議的社會制度。這一連串的過程架構在時間與地方中，在不同的社會脈絡下可能會引發迥異的結果。飲食政治也相當能分化人群：如我所發現，食物消費既能創造人際紐帶，也能樹立壁壘。

我不是唯一受到《芝加哥論壇報》那篇文章啟發的人。在第一篇文章出現後的數週，芝加哥某位民粹議員在市議會提出一條法案，呼籲禁止該市的餐廳販售肥肝。我將在第四章詳述，這條禁令雖然在二〇〇六年通過，但在正反兩方人士僵持的遊說、幾樁官司、某些主廚與饕客的抵制，以及全國和地方媒體的滑稽揶揄下，兩年後又宣告撤除。這條禁令的發展軌跡提供了重要實例，指出在「好」食物衝突理念背後的利益糾葛，以及不同陣營如何區分敵我，推廣各自認定的公眾利益。

肥肝在美國與世界各地都引發了人們的恐慌與行動。儘管肥肝在美國是小眾產業（產值約兩千五百萬美元，和其他食品產業相比規模相對較小），但今日卻罕有其他食物政治議題比它更顯問題重重。當動物權團體鎖定肥肝作為標靶後，加州在二〇〇四年通過禁止肥肝產銷的法條。該禁令於二〇一二年七月生效，勒令該州唯一的製造商「索諾瑪肥肝」（Sonoma Foie Gras）停業，但在二〇一五年一月，禁令又遭美國聯邦地區法院撤銷。紐約州當時也在討論類似法條，而美國另外兩間肥肝廠商「哈德遜谷肥肝」（Hudson Valley Foie Gras）與「拉貝爾農場」（LaBelle Farms）正位於紐約。就連境內沒有任何肥肝製造商的州別，其民意代表依然通過禁止生產肥肝的法令。灌進媒體編輯台的信、名人證詞、反對肥肝生產的各種法案條文當中，無不充斥著道德與倫理的辭令：「人類價值」、「文明價值」、「美國價值」。以色列、奧地利、英國等其他國家也都提出反對法案，部分群眾對主廚與店員提出抗議或騷擾，甚至破壞餐廳。鴨子以兩極化的方式緊扣著雙方陣營的心弦。

我看得不可自拔。究竟是什麼那麼重要？足以讓人上街抗議、寫仇恨信、聯絡政治人物，甚至願意為此犯法？看似偏門議題的鴨子肝臟，是如何、又為何搖身一變，成為引起熱議又帶有情緒的政治象徵？我也想知道，抹黑一個規模這麼小、但象徵上又富裕的產業，如何影響動物權與福利運動更遠大的目標？而身為世界上最大肥肝生產與消費國的法國，又如何回應這些關於殘忍行為的凌厲指控？

將近十年來，我試圖透過文化社會學與組織理論的觀點找出答案，研究特定食物如何、並為何成為道德與政治爭議的試金石，而這些過程的結果又如何發生差別。早前我在方法論上做出選擇，決定將肥肝視為「文化客體」，追溯其歷史化的起源到其在現代產業、乃至於引來辯論的倫理地位。[1] 然而在研究一開始時，就連想取得肥肝的基本資訊都不容易。我的大學圖書館中沒有相關書目可用，學術期刊文章又僅限於獸醫學報告與水禽肝臟化學。亞馬遜網站上唯一一本關於肥肝、而不是僅提供食譜的英文書，是一九九九年出版的《肥肝：一種熱情》（*Foie Gras: A Passion*），而該書合著者正是紐約州「哈德遜谷肥肝」的老闆之一：麥克・吉諾爾（Michael Ginor）。

網路上也只能搜尋到有限的類似結果。今天，儘管因為對此爭議的關注漸增，而在網路上有更多資訊可尋，[2] 但當中多是來自肥肝的死忠擁護與反對者兩派的公關訊息。旅遊業與法國生產商的網站都稱肥肝是一種「傳統」且「道地」的食物，描繪著鴨鵝住在綠草如茵的原野上或古色古香的老式穀倉內。這些鳥禽的生活被描述得有如一首田園牧歌，而農人則以手藝照顧著一項備受珍視、帶有歷史意義的美味傳統。網站繼續解釋，這些鴨鵝在小農場中備受呵護，甚至會在餵食時間衝向農人。照片則將餵食過程描繪成慈祥和藹的老農人滿臉風霜，手長厚繭，有時還戴著貝雷帽，在以一根金屬長管餵食時將鳥兒緊緊抓住，但又溫柔地夾在兩腿間。烹飪與吃貨（Foodie）網站不分今昔，詳細地描述眾人追求的肥肝滋味，以及它柔滑如脂的質地，而且往往會呈現在布置漂亮的餐桌上，一盤盤精心料理的珍饈美照。

另一方面，動物權網站則宣稱肥肝農場是酷刑工廠。網站上的照片呈現看似孤苦無依的骯髒白鴨，在漆黑深廣的室內困於一列又一列的金屬籠中，非死即傷。少數拍到餵食者的照片常常呈現怒目、黑膚的男人圍在鳥籠旁，或是不懷好意地斜視著攝影機。「臥底」影片則呈現餵鴨人一手抓住鴨頭，將金屬管塞進牠們的頭喙當中，然後將鴨子摔在地上。陰鬱的旁白聲形容這些鴨子的生活充滿難以忍受的恐怖，並使用一些像是「硬塞」、「亂丟」、「折磨」等激烈字眼來形容餵食過程。這些網站也將肥肝與鐵石心腸的精英消費相連結，稱肥肝是「饕餮酷刑的病態物」，以及「絕望佳餚」。

這兩種極端描寫之間的鴻溝相當巨大，迫使我不僅反思自己的飲食偏好，也反思我願意容忍他人選擇什麼食物到何種程度。由於圍繞著肥肝的衝突與批判不斷，我發現，在廣義上來說，肥肝是我們對於食物諸多水火不容、層層疊疊的社會顧慮的縮影。爭論肥肝生產倫理的雙方都對這種工法的經驗性「證據」，提出在道德上有力、卻又完全互不相容的詮釋，而每一種詮釋都響徹著刺耳的弦外之音。重要的是，我也發現，最言之鑿鑿的擁護者與反對者，皆未就市場與道德觀向對手做出鮮明對立。他們反而呼籲市場行動者，以藉此正當化自己的道德論證，並且尋求法律與政治策略，將論證轉化為現實。

那麼，該怎麼調和對肥肝迥然各異的道德立場？這個疑問引出的議題是，我們如何辨識、命名及詮釋社會問題，尤其是關於消費者文化肌理的那些問題？為了好好回答這道關於食物文化價值的疑問，我們必然會在考量社會關係與空間的複雜性時遭遇障礙；在這些空間中，不同團體相互鬥爭，競相將自己的特定品味當成正當的品味。因此，我必須前往人們願意、並渴望為肥肝一戰的地方。

運氣、堅持、社會網絡，再加上陌生人的熱心，讓我得以蒐集到本書所需的資料。我知道，二〇〇六與〇七年若沒有前往法國，我就無法理解肥肝在文化、政治與市場之間的交互作用。我主要是在〇五年到一〇年間於美國蒐集資料，並持續觀察事件的發展，也在一五年進行額外的訪談。橫跨美法兩國，我在不下十數間農場、工廠、零售店、餐廳與廚房、抗議運動與集會現場，以及滿是西裝筆挺人士的芝加哥市議會前廳中花了許多時間。我在巴黎國家圖書館中研究肥肝產業歷史，也大量蒐集報紙文章、新聞稿、廣告、旅遊指南、動物權文獻、法院與立法會議聽證紀錄、獸醫報告、照片，以及一些貼紙、磁鐵、鑰匙圈，甚至是一小盒肥肝口味口香糖之類的瑣碎小物。我在美法兩國對生產、推廣、辯護、烹煮、反對或報導肥肝的人士進行了八十次的訪談以及無數次非正式討論，從大量資源中努力爬梳出不同趨勢的行動、資源與動機當中的細微差異。

我嘗試接觸兩國當中的雙方陣營，以便公平且生動詳實地向讀者呈現正反兩方。然而，出於兩個原因，這項任務的挑戰性相當高。首先，許多我在美國有意訪問的人，包括主廚查理．綽特、「拉貝爾農場」的老闆，以及「動物保護拯救聯盟」的領袖，都未回應我的數度請求。我也無法造訪目前已歇業的「索諾馬肥肝」。有好幾位主廚回覆我，說他們沒空，或是直接拒絕受訪。就像其中一位在電子郵件裡告訴我的：「很不幸地，肥肝這個主題反應太兩極，任何留下紀錄的人都是在冒著某些風險。」其他人則是受老闆或母公司指示，不願多加透露，儘管我已經告知訪問不會具名刊出。

所幸，我不是唯一有興趣深究這道議題的人。二〇〇七年，我在芝加哥一場烹飪研討會上認識了馬克．卡羅（Mark Caro），他就是在《芝加哥論壇報》上以一篇文章引爆肥肝大戰的記者。原來，馬克當時也在寫自己的書《肥肝大戰》（*The Foie Gras Wars*）。馬克與我決定合作，甚至在該年秋天一起到法國進行了一趟聯合研究之旅。由於身為大報記者，馬克握有大量我有意多加了解的人士的接觸管道，而且不限於上述那幾位；他也和我分享了一些逐字稿與筆記。在參加活動、拜訪農場、聯合訪談人物時，他「報導」，而我「取材」。我們在同樣的場合或活動上提問不同類型的問題，注意不同面向，並在訪談過程中彼此核對事實與概念。我的研究因為他而更好。

此外，美法兩地的人都希望我再更深入捲進他們的目標。當時我並不理解自己能對遇到的每個人質疑或檢驗到什麼程度，例如，在對芝加哥餐廳的抗議中，餐廳員工與動物權運動人士都告誡我要「選一邊站」，甚至指控我「通敵」。在某個出乎意料的場合上，一位精緻食材公司的員工叫我放棄學術研究，「去PETA當臥底」，[3]好釐清「他們真正要什麼」。我的田野筆記顯示我常受這類情況所擾，尤其是在研究初始之際。

很明顯的是，我個人的消費選擇也關係到能否聯絡上潛在的受訪者，以及他們願意跟我分享什麼。許多激進分子問我是否為素食者，在我回說不是之後，就拒絕回答我備妥的訪題，反而試圖說服我皈依純素主義。這種事情實在太常發生，導致我認為再進行當面訪談可能會成效不佳。因此，我的分析格外仰賴馬克．卡羅的筆記、我觀察抗議活動現場時所寫的田野筆記，以及運動組織的文獻。一位芝加哥的運動人士將我加入了群組電郵清單，讓我能跟上相關活動與討論的最新資訊。我也蒐集了其他來自記者、學術研究者、社群媒體與線上討論區的關鍵運動人士的意見。[4]我與運動人士接觸的管道限制，自然也侷限了我對他們熱誠呼聲的分析。

法國某些肥肝生產商對於和我會面晤談也有所遲疑，甚至透過我個人的認同來檢視我。我的「美國人」身分讓不少法國人對我在場感到相當不自在。某位我認為是有力的潛在情報提供者就告訴中間人，要是我「喜歡吃肥肝」，她才願意和我見面。我在許多場合得先在受訪者面前吃下肉或肥肝，才能讓他們對我開誠布公。我有兩回在法國西南部小型農場的屠宰場裡，甚至拿到剛從鴨身取下的生肝（就像做餅乾的生麵糰），而且必須當場在受訪者面前吃掉。諸如此類的事件讓我再次確信，信念堅定的素食者根本無法進行這種研究。肥肝無疑是一道既敏感、又檢驗著界限的議題。

不過，重要的是，我的目的打從一開始就不是為了證明或反駁肥肝的殘酷，或是在聲勢最大的挑戰者與擁護者之間判斷誰才是對的一方。在研究大眾為何如此看待事物、又為何如此解釋時，質化社會學（Qualitative Sociology）方法相當有用，但不太適合回答「我們是否應該吃什麼」這種規範性（Normative）的問題。我把話說在前頭，是因為肥肝敵友兩方都使用互相悖反的證據指控對方雙重標準，這種方式很合理地會帶出誰是對的，或起碼是誰比較正確的問題。老實說，我一開始以為我的同情最終若會歸於其中一方，那麼，基於最初從新聞與網站蒐集得來的資料判斷，應該會落在反肥肝運動人士那邊。然而，在我持續評估這些團體對食用動物投入的奉獻，而且深入了解其運動的哲學基礎後，我卻發現，整體議題遠比他們宣稱的更為複雜。

重申一次，本書目的不在於對食物系統中的道德選擇做出規範性論點，也不在於記錄或禁止是否應該或不該吃些什麼。相反地，本書是在道德情操、言談、品味與豐富又分歧的象徵政治產生交互作用之際，提供社會學的分析。本書帶領讀者同遊我在法美兩地探索肥肝世界的旅程，並且突顯肥肝飲食政治的文化衝突。當我使用「美國的」或「法國的」這類詞彙，並討論某種程度上架構在國家脈絡中的文化品味之爭時，我也認知到避免本質主義分類的必要。肥肝在美法兩地各自有其擁護者、反對者、行家與批評者。儘管本書涉及國情差別，但也涉及兩國文化的進程差異。儘管如此，若說肥肝是珍稀料理，這在美國是對的，但在法國則不然，這也使得如此對照更有價值。前言之後的各章將有更局部細節的重點描寫，研究象徵上的衝突如何造成出乎意料、物質性的後果。我的目標是協助讀者了解，是誰涉入這些戰爭、他們認為迫在眉睫的是什麼、兩極化的道德情操如何影響餐飲潮流，而文化上的推崇與輕蔑在相互碰撞時又會發生什麼事。

通俗文化對於食物生產與消費的關切益發增長，也推促它成為學術界的熱議話題。大眾於公於私都對食物滿懷熱情，而你我的食物選擇始終參雜著道德基調。食物系統對待動物的方式與相關實踐是否應受法律管轄，這點尚值得辯論。雖然我認同對這場格局更大的辯論來說，肥肝是一片情勢不穩的戰場，但因其構成當代食物政治世界一角的方式，肥肝同時也是個意義特別豐富的案例。藉由對照脈絡以展現其運作，我對肥肝進行的研究有助於更大規模的對話。

因此，本書處理的問題不只是吃貨之樂、工廠化養殖場的殘酷行為，或是傳統在現代世界中的適當定位，也與形塑你我消費選擇的社會認同和制度的結構有關。我們如何為了代表我們是誰的事物而向彼此開戰？我希望本書能提供一個具有說服力的質化社會學案例：一個自有其趣、又能強調食物政治作為社會學研究主題重要性的案例。我也希望這個例子能延展象徵政治理論，使其涵蓋大眾如何理解「什麼是否道德」的過程。正如我們會從肥肝這例子中學到的，在有關食物的料理品味與政治爭議中，道德主義會讓其中一方的享受成為另外一方的毒害。道德政治是我們決定吃什麼、食物生產的政治經濟、政府對食物的管制，以及公民社會影響食物系統之作為的行動基礎。我們對於某類食物的偏好和對其他類的反感，或許看似個人傾向，然而，事實上這些選擇往往受到你我決定是非對錯的道德情操所牽引。

第一章

肝臟能給我們什麼教訓？

二〇〇三年夏季，動物權激進人士鎖定了法裔律師暨企業家，迪迪耶．若貝爾（Didier Jaubert）與其美國妻子萊絲莉位在加州聖羅莎市（Santa Rosa）的住處。他們的屋子遭人潑灑紅漆，大門與車庫鎖孔灌滿黏膠，屋舍與座車被噴上「殺手」、「自己住手，否則我們動手」的字樣。若貝爾是一間開幕在即的商店的合夥人；這間名為「索諾馬滋味」（Sonoma Saveurs）、兼作咖啡廳的食材專賣店就位在索諾馬市中心廣場、一幢土胚牆歷史建築內，將提供各式在地的精緻手工食材，當中也包括肥肝。這場破壞行動的隔天，一個名為「BiteBack」（反咬一口）的動物權網站上有一則匿名貼文寫道：「我們不能讓這間餐廳開門……，若貝爾要知道，大眾不容許如此殘忍的暴行。」

若貝爾當時的合夥人是舊金山Aqua餐飲集團的企業行政主廚羅洪．蒙里克（Laurent Manrique），以及索諾馬肥肝（Sonoma Foie Gras）的老闆魏勒莫．龔札雷茲（Guillermo Gonzalez）與瓊妮（Junny Gonzalez）夫婦。在若貝爾家遭到攻擊後隔兩晚，蒙里克在馬林縣（Marin County）的住處也遭「擔憂的公民」（正如「反咬一口」上的貼文署名）以類似手法破壞；該則貼文還公布了若貝爾兩位合夥人的住址。蒙里克住處外牆被潑灑紅漆，座車則遭油漆稀釋劑洗禮，車庫門與車門鎖孔也被灌滿黏膠，整座家園都被噴上「殺手」、「施刑者」、「滾回法國」之類的標語。蒙里克隔天在信箱裡發現一卷錄影帶。當中影像是從他家前院樹叢間偷拍的，內容是他跟小兒子在客廳裡玩耍的畫面。錄影帶上貼著一張未具名的紙條，上頭說他們全家都處於監視下，要求他「自己終結鵝肝事業，不然我們終結你」。

兩週後，激進人士闖進「索諾馬滋味」的門市，對那棟古蹟造成估計約五萬美元的損毀。屋內的牆壁、器物、固定裝潢覆滿紅漆與塗鴉，像是「鵝肝＝死」、「終止動物虐待」、「恥辱」、「滾」、「慘」。他們還將水泥倒進準備用來設置洗手台和廁所的排水口內，接著打開水龍頭，讓整棟建築連同左鄰右舍一起淹水。「反咬一口」隨即貼出一篇對這次攻擊行動甚為幸災樂禍的報導，「灌水泥戰術代表灌進鴨子喉嚨的高密度餵食；對水管的破壞招數象徵灌食對鴨禽消化系統的傷害。」此外，淹水是為了「懲罰」龔札雷茲「奪走了那些受折磨的鴨子用於理毛、沐浴的清水」。這則貼文繼續寫道：「現在魏勒莫肯定得在開幕那天游上一泳。」[1]

這三起行動皆無人出面承認犯行，也無人因此遭到逮捕。在調整營運方針與菜單，而且捨棄了原本的微笑鴨子商標設計後，「索諾馬滋味」在同年稍晚才開幕，[2]但不久便關門大吉[3]。索諾馬縣警局局長向記者形容那次攻擊，是一起「老練的國內恐怖行動」。在當地警務單位建議下，蒙里克在自宅裝設了保全系統。「我來美國，是因為這裡是自由的國度，」他對《洛杉磯時報》（*Los Angeles Times*）記者說道：「但發生這些事情，還把我家人牽扯進來，這就太離譜了。」[4]蒙里克在收到影帶不久後，就以舊金山餐廳的工作合約為由退出合夥關係。同時，若貝爾也高呼，肥肝是他自身的文化傳統，並呼籲抗議形式應該更為理性，而非動用如此私刑。他對《索諾馬報》（*Sonoma News*）表示：

> 如果你不喜歡肥肝，我能理解。如果你不希望有人賣肥肝，那你可以在店門口抗議，或是寫信給新聞編輯。但趁夜裡損毀歷史建築、攻擊他人家庭，還引以為傲，這我就很難理解了。[5]

是誰在乎肥肝？

這起事件連同在加州各地與周邊後續出現的事件，都圍繞著一種格外引人爭議的食材：肥肝。這種刻意被養大的鴨鵝「脂肪肝」在法國料理中是很受歡迎的食材，卻也讓動物權支持者在道德上感到芒刺在背，而爭論聚焦在肥肝的生產方式。為了養出肥大的肝臟，人類會在鵝或鴨生命的最後一週，以一種特製圓筒或導管，餵食經過計算、並逐次增量的穀物（最典型的是玉米或玉米和黃豆的混合碎末）。這道製程的法文稱作「填餵」（Gavage），最簡單的英文對譯為「灌食」（Force-Feeding），而負責餵食者則依男女之別稱為「Gaveur/Gaveuse」（填餵者）。在為期十二至二十一天的填肥期間（視養殖場而定），這些鳥禽的肝臟會長成六至十倍大，脂肪重量比從原本將近百分之十八增加，最高可至百分之六十。肥鴨肝平均重約一點五至兩磅（未經灌食的鴨肝則重約〇點二五磅）。

著名的烹飪史學家席瓦諾・賽文提（Silvano Serventi）寫道，肥肝是「感官愉悅的同義詞」。[6]作為料理，它通常是以一道小份量的前菜（First Course）送上。肥肝可在快煎後作為熱食，通常佐以甜味水果點綴。更傳統的做法則是在低溫慢煮後作為一道冷食的肝醬（Pâté）或醬糜（Terrine）。肥肝醬的口感絲滑綿密，滋味豐富且獨特。名廚安東尼・波登（Anthony Bourdain）曾經稱讚肥肝是「這星球上最美味的食物之一，也是烹飪當中最重要的十種風味之一。」[7]

在美國尚稱一種新穎美饌的肥肝，其實是發源於遙遠異鄉的食材，長久以來都被認為是奢侈與名望的象徵。歷史學家認為，這種為求肝臟而豢養、增肥水禽的習俗可追溯至古埃及時代，包括巴黎羅浮宮館藏在內的莎草紙捲軸與石板浮雕，都描繪出古人將濡濕的穀物透過中空蘆葦桿灌餵家鵝的工法。[8]這種習俗傳播到了東歐與南歐（匈牙利與保加利亞至今仍有規模龐大的肥肝產業），並在法國發揚光大。兩百多年來，肥肝也在法國聞名於世的烹飪藝術中位居主角。[9]在二十世紀中期之前的法國，肥肝（當時大部分以鵝肝所製，但也會使用鴨肝）主要是充作一道節令時鮮（秋季是肥肝收成的季節），大多保留給精緻餐廳和一般家庭的特殊場合，尤其會用來慶祝聖誕節與新年。

二戰結束後，法國的肥肝生產在國家的金援加持下迎向工業化，使得肥肝能終年產出、降低成本，並且激發出新的消費需求。隨著肥肝生產工業化，這個產品有了本質的改變。最顯著的變化是業者將原本主要使用的家禽從鵝改為鴨，因為鴨隻更能適應嶄新的機械化餵食法。在法國琳瑯滿目的農產中，即便肥肝目前只是小小一角，但仍是一個產值高達十九億歐元的產業，全球八成的肥肝生產與九成的消費都在法國。根據法國的官方統計，全法國肥肝產業包含將近一萬五千座養殖場和六百所加工設施，從小型家庭企業到全國性的商業公司一應俱全。法國肥肝產業約有三萬名的從業人員，而且間接影響到十萬個當地的工作機會，諸如獸醫、零售商、市場行銷與觀光。

對消費者來說，肥肝是法國廚藝的中流砥柱，不論是在專賣店、超市、熟食店、連鎖店還是露天市場、網路商店都可購得。從不起眼的街角餐酒館到米其林星級的美食殿堂，各式各樣的餐廳都會將肥肝列入菜單。然而，儘管聲稱肥肝與法國傳統歷史間存有正統連結的話語及圖像廣為流傳，現今法國的肥肝其實大多來自大眾難以看透的現代工業化的生產模式。少數幾家企業掌握著絕大多數的肥肝市場，以不同的品牌名稱銷售產品，並極力地向大眾淡化其商業動機。

二十世紀晚期，與肥肝產業現代化同步發生的是，肥肝逐漸被人視為法國文化寶藏中一項岌岌可危的資產。一九九〇年代末，法國西南地區生產的肥肝獲頒歐盟的「地理標示保護」（Protected Geographical Indication）標章，名列國家特產食物之林。[10] 二〇〇五年，法國國民議會與參議院投票表決，以法律保障肥肝作為一項國家的「官方美食遺產」。法國通過此案決議，表面上是為了回應歐盟其他成員國對於生產肥肝的倫理疑慮，實則是一個數百年來都以自家精湛廚藝作為國際文化遺產、亦是民族驕傲的國家，將肥肝既實質又象徵地鑲嵌進了國族理念當中。

法國肥肝產業的鄉村景觀與小規模經營，如今都被視為國家寶藏，而這些充滿崇敬的眼光也有助於肥肝產業轉型、吸引觀光客前來參觀。製作肥肝的傳統手藝在法國西南地區欣欣向榮，當地政府與觀光協會無不將之當成一種文化遺產、美食、風土（Terroir，亦即「一地之味」）的獨特元素來推廣。有些城鎮甚至宣稱自己就是「肥肝首都」，自我行銷成一處別具魅力、真誠純樸、洋溢人間美味的必訪景點；訪客所見的肥肝也成為某種傳統手工、絕非工業量產、需要受保護的獨特產品。肥肝產業的生產條件在這裡愈是被忽略，這種國族迷思就愈容易行銷，也愈容易受共有歷史的感性敘事和召喚集體記憶所掩飾。肥肝身為瀕危傳統資產的地位，使得它幾乎不可遭受非議；然而肥肝能得到如此地位卻不是一種必然的進程。重要的是，這過程之所以發生，是因為政治風向正確時，國際事務能夠、也確實對地方造成了影響。

美國在一九八〇年代之前並沒有肥肝商品，是後來隨著東、西岸兩間各自獨立的公司創立，才得以在這個市場問世。「索諾馬肥肝」是由前文提到的魏勒莫・龔札雷茲於加州創立；龔札雷茲出身薩爾瓦多，曾在法國西南部一處小規模養鵝場學習製作肥鵝肝。「哈德遜谷肥肝」（Hudson Valley Foie Gras）則是由前債券交易員轉職廚師的麥克・吉諾爾，與在紐約上州買下一處營運不善的養雞場並進行改建的以色列裔鴨禽繁殖商伊西・亞奈（Izzy Yanay）聯手創立。八〇年代之前，由於聯邦政府對歐洲新鮮家禽製品的進口法規限制，美國本土幾乎無從獲得新鮮肥肝。[11] 這兩家公司因為分別鄰近紐約與舊金山這兩個廚藝重鎮的地利之便而獲益。隨著美國人在九〇年代擴展了美食口味的範圍，肥肝料理於是成了高級都會餐廳炙手可熱的珍饈美饌，[12]《紐約時報》（*The New York Times*）提及肥肝的次數更是在九〇年代末達到巔峰。[13] 時任「哈德遜谷肥肝」的行銷總監告訴我：「肥肝在所有人的菜單上。《紐約時報》的餐廳評論者會使用『無所不在的肥肝料理』這種字眼。從此，肥肝就從一種古怪的玩意兒變成了日常語彙。」在肥肝成為頂尖餐廳、當紅主廚與上流饕客的口中語彙之際，她說：「我們發現產品銷售成長了，大家就是要肥肝。當時我們很擔心大眾會像過去那樣，對肥肝覺得膩了之後，就轉而關注其他食材，更別說上頭還有法規。」

「哈德遜谷肥肝」在二〇〇〇年中期雇有兩百名員工，年產約三十五萬隻鴨，透過精緻食材供應商將產品鋪蓋全美。稍後更名為「索諾馬手工肥肝」（Sonoma Artisan Foie Gras）的「索諾馬肥肝」，在加州於二〇一二年七月禁止肥肝產銷之前，每年可產七萬五千隻鴨。在九〇年代末，「哈德遜谷肥肝」前員工在老東家附近的「拉貝爾農場」飼養供應肥肝的鴨，每年可產約十三萬隻鴨。第四間公司，一間成立於二〇〇〇年代早期、位在明尼亞波利斯（Minneapolis）城外的兩人養鴨場「美味鴨」（Au Bon Canard），年產約兩千隻鴨。儘管有多方經濟利益牽涉其運作，美國肥肝市場在二〇〇〇年代末的產值約為兩千三百萬至兩千五百萬美元，大約是法國產業總值的百分之一。[14]

對美國消費者而言，肥肝可說是稀奇古怪，稱其為「產業」更是近乎可笑（不過是美國食物體系每年流通的一百億頭動物當中的五十萬隻鴨子）。[15]任何一間美國典型的現代養雞場單日處理的雞隻數量，都還多過「索諾馬肥肝」一整年處理的鴨。[16]肥肝的價位讓它超乎多數美國人的可及範圍：零售價大約每磅七十美元，消費者主要只能在高級餐廳與食材店取得。[17]多數美國人並不知道肥肝為何物，品嘗過的甚至更少。引領潮流的餐飲圈與廚師界才是肥肝真正闖出名聲的地方，這圈子裡有不少人都是以文化品味領導者的身分打進名人界。[18]肥肝料理為一些美國知名餐廳的菜單錦上添花，也在一批「無所不吃」、「無所不敢」的饕客間培養出粉絲群；這些愛好者追求非比尋常、異國風情又刺激的飲食經驗，看待食物也相當嚴肅[19]，他們有時會被人稱為「吃貨」。[20]

然而，肥肝不只是一種美食的象徵，它同時也是道德政治議題，對那些認為拒吃還不夠的人來說，則是一項爭議。在美國與其他地方，肥肝的生產常受到關於道德的強烈批判。批評者認為，以一根二、三十公分長，通常為金屬製的管子灌食鴨鵝，[21]使其肝臟肥大，此舉顯然是虐待動物。[22]雖然相關運動人士從九〇年代起就試圖喚起公眾對於肥肝的關注，例如一九九一年PETA對哈德遜谷肥肝進行的「調查」可謂此舉的開端，但影響始終有限。一九九九年，史密森尼學會（Smithsonian Institution）在接到動物權組織與關切此議題的名人來信後，取消了為推廣麥克．吉諾爾的新書《肥肝：一種熱情》所辦的一場小組討論暨品嘗會。[23]然而一旦出了動物權界與幾篇報紙短文之外，這類行動卻得不到多少關注。

後來，反肥肝人士在二十一世紀初突然備齊了天時、地利、人和。在「索諾馬滋味」遭破壞後，舊金山ABC電視台所屬的KGO電視台播出一個名為「殘酷美食網」

（GourmetCruelty.com）的團體製作的《絕望美饌》（*Delicacy of Despair*）紀錄片片段。[24]這部目前仍能在網路上看到的短片，呈現出該團體的「臥底調查」，以及對「索諾馬滋味」與「哈德遜谷肥肝」的鴨子進行的「公開救援」。這種「救援」是一種常見的直接運動策略，激進人士從養殖場或處理廠帶走動物，安置於「復健中心」，同時記錄動物在被發現時的生活條件。[25]影片播出後，先前報導過「索諾馬滋味」破壞行動的《洛杉磯時報》記者隨即聯絡上「動物保護與營救聯盟」（Animal Protection and Rescue League, APRL）負責人布萊恩·皮斯（Bryan Pease），這位投入動物權運動的前法律系學生這三年來都與「殘酷美食網」團隊合作，入侵並暗中拍攝肥肝養殖場的運作。

皮斯邀請該記者與三位APRL運動人士，隔夜帶著攝影機潛入「索諾馬滋味」的養鴨場。翌日，《洛杉磯時報》刊出一篇紀實報導，詳述他們一行人如何從某處圍牆縫隙擠進穀倉，接著從一千五百隻鴨當中帶出四隻鴨子。[26]龔札雷茲以擅自闖入與偷竊兩項罪名把皮斯告上民事法庭；皮斯與法律導向的動物權團體「為動物辯護」（In Defense of Animals）則反控龔札雷茲觸犯了反虐待動物法。

接下來，就連加州政府也捲入這場風波。二〇〇四年二月，加州民主黨參議員暨參議院臨時議長約翰·伯頓（John Burton），在議會上發起一項「禁止為增肥肝臟超過自然尺寸而強迫灌食家禽、並販售此製程產品之行為」的議案，這可是美國破天荒第一遭。伯頓與某些動物權組織聯合提出這條法案，因為他認為，一如他所解釋的，肥肝「不僅非屬必要，而且有違人道」。[27]該年九月，該議案以二十一比十四的投票結果通過，並由當時的州長阿諾．史瓦辛格（Arnold Schwarzenegger）簽署成為法條。[28]重要的是，這條新法條文包括將近八年的延後執行期，宣稱是為了讓「索諾馬滋味」有時間去發展一種「能讓鴨子透過自然方式攝取穀物，以增大肝臟的人道製程」。此舉讓加州能以一件表面上還受保障的事情，即人道養殖家鴨，來平衡合法經營業者的權利。州政府為了交換龔札雷茲撤回抗告，讓他免除了APRL與「為動物辯護」對他提出的反動物虐待訴訟。這項法案最終於二〇一二年七月一號生效，並讓「索諾馬滋味」歇業。

從此以後，肥肝不只是令那些動物權運動人士興奮的首要議題，也引來媒體極大的關切。[29]加州的事件為橫跨全美各城的動物權運動人士吹響了號召令，致使眾人發起反肥肝運動。從《紐約時報》、《時代雜誌》（*Time Magazine*）、《福斯新聞》（Fox News）到《葡萄酒觀察家》（*Wine Spectator*）等各媒體都開始注意到這群自稱「解放家鴨鬥士」的人。[30]美食寫手與餐廳評論家也以社論表達各自分歧的觀點。肥肝在當時成了食物政治學的一道敏感爭議。

作為動物權運動人士的標靶，肥肝不過是產值上億的美國食物產業中，相對微不足道的一小塊。若要論當代工業化食物系統中的虐待動物議題，爭論要多少就有多少，然而其中只有少數議論能成為公案。[31]在美國百姓的眼中看來，肥肝的生產非常不人道，而且「Foie Gras」這異國名字聽來陌生，也與他們缺乏文化與情感連結。肥肝也缺乏體制性的資源，例如上述四間美國養殖場，沒有一間與全國家禽或家畜產業遊說集團有強烈的連結。這表示運動人士在此議題上可說是勝券在握，他們因此自認能駕馭大眾的憤慨，並足以迫使肥肝徹底消失。他們能成為說服餐廳不再供應肥肝、叫大眾不再食用、讓政治人物立法禁絕的道德之聲。雖然針對肥肝的法律禁令實以象徵性的勝利成分居多，因為這些禁令對多數美國饕客並無實質影響力，但禁令似乎又能成為這些團體後續向畜牧業發動規模更大的戰爭的立足點。時機雖然大好，但風險也奇高。

宣稱道德權威

過去這十年的爭論實情顯示，不論是支持或反對肥肝的論調，皆是關乎道德要求多過客觀陳述。多數捲入這場戰爭的人與團體，正反兩方皆然，都聲稱他們對當代食物體系關切甚深。不過，不論從食物或其他角度看來，這些人卻與如何定奪肥肝在嚴肅社會問題光譜上的位置，格外相關。本書描述的是那些確信自己行為正確、甚至是在致力催生一個更公正、美好的世界的社會行動者所採取的行動。然而，這些人或團體的優先價值、動機與道德信念基礎，在根本上卻截然不同。此外，對肥肝生產或消費的每一道正反爭論，若無法同時兼顧政治與經濟脈絡，則在理念上都不算完整；更明確來說，我們不可能將食物的道德政治，從國家管制的實踐政治與市場驅力的運籌帷幄中單獨梳理出來。

起身反對肥肝的，正是「動物權運動」這類全球社運潮流中的運動分子。各式各樣的動物議題運動人士認為，自己正跟隨道德改革前輩的腳步；這些前人挑戰了社會中的主導文化符碼，關注種族與性別歧視導致的社會弊病，而動物也同樣值得尊重、同情，擁有權利。[32]大部份的動物權運動雖非暴力，然而，就像絕大多數大規模、多元化的社會運動，還是有一部分的人認為得走不同的路線，採用犯罪、脅迫、恐嚇等手段，向他們眼中對動物有道德不義之舉的對象開戰。

社運人士在選定特定標靶之際通常會考慮幾項目的，包括加強大眾意識、募資、增廣並塑造媒體覆蓋，以及鼓吹大眾行為與法規做出改變。對欲打擊虐待動物行為的人士而言，以金屬管強迫灌食鴨隻，根本就應該引起公眾憤慨，而如此工法產出的甚至是一種其名不知如何發音的奢侈食材，這在美國無疑是雪上加霜。動物權運動人士另一項主要的指控，是禽類增肥肝臟的代謝變化並非如業者聲稱，屬於自然生理過程的結果，反而是一種人為誘發的痛苦疾患。[33]正如一位運動人士告訴我的（同時影射美國人心所繫的社會共識），讓「圍繞著虐待運轉的整個產業」繼續存在，所需的道德代價實在太高。

符號、文字、鮮明的影像，在催生美國輿論對肥肝的集體反感上，這些無不扮演著關鍵要角。在我對動物權運動人士的訪談中，以及他們自己的媒體訪談、聲明稿、網站與抗議現場，他們反覆以「硬塞」、「推擠」、「強迫」等類似詞彙，描述一道他們認為是「帶來創傷」、「令人憎惡」、「本質殘酷」的工法，而這個工法正導致家禽「徹底的疼痛與折磨」。[34]獸醫暨反肥肝運動人士荷莉・契佛（Holly Cheever）在芝加哥市議會的見證下如此描述灌食過程：

> 一根無彈性的粗糙金屬管……，在牠們受到強迫束縛的同時，每日三次硬塞進牠們的食道……，一旦因為腹部腫脹而無法行走，牠們會可悲地用翅膀拖著身體，試圖從餵食員手中掙脫。[35]

這類指控可以如此犀利、血肉糢糊，聽在某些人耳裡格外具有說服力。不少餐廳與名廚因此誓言不再以肥肝入菜。某些州內不產肥肝的州議員也推動法案，預防肥肝養殖場在自家州內開業。國內幾個區域性的反肥肝陣營也得到全國性的媒體報導，這就是一種社會運動的成就。然而，激進人士在將肥肝妖魔化的同時，也會遭遇抵抗。

當然，大眾對食物口味及對食用動物的整體倫理態度相當多元。許多饕客與主廚都認為，肥肝是一種正當的餐食選擇，而且必須仍是一種選擇。此外，一些親自走訪過養殖場的記者、學者、意見領袖，也都紛紛質疑動物權運動人士所稱的虐待，以及他們描述工法製程的真實性。

擁護肥肝者所持的論點是，或許灌食在未受訓練的人看來具有傷害性，但此舉未必會讓家禽受罪。多數美國人、甚至許多農業科學家，都對水禽的生物構造所知甚少。[36]肥肝支持者面臨的問題是大眾會將家禽擬人化，將人類的屬性與特質套用到牠們身上。鴨當然能感受痛苦與壓力，肥肝製造者也認同這個看法，但會對人類和鴨造成傷害的行為卻有所不同。就像業者一再告訴我的，水禽與人類的消化道結構並不一樣，水禽的食道是角質構成，沒有神經末梢，把石頭吞進砂囊磨碎食物是禽類消化過程的一環。

此外，鳥跟人類不同，有分離的食物與空氣進道，而且也沒有咽反射。我請一間設有屠宰場的法國養殖場讓我觸摸、觀察剛宰殺的鵝的食道。鵝的食道內壁觸感光滑、質地如橡膠，燙過之後會像指甲一樣彎曲。肥肝業者與支持方的科學家都宣稱，增脂工法是得利於候鳥的生理學自然特徵，候鳥必須狼吞虎嚥，在肝臟囤積過量脂肪，如此才能儲備遷徙時所需的能量。他們宣稱，若是停止填餵，這個增脂過程是可逆的。但相同的工法無法用於雞身上，因為雞肝不會像水棲候鳥的肝臟那樣發生轉變。

我發現，在面對折磨與虐待動物的指控時，法國的肥肝生產業者會駁斥外界認為他們的所為會造成鴨鵝痛苦的看法，甚至溫和地以嘲諷回應。這些人當中有許多都宣稱自己「愛護」鳥兒；儘管就如其中一人告訴我的：「提供肝臟就是牠們的工作、牠們的命運。牠們是養殖場動物，不是寵物。」他們的辯駁理由皆指向水禽獨特的生理構造，以及相對小規模、親密、人手親為的肥肝生產工法。他們理直氣壯地宣稱，鳥兒在「好養殖場」裡會得到極佳的照顧，因為「鴨子養不好，就長不出好肝。」、「人鵝之間有極強的羈絆、一份尊重、一道情感連結。」紐約的精緻食材供應商「達太安」（D'Artagnan）的法裔創辦人阿麗亞娜・達甘（Ariane Daguin）如是說；她是將肥肝引進曼哈頓餐廳的首批人物之一。

美國餐飲界的肥肝辯護者在試圖止住爭議時也提到，肥肝生產在道德上並不比巨型工廠式的現代養殖場敗壞到哪兒去。由於肥肝的生產規模相對小、生產方法相對精準，因此可能還更為人道。每當你我選擇吃肉，就是在吃肉的個人欲望和動物的不適與死亡之間求取平衡。從這個角度來看，一個人或社會若是相信為取得肉食而養殖、宰殺動物在道德上是可接受的，那麼，就不該反對出自「好養殖場」的肥肝。這些辯護者宣稱，大眾普遍與畜牧業完全不浪漫的現實面脫節，這才是更大的議題。儘管有調查顯示，關切養殖場動物福利的人數已有提昇，[37]但對多數人來說，看到任何一種和童書不符的處置動物手法，仍舊相當刺眼。美法兩地身涉當代食物政治的領銜人物，像是廚師、評論家、餐食寫手、永續農業倡議者等，有許多人都宣稱肥肝戰爭不過是一顆煙霧彈，會分散大眾對現代工業化食物系統中「真實」且「更為嚴肅」之社會議題的注意力。

在此必須重申的重點是，肥肝的「問題」並無法輕易藉由不受偏見影響的科學研究解決，前述僅是提出水禽生理的客觀研究，但仍須考量其他條件。正反兩方都要求經驗準確性，也各自延攬了志同道合的專家為己方論點出借權威。甚至，雙方陣營都互控對方是在雞蛋裡挑骨頭，但對於對方提出的關鍵證據卻又裝聾作啞；不論研究由哪一方主持，只要該結果與自己的觀點和期待矛盾，兩方人馬都會立刻質疑對手研究結果的客觀性。因此，後續章節呈現的肥肝生物學資訊，是為了釐清關於水禽生理事實有哪些是已知、哪些是未知；更重要的還有呈現不同陣營是如何動員科學話語，以符應各自訴求，而非弭平雙方調度的科學證據差異。

肥肝敲響了許多人心中的共鳴，時常被稱為是美國最具爭議的食物。其政治揭露了道德上的觀念與憂慮是如何與市場、社會運動、國家法律管制系統相互交織。肥肝的存在，以及菜單上出現其蹤影，都刺激到了某些人，像是動物權運動人士、主廚、產業成員、消費者、立法者，也促使他們各自採取了未見於其他議題的行動方向。這些政治議題涉及承載著認同的深層憂慮，而且闡明了各機構與組織身為有道德根據的文化意義製造者、中介者，對這「爭議的美味」產生關鍵影響的不同途徑。

爭議品味與美食政治

美國人為何認為烤蝦很美味，但水煮昆蟲卻很噁心？其中一個答案是，我們靠想像力進食的程度就跟靠嘴巴進食差不多。食物在不同時空、不同餐桌上，各有截然不同的意義。主觀選擇大幅影響著我們吃什麼、如何吃，但這種選擇是受到你我生活在當中的社會所調控。

你我吃的東西會透露我們的國家認同、族群、社會階級、次文化歸依、甚至政治表態。料理為團體成員與歸屬感提供了同時具有象徵性及物質性的規範（Norm）。烹飪方式與口味既能凝聚群眾、也能分化群眾，例如厭惡他人的食物偏好。[38]或許美國人會說吃蠕蟲、蚱蜢或眼球很噁心，但其他社會也會覺得砂鍋料理（Casseroles）以及花生醬（美國兒童零食的精華所在）同樣難以接受。

我們或許能將這些類似的例子，歸因於在透過文化習得的品味中產生合理或獨特的差異。然而，對食物偏好感到噁心的現象，也可作為建構社會與政治階序的手段。噁心暴露出陌生與熟悉口味的根本差異，而且能在食物與食用者之間建立起負面聯想。[39]換句話說，你我將道德判斷投射到了我們認為不值得尊敬或同情的人與物身上：那些人怎麼吃得下那種東西？例如，抱怨麥當勞對這世界的可能危害，如今已成為專業中產階級彰顯自己是一個正直、又有美德的消費者的方式。[40]這種現象毫不新奇，對於食物與口味偏好的噁心感，正標誌出充斥在美國移民與族群同化史中，對他者人性、乃至於公民權的異族恐懼式否認。舉例來說，十九世紀末的義大利移民常被刻板化為不願與美國社會同化，而且因為大量使用進口蕃茄與大蒜、拒絕更主流的美國飲食，而惹火了整片東岸城市的社會改革者。[41]類似地，正如食物研究學者夏綠蒂・畢特可夫（Charlotte Biltekoff）與梅蘭妮・杜布伊（Melanie

DuPuis）反覆提出的，過去這一世紀，他者的食物選擇所引起的社會恐懼，總涉及窮人的食物（連帶的則是其道德地位）。[42]食物偏好區分他我的效果也跨越國界，美國人會稱法國人為「青蛙」、或稱亞洲人是「吃狗肉者」便是一例。

然而，我們從個人經驗與實質研究中都能得知，大眾的品味與立場不會輕易地隨時間變動，也知道品味在社會層次上確實在改變。作為個體與團體，你我的確都會回應自身社群的規範與價值轉變。在這些進程中，食物是物質上、話語上與象徵上的工具。受喜愛的也可能變成噁心的，反之亦然。就如《紐約客》（*The New Yorker*）寫手亞當．高普尼克（Adam Gopnik）所寫：「二十五年前的美食看起來總倒人胃口，而一百年前的美食總是看起來無法入口。」[43]而某些食物與烹調手法不只會被歸類為過時或倒人胃口，也會被視作必須關注的社會問題而遭抨擊。因此，在我們這樣的公民社會，被我們視為錯誤或不道德、因而有所爭執，必須威脅他者、尋求法律禁止生產或消費的食物，我們該在何處劃下界線？是什麼在影響、驅動這些進程？

這些問題圍繞著我所謂關乎食物與烹飪手法的「美食政治矛盾」（Gastropolitics—Conflicts），既微小又宏觀，不僅被視為社會問題，也被捲入社會運動、市場與國家的糾纏中。對於「美食政治」這個數十年前由社會理論學者阿榮．阿帕杜萊（Arjun Appadurai）提出、用以描述食物在日常社會關係中的符號與權力的術語，[44]我認為是將食物的文化權力概念化，藉此將口味政治化的方法。去吃或迴避特定食物，可公然表現出對他人行為的道德焦慮，以及對其社會階序的政治擔憂。像肥肝這種同時被人貼上社會問題標籤、又身為國家遺產象徵而備受鍾愛的食物，便揭露出美食政治核心中的社會、市場與國家之間的競逐利益。

很重要的是，我的美食政治取徑有意指涉「美食學」（Gastronomy），而非僅只是「食」（Food）。美食學帶有雙重意涵，既意謂精進烹飪的研究與實踐，也意謂某地域、文化背景、歷史時期或人群特有的烹飪風格與規矩，也就是食物學者所謂的「食物之道」（Foodways）。[45]社會學家普瑞希拉・費格遜（Priscilla Ferguson）在她論十九世紀法國料理的奠基之作中，稱美食學是一個所有對食物有獨特興趣的人（包括生產者、消費者、食物行家）共同建立起的文化場域（或是社會競技場）。[46]由此而論，美食品味就成為一種定位身分認同的社會貨幣。

本書闡明的美食政治，是食物政治近二十年來跨領域學術研究與通俗書寫龐大、精良的總和在社會學上的近親。其他大量的此類作品多聚焦在營養建議的政治、食品企業的力量、農業政策對環境與人類健康造成的後果、食物系統的勞工待遇，以及取代工業化農產商業的在地食物種植及法規。不過，美食政治同樣藉由文化與「象徵政治」（Symbolic Politics）的社會學理論之助，強調出特定的食物如何、為何，以及對誰，成為道德與文化政治爭議的試金石。[47] 美食政治突顯了大眾為何及如何試圖取得權威，以便說服他人吃什麼是對的，而什麼又是錯的。同時，由於美食政治關乎文化意義與團體認同的鬥爭，也使得它有別於其他類型的食物政治。

我在此廣義地使用「政治」一詞，意指包含、但不限於政治人物的社會行動者，為達成分歧的特定目標所做的努力。這些行動者在達成這些目標時所產生的衝突，就內蘊在政治當中。如何製作、行銷、管制、獲取、考量、消費食物，都涉及了食物實體與物質的性質，以及其象徵維度上的鬥爭。瑪麗．道格拉斯（Mary Douglas）是率先將飲食指涉為「行動場域」的人類學者之一。飲食，是一種讓其他層次的範疇化作用得以彰顯的媒介。[48] 換句話說，食物作為地域、企圖與認同的有力象徵，因而滋養我們的心靈，一如滋養肉體。如此一來，美食政治便是一種日常政治，當中的個人或團體主動保持或改變飲食；它同時也是一種形式政治，繫於塑造食物系統的法規與政府管制。美食政治點出了人為何願意為了食物而爭執，如何動員文化與物質資源進行爭執。於是，美食政治之戰就座落關乎在時空、歷史中的特定市場實踐的其中一點上。誠然，過去數十年來，關於政治及文化對飲食選擇與實踐造成的影響，世人已更具意識。

出於這些理由，我對肥肝美食政治的分析同樣基於文化社會學，必須仔細檢驗飲食與烹飪實踐中產生的語言、框架、意義及情感。文化社會學家在文化生產的各種節點上研究了意義製造（Meaning-Making），包括媒體、藝術、儀式、故事與信仰，然而這條脈絡卻鮮少思及食物的象徵與實質內容。從文化社會學的視野去思考食物，尤其是某些食物為何能成為公眾情感的焦點，同樣能磨利我們對文化範疇如何體現，文化力量如何受布署、駕馭、壓抑及爭議所提出的理論。[49]

我的分析仰賴研究其他文化市場及場域爭議的作品，諸如藝術、文學或音樂市場。這些場域中的象徵、話語與文化規範之爭，都能對生計與市場造成實際影響。象徵政治藉由將這些文化場域中的消費道德化，重塑這些場域，並且重新定義文化。正如社會學家約瑟夫・加斯菲爾德（Joseph Gusfield）筆下一段有關象徵政治的文字：「乍看之下愚蠢的議題……，往往因其象徵的受認同、或遭貶損的風格或文化，而變得重要。」[50]在議題的正反雙方皆召喚消費者成為有力的行動者之際，這句陳述尤其真切。[51]

然而，食物在幾個重要面向上有別於其他文化商品。首先，食物在你我生活中具有特殊地位，關係到我們的身體與健康，生理進食動作也會產生其他文化商品無法產生的內在反應（以及焦慮），儘管有些人可能也會對鄉村音樂或科幻小說產生強烈感受。再者，食物是世俗的，是你我日常生活的一部分，而且是各種顧慮中唯一博取人注意的事物。食物的這個日常本質展現出一種雙重性：我們會受到哄騙，將食物視為尋常或無害的；也會叩問食物平凡的表象是否掩飾了什麼重要的文化或情感依附。[52]

重要的是，食物產業的市場規模與其他文化產業大不同，它在政治經濟上的變化會直接影響到更多個人與組織。政府政策、強大的跨國公司、全球金融與經濟，這些全都形塑著食物的生產型態。食物是一門大生意，食物與農業是美國第二大產業，規模僅次於國防。隨著二十世紀農業與食品生產工業化而來的，是企業組織合併、公司把持產權，以及茁壯的政治權力。[53]類似地，歐洲農業與食品生產的整合市場一向是歐盟成形以來的核心活動，占了大約五成的歐盟年度預算。肥肝雖然只是食品產業的冰山一角，但對其政策的挑戰或改變，都可能牽動其他產業的環節。

肥肝是二十一世紀美食政治與品味爭議的一道極端案例。肥肝作為社會象徵的重要性不只源於它指向的各種意義與價值，也來自它引發的情操。肥肝爭議呈現出當今烹飪世界的消費、認同與文化正統性的政治張力，描繪出道德顧慮與市場文化的疊置，如何讓我們與食物、以及你我彼此的關係無可避免地政治化。有人聲稱，肥肝在歷史與文化上有其無可取代的地位；但其他人則認為，肥肝的存在令人不快，而且是一個值得發動抗議的理由。

美食政治作爲道德政治

「道德」一詞有兩種意涵，可說明大眾實際上如何將美食政治當作道德政治來涉入。「道德」可指對於是非的普世衡量，並能用來指在因個人或團體而異的行為舉止中，「什麼是適當的」這種相對主義式或情境式的問題。借助將爭議品味的意義製造過程加以理論化的文化社會學研究傳統，我將各種談論「什麼符合道德」的不同方式解釋為倫理（Ethics）與界限（Boundaries）。

「Moral」（道德的）一詞的一項關鍵用法（尤其在學術圈之外），就是作為「Ethical」（倫理的）之同義詞。倫理信念激發世人做出是與非、正義與不義、善與惡等判斷，並依特定方式行動。這些信念為了人應該相信什麼、做什麼而建立理念，而在美食政治案例中，就是食用什麼、或譴責什麼在倫理上是否為善。

在這種觀點裡，符合道德的人與實踐，就是正義、公平、人道的，而且可避免傷害他人。其相反則是「Immoral」（不道德的）或「Amoral」（無道德的），亦即腐敗、墮落、邪惡。由此看來，文化選擇或象徵的力量，就在於它們指涉美德或倫理信條的能力。

至於界限，道德感是指自我價值的感受，這通常關乎承載個人身分認同、並在社會上與一或多個團體的連結與凝聚。這關乎團體成員的認同或歸屬感，也關乎某種存在方式的可接受度與適切性。由此觀點看來，文化提示了情感連結。從一種補充的觀點來看，文化是一種眾人常以團體、社會之態共同從事的事情，提供象徵所指之再現與文本所組成的整體，其範圍涵蓋藝術、教育到餐桌禮儀。文化是一種社會生活被排序、模式化、組織成容易辨認、可理解的行動與事件的方式。[54]道德品味與捍衛信念的行動實際上就是形成團體、且將之拆散的機制。

我們生活中的許多經驗，都提供了有助於創造、並重申劃分出你我社會認同之「象徵界限」（Symbolic Boundary）的道德意義。因社會學家米榭爾・拉蒙（Michèle Lamont）而流行起來的「象徵界限」概念，是指人用來對他人、物品、實踐的道德價值做出範疇區別所劃下的糾纏分隔線。[55]界限關乎異同，並能沿著族群、人種、性別、社會階級、宗教與其他邊界劃出。然而，正如拉蒙解釋的，人在劃下或延伸象徵界限時，並非單純基於個人對益處與價值的經驗或信念。不如說，人從和自己共同生活於同一時、地、社會中，並且有著類似生活風格的人身上大肆挪借了這些標準。[56]

這些界限形塑了「好品味」與「壞品味」的集體理解，尤其是這些理解能在公共領域中明確勾勒出消費者身分認同時。重要的是，這種理解未必是大家共同擁有什麼，它也可以是大家共同排斥什麼，這能標示出品味的界限，也可作為基於團體認同、進而排除他者的基礎。舉例來說，像是「我們吃豬肉，他們不吃」的這類宣稱，就是透過共有的消費模式與禁忌，強調出族群形象，以及信仰的相似性與他異性。食物品味判斷的階級版本，則關乎富人與中產階級如何評價窮人的食物選擇（通常是挾以嚴重輕蔑，且視之為社會問題）。[57] 將團體認同與飲食品味混合起來的象徵界限與政治，無疑能在某些地方與某些情境中顯得更為彈性，涵蓋層面更為寬廣。[58] 儘管全球飲食品味在過去數十年間有過劇烈變化，但關於誰的品味才是正確的（就倫理或界限而定），爭論依然如火如荼。

就某些值得注意的方面看來，我在這裡區分出的倫理與界限，其實是單一現象的互補。兩者都引導人們利用文化來建立社會連結，並與他人協調目標。[59] 當人們不只將某一組信念或實踐當成個人或社會認同的反應去接受，而且更將之作為榮譽、羞恥、或看似正直行為的動力來源時，倫理與界限就會互相融合。例如出於宗教理由避食甲殼動物、宣稱素食主義的自我認同、或是只餵孩子吃有機食品，這些都是倫理與界限結合的表現。而當食物或關於食物的倫理地位成為嚴厲的公共批判和辯論焦點時，界限的滲透性（Permeability）無疑是道德化的。

綜上所述，消費是以一種創建結構的力量在運作著。消費與否的選擇，有時標誌的是一個人尋求團體歸屬感的努力或傾向；有時，則是出於拒絕融入人群，或甚至是意識形態外顯的抵抗行為。我們能輕易想到近來已被證實帶有道德爭議的消費物件：酒、頭巾、菸、汽車、槍械、鑽石、瓶裝水甚至塑膠袋。類似地，諸多追隨薇薇亞娜・澤利澤（Viviana Zelizer）腳步的經濟社會學家與文化社會學家，也研究了能牽引出消費者與企業道德問題的爭議商品及服務，[60]這例子包括童工、壽險的創造、性工作、人類血液與器官的醫療市場。[61]

這些發人深省的研究，展現了相關的利益團體嘗試使某事物合法化之企圖的成功。[62]這些研究讓我們得以窺見團體與組織如何協調市場互動、動員共享價值的其他個人，以及經濟利益如何受到重新評估以符合新的社會文化需求，社會道德判斷又如何在政治上成為具體。此外，這些爭議產品市場的合法地位所產生的糾紛，也能招喚出社會運動與政府，作為有影響力的道德行動者。這也是本書所欲突顯的架構。

但食物與香菸或壽險不同，因為我們無法想像沒有食物生產的世界。所以，關於食物的道德爭論並非關於食物本身，而是哪種食物才恰當。界限在文化族群及象徵的政治用途上發生作用；而倫理則在避免發生危害。有些食物成為運動人士視自己為改變契機、而其他人則視自己為現況擁護者的基礎。[63]近代美國史展現出，在從大眾飲食中除去爭議物件時，公共衛生與消費者安全是兩個最成功的框架，例如除去食用油中的反式脂肪，和將包裝食品與汽水踢出校園。國際上，則有北極圈內的原住民團體因為設陷阱獵捕海豹，而與國際動物權團體和貿易組織槓上的爭論。美國與加拿大已立法禁止中國人在特殊場合食用的魚翅湯，兩國甚至批評中國割取魚翅的行徑（通常鯊魚會在魚鰭被切下後遭人丟回海裡，因而失血致死）。

這些不過是近來美食政治糾紛的幾個例子。作為個人所吃，也作為團體、社群與社會一員所飲食，我們的食物選擇相當複雜，牽涉到多重向度，我們甚至也關注其他人吃些什麼。對於「正確」的食物選擇所做出或暗地指涉的判斷，影響著每一條描繪道德認同的分隔線要在何時、何處、對誰劃下。美食政治觀點提供了能看清你我的食物選擇為何、而且如何攸關人與市場、市場與國家之間的道德連結的分析視野。

市場、運動、國家

如果象徵政治與道德政治引導我們做出「美食政治關乎價值與認同」的結論，我們也得密切關注鑲嵌著象徵政治與道德政治的制度結構（Institutional Structures）。我認為，為了完全把握美食政治的關注與結果，我們可以、也必須檢視食物與「飲食之道」是怎麼座落於市場、國家與社會運動的交叉口上。

市場是生產者與消費者相遇的交換結構。當我們說制裁生產者或消費者時，其實是在說重塑市場。國家結構提供了一種普遍的說明，讓人理解權威，並派民選官任的官員將價值、需求與立場轉譯成當地法律和國際協定等種種政策。對政治社會學家而言，國家握有象徵權力，或說文化正統性，以設下遊戲規矩，並確保這些規矩能具備正當性。不過，國家權力可以介入市場到何種程度，一直是特定意識形態的爭議重點。[64]社會運動座落在公民社會領域中，而且提供我們一種方式，去考量那些雖無直接涉入國家或市場，卻能影響兩者或其中之一的行動者。對於運動，社會學家西德尼．塔羅（Sidney Tarrow）提供了一個實用的寬廣定義：「基於共同訴求的集體挑戰，與精英、反對者和權威當局展開持續互動」。[65]這三種領域構成的三角關係值得注意，尤其對理解消費者認同及整體品味變化來說，社會運動有根本的重要性，特別是在食物領域。

食品產業的社會組織對此有高度關聯。市場，是將食品的價格、可得性與文化接受度進行限制並階層化（Stratify）的經濟空間；而國家則為食品的製造、流通、行銷與販售編列法規，並強制執行。當然，只有相當少數人會查覺到盤中餐食牽涉到的無數細節與政治利益。例如，我們在吃披薩時通常不會想到餅皮當中的小麥、醬汁裡的蕃茄、乳酪裡的牛奶、臘腸片裡的肉與防腐劑、洗鍋水，或製作這些食材與擦桌子的勞工所接受、所有如天書般的管制法規。

在此，社會運動是了解大眾如何不直接涉入國家或產業運作，卻又能影響兩者的關鍵。飲食社會問題的動員，都不是自然而然發生的；動員需要計畫、資源與協調。許多推動這類行動的團體，如今都是制度確立的大型組織，其確實具備實際影響力，也應被嚴肅看待。例如「PETA」這樣的組織（二〇一四年收益達五千一百萬美元）以及美國人道主義協會（The Humane Society of the United States，二〇一四年收益達一億八千六百萬美元）[66]都聘有律師團隊，各自持有數家食品公司的股份，因而能召開股東決議會，而且可直接對違反國家與聯邦法的個別食品製造商提告。[67]

這也就將討論帶回到圍繞著諸多備受爭議的概念與利益的肥肝。我們或許會預期，能喚起如此敵意的物件，對許多人而言都有其文化或經濟上的重要性；就像過去的禁酒令或菸草管制曾激起猛烈的公眾辯論與立法行動。然而在美國僅有少數人消費的肥肝，卻以一種與其市場規模完全不成比例的方式點燃了滿城烽火，成為美國食物倫理運動的試金石。

法國的情況則相反，多數法國人不只認為肥肝生產毫無問題，還強調那是自己文化與民族認同的核心。雖然肥肝絕非在當代食物系統中四處瀰漫的問題，但它牽引出的議題仍舊廣泛、尖銳地叩問飲食道德與倫理：關於如何對待動物、關於傳統及有問題的文化遺產、包括現代食品產業的實踐、如何定義共善，以及他人准許或不被准許吃什麼。這些都是每個人壓在心頭上的議題，而且隨時擺好餐桌等待他人不服來辯。

肥肝如今是法國食物的當家招牌。第二章將述說情況如何發展至此，並討論如此發展的後果。我將提出的是，肥肝之所以能超乎原有的地方疆界，進而代表整個法蘭西民族的文化，有一部分是因為肥肝在其他地方引起爭議。這是一個美食政治的重要版本，我稱之為美食國族主義（Gastronationalism）。然而，肥肝如今向法國公眾行銷的方式（包括來自國家的行銷），輕鬆地掩蓋了該產業在近幾十年來的成本密集擴張與轉型實情。我在第三章將提出，在美食國族主義的視野中，肥肝在法國集體想像裡共通卻又岌岌可危的地位。在面對猛烈的國際批評下，宣稱自己擁有肥肝正統性的田園牧歌小鎮，地方人民與組織積極地打造肥肝的道德價值。這些地方為一個發人深省的問題創造出物質與情感上的背景：我們如何「看見」食物與文化的生產，以及這種生產如何在食物、記憶與象徵政治之間做出社會學連結。

第四章與第五章要提出的是，肥肝在美國已成為飲食道德與美食政治的文化風向計。第四章分析芝加哥在決定城內餐廳禁售肥肝，而後又撤銷禁令之間發生的種種事件。大眾對這道短暫禁令的反應（尤其是幽默的那些），強調了政治與飲食之間的深厚連結。第五章的關注則轉向為在思考一項爭議食物，例如肥肝的道德理解時，會遭遇到的普遍挑戰與兩難，並仔細探問：「我們怎麼知道一種習俗是殘酷的？對一個想當有道德的食客來說，誰才能相信？」這章將分析肥肝爭議正反兩方動用過的道德話語、經驗宣稱、觀點以及政治策略。結論則思考今日世界的身分認同、文化變遷以及象徵，如何以新方式激勵大眾，並推敲以上分析的內涵。結論也預測，肥肝的政治意義將會繼續發展下去，並非因為眾人沒有肥肝乳酪蛋糕吃就活不下去，而是因為肥肝在世界飲食與消費文化當中，給了大家一記當頭棒喝。

美法兩地的肥肝美食政治，呈現出食物生產與消費的物質進程與社會進程交織得有多緊密。對兩國有關肥肝的事件進行經驗性的理解，對於解開這些交織的線索大有關係。我認為，這些經驗性的材料也提供了豐富的文本，呈現大眾如何透過時而貶抑的批判眼光來評價物件、理念與彼此。爭議是一種重要的文化過濾器，尤其是就消費者的品味而言。肥肝在美法兩地都有各自的狂熱擁護者和反對者，然而停產肥肝在美國卻顯然比較指日可待。但最終是為了什麼？這些論戰吵的究竟是什麼？我們能從這場肝臟論戰中學到什麼？

這是一本關於大眾如何因為一種知名、惹來重重問題的烹飪習俗，而在其週邊建構出道德氛圍的書，是關於行動中的象徵政治。或許更根本的是，本書呈現出最細微的決策會如何造就出最戲劇化、最深遠的效果。從一間芝加哥餐廳到歐盟，肥肝的美食政治鞏固了國族、文化、倫理、社會階級與品味的界線，甚至也重塑了這些界限。當我們為一種食物的存在而戰，必然會發現自己被食物連結個人與政治的龐大力量所籠罩。肥肝政治讓我們得以理解食物如何激勵我們，又如何推斥你我，不論是作為個人、組織、社群或國族。

我明白本書不過是為肥肝近年來所受的關注再添一筆，但希望對關心意義製造、消費政治，以及道德政治如何鑲嵌在市場、社會運動與法律之中、又如何受其重塑的讀者來說，這本書也有其價值。

第二章

肥肝萬歲！

二〇〇七年十一月，一個清爽的週六早晨，我在法國東北部史特拉斯堡（Strasbourg）近郊的一間工廠裡。尚・許威伯（Jean Schwebel）坐在辦公椅中傾身向前，雙手漫天比劃，向我解釋他的公司「費耶－阿茨納」（Feyel-Artzner）如何因應近期影響肥肝產業的市場與管制趨勢。他身形苗條、兩鬢灰白，穿著挺拔的牛仔褲與毛衣，顯得精明幹練。許威伯在肥肝產業裡還算新人，但他在整個食品產業已是老手。在以乳製品與瓶裝水品牌聞名的跨國公司「達能集團」（Danone Group）當了二十五年資深經理後，許威伯在一九九四年買下年營業達三千萬歐元、咸認法國最老字號的肥肝品牌「費耶－阿茨納」。在收購後，這間公司開闢出新的肥肝產品線，而且發展出新的國際行銷通路，銷售額於焉倍增。某種程度上，如此佳績是因為許威伯對法國與國際食物法規和製造業供應鏈瞭若指掌；他最近還獲選為法國國家肥肝產業協會：「肥肝水禽跨專業委員會」（Comité Interprofessionnel des Palmipèdes à Foie Gras，簡稱CIFOG）的會長。[1]

當我特別問許威伯關於國際間對肥肝的譴責聲浪，也就是為何某些歐盟國家、以色列以及美國數州，都已禁止或準備禁止肥肝產銷時，兩手交握的他快速答道：「我認為，有些國家禁止肥肝，是因為他們沒有真正的肥肝傳統。」他隨後深呼一口氣，繼續解釋：

我無法想像肥肝會在法國遭到禁止，因為那是法國消費歷史相當悠久的傳統產品。我們的國家與法律都表明，肥肝在我國應當受到保護。消費者購買肥肝，因為這是一種儀式，你就是得買。這跟你們國家每到感恩節就得買火雞是一樣的道理。美國人沒有火雞就沒有感恩節，法國人沒有肥肝就沒有聖誕節。

在被我問及肥肝爭議的法國人中，如此的回應可說相當典型。長久以來，食物與料理關係著法國的歷史，以及這個國家遠近馳名的社會認同。許威伯的回答就跟其他人一樣，避開了批評針對之處，轉而將焦點放在肥肝在法國傳統中的地位，以及它在法國公民自我理解上扮演的角色。在我訪遍法國各地時，這整條食物產業鏈上的人士，從手作小農到跨國企業管理者，都聲稱肥肝是法國文化遺產與風土的「正統」與「精華」、肥肝是法國道德經濟的一部分。對於肥肝生產過程殘虐的指控，多數人認為那是外人不了解實情。他人，也就是所謂的「局外人」（Outsiders），就是不懂欣賞肥肝的殊勝之處。

風土的概念特別受到法國與其他地方的食物圈所鍾愛，法國人早就懂得用風土來分類紅酒，現在也常運用在乳酪之類的食品上。風土表明的是包括土壤與氣候在內的自然環境，塑造出某種食物的特殊品質與獨特口感的方式。換句話說，風土提供的是「一地之味」，特定地域的特徵在此與人類的知識技能相結合，產生難以模仿的風味。某地所產的某種食物或紅酒，嘗起來跟其他地區所產的就是會有顯著差異。[2]肥肝的風土區是法國東北部的阿爾薩斯（Alsace）地區，以及西南部的幾個省（département，層級近似於美國州或省的行政區）。[3]重要的是，風土這個概念也涵蓋了在地知識，也就是「生活訣竅」（Savoir-Faire）這個隨時間發展的社會與人文元素。我訪問的一位農家呼應了其他人的話：「是個人與家族給予了土地和風土的認同。」於是，風土將一種特別、獨有且精緻的產品，與卓越農藝的在地化認同聯繫在一起。與因全球化而同質化、在各地滋味皆得相同的食品、紅酒、烈酒相反，風土產品通常是直接販售的。[4]地方本位的風土食品市場在整個歐盟與世界各地皆有所成長，在法國尤其如此。

肥肝也是一只法國人咸認的國族價值與驕傲的徽章。法國實體或網路書店裡販售的成人或兒童書籍，都形容肥肝是「道地的法國產物」，而且是「法國美食象徵」。[5]這種語句出現在行銷與旅遊宣傳上，貫串整片網際網路與所有日常對話。此外，許威伯提及的，讓肥肝如同法語一樣受官方保護的法律，是相對晚近才成立的。這條在二〇〇五年十月於法國國會以懸殊比例通過、並在幾個月後生效的法律，在「法國官方保護的文化與美食遺產」清單上，准許製造肥肝（定義為藉由填肥，特意增肥的鴨肝或鵝肝[6]）。[7]

然而，我很訝異，這種理應相當獨特的東西，在我造訪過的法國各地竟然都有販售。各家超市都有為肥肝與其他「肥鴨」（Fat Duck）產品而設的冰櫃或走道。大部分餐廳的菜單中也都可見肥肝，我去過的每個露天農產市集也都有攤位在販售肥肝，在西南部你甚至可以在高速公路旁的加油站休息區購得。即便肥肝是聖誕節的特別餐點，我發現，春、夏、秋三季也都有人販售或食用。肥肝在法國的市郊與鄉間無所不在，幾乎就像是稀鬆平常的東西。

但我也得知，這樣的民族驕傲並非全然普及各地。法國境內也有因肥肝產品而引發的爭議。有些小規模的鵝肝生產商對大公司的行銷能力與政治影響力、以及這些企業如何影響法國消費者觀感，表達了幾絲酸楚。過去二十年來，法國動物權團體對於生產肥肝的反對聲浪愈發真刀明槍。一如其他地方的

歐什市（Auch）的勒克萊爾超市（LeClerc）供應的肥肝與「肥鴨」製品，攝於二〇〇七年十一月。

動物權運動，他們的訴求始自殘酷與倫理的論點。儘管成員不多，但他們可從全世界思想相近的組織那裡，同時獲得道德支持與實質援助。然而，當我和法國主要的反肥肝團體「Stop Gavage」（停止填肥）領袖之一的安托萬．孔米提（Antoine Comiti）談話時，他很清楚自己的組織面對的是一場苦戰，而且在他有生之年不太可能見到肥肝在法國消失。[8]當我問及為何如此，他答道：

> 大眾對於肥肝的觀感近來有兩極化趨勢。肥肝被認定是文化遺產（Patrimony），那是法國的國家認同，就跟波爾多紅酒一樣。然而，肥肝盛產其實是近六十年來的事，在此之前也有，但規模很小，消費量也少，流通也沒那麼廣。所以該產業花了許多功夫才營造出肥肝是某種西南部特產的形象，之後更成為法國形象的一角，有如艾菲爾鐵塔。

孔米提的回應相當有力，兩個原因如下。首先，他提到業界對肥肝的民族文化價值所做的宣傳，強調肥肝與其他重要的法國象徵物的相似性。的確，當代法國肥肝產業的各層面，從佩利戈（Périgord）家傳第四代醃肉舖的手寫傳單，到CIFOG（肥肝水禽跨專業委員會）寄給新成員的專業印刷裝幀書籍，無不充斥著宣稱肥肝的獨特性與「法國氣質」的聲明。他們仰賴的是將肥肝與民族歷史、節慶、歷史悠久的家族與社會傳統等主題混為一談的煽動敘事。

其次，孔米提的評論加強了超市架上無所不在的肥肝所內蘊的矛盾。他點出了讓產業擴張、重構、最終增加肥肝易取得性，而使其更便宜的發展：資本密集化與增加產量。長久以來，大多數的法國人都是將肥肝當成節慶與特殊場合的食物來消費（就像美國的感恩節火雞），但由於生產工法改變，肥肝在現今的法國幾乎已不再是過去的肥肝。同時，正如我發現，肥肝如孔米提所言，肥肝跟艾菲爾鐵塔一樣被奉為民族象徵，不過是近半世紀以來的事。依個人觀點不同，這種地位可以是一種政治成就，也可以是一種政治詭計。

本章探究法國肥肝如何、為何出現這些轉變，並展現它在作為面對改變與挑戰的國族主義客體時所具備的靈活性。肥肝的大獲全勝，應該理解成是一項透過互相依賴的玩家與進程才可能達成的社會與文化成就。文化，無疑在建構與具體化國族象徵的過程中擔任樞紐，肥肝的故事說明了市場與政治在支撐關於文化解釋的說詞時會發生什麼事。換句話說，國族與社群如何在美食品味的選擇中照見自身。

重要的是，我對肥肝的正統法國氣質的規範性問題沒有興趣。對食物或料理正統性的論斷，就像對音樂、藝術或手藝品一樣，是社會及情境式的行為。向消費者品味呼籲「正統性」的訴求，往往是基於當前的欲求與利益而回溯建立的，[9]而訴求正統的聲稱則是一種用來販售範圍更廣的商品的行銷手法。[10]在國族層級上，法國不過是二十世紀末與二十一世紀初在食物與料理上廣泛採納正統性話語的諸多國家之一。[11]

準確來說，我的目標是追溯肥肝與法國國族認同之間的聯繫是如何出現，又如何壯大，並強調肥肝如何同時與國族情操互為因果，並帶有政治面的弦外之音。這是一種我稱為「美食國族主義」的美食政治變體。[12]換句話說，若要將大眾對於肥肝既備受爭議、又備受愛戴的地位所做出的詮釋，以及這些詮釋背後潛在的許多要素賦予意義，那麼首先，我們就得辨析肥肝是如何、又為何成為一種法國食物。

將任何食物賦予國族價值，是一段多層次的過程。從美食國族主義的出發點來看，食物是集體國族歸屬感的基礎面向，可在局內人與局外人之間傳播象徵界限。透過國家與公民的支持，美食國族主義宣示自身的美食品味獨一無二，並且捧高特定食物生產者的勞動成果。因此，一道國菜絕非傳統的同義詞，而是由食物與菜餚、帶著延伸自特定地理空間的農產與加工技法所構成。在市場脈絡（尤其是當前的全球市場）下，美食國族主義突顯出連結在地食物文化與國族身分的政治力量。

像肥肝這樣在倫理上引發分歧評斷的物件，更使得分析這些關係和其衝擊的工作更顯重要。二十一世紀初，有好幾條交纏的路徑相互交會，使得肥肝在法國得以被抬舉到極高的地位。首先，肥肝的象徵意義乃奠基於歷史化、且充滿幻想的起源故事。其次，從一九七〇到八〇年代，創新科技受到國家與私人金流的灌注而蓬勃發展，肥肝得以拓展成規模龐大、高度商業化的事業，從而進入法國的大眾文化品味裡。[13]這些事件鞏固了肥肝產業在經濟上可獲利、政治上又有價值的地位。我們在一九九〇年代與二〇〇〇年代可以看到兩股趨勢：法國國家通過各種保護政策，以及肥肝主題觀光農業的成長。這些趨勢將肥肝置於一個文化、商業、國家價值彼此交會的美食國族主義關頭上，也將一種文化價值理應存乎於歷史傳統的食物給現代化了。重要的是，這些趨勢發生在泛歐地區整合與全球化的爭議浪潮之中。我在本章結尾將提出，肥肝在「何謂身為今日的法國公民」這個更寬廣的政治協商中，已開始扮演一個充滿彈性的角色。

文化遺產工程

許威伯與孔米提都用了類似的措辭，描述肥肝當前在法國的狀態，也都認同這個產業始自拮据的擴張，他們之間矛盾信念的張力，強調了將肥肝視為文化遺產、或法國人所謂的「Le patrimoine」來保護的風險。「Le patrimoine」是個深植法國意識的概念，其字根來自「父親」，英文通常譯作文化繼承（Cultural Inheritance）或遺產（Heritage）。文化遺產是某種代表團體自我定義的集體認同。例如，古畫可被當成文化遺產（Cultural Heritage），但掛在佛羅倫斯烏菲茲美術館（Uffizi Gallery）中、由波提切利（Botticelli）所繪的《維納斯的誕生》，就是專屬義大利的文化遺產。文化遺產的概念將當代地域性認同連接到過去的物件或地方。

法國國家遺產是一種逐步成型的工程（Project）。工程在此是一個意義重大的術語，因為工程旨在將文化遺產與文化、市場和政治的社會動力連結在一起。也因為文化遺產是用來指稱特定自然景觀或社會創造物，因此同樣蘊含在「國家」的理念內。文化遺產中的人造物，像是藝術品、建築、書籍、橋梁、建築遺跡等，會被諸如聯合國教科文組織（UNESCO）的團體列為某國所有物，該國隨後就肩負著要將此遺產留予未來世代的責任。綜上所述，這些物件應該是為了讓「國際與世界共享的遺產」這個文化概念生效。[14]而作為進行中的工程，法國文化遺產就存在於它與其對手的互動中，也就是對全球主義企業的同質化力量的恐懼中；這些企業已經改造了消費者與公民的期待。[15]

遺產牽涉的利害關係，與傳統、正統與國族自治（National Autonomy）的概念交錯。「傳統」經常將人與文化連續性、歷史歸屬感的概念連接在一起。[16]傳統具備認知與情感元素，並與「正統」的宣稱息息相關。廣義來說，「正統」指的是物品、地方或事件應該如何被體驗為可信、正牌，或甚至真實的一系列理想化的期望。[17]出於種種理由，許多過去的物品與生活方式禁不起時間的考驗；要維持一項傳統，必然要有某種持續要求傳統的存在。如此一來，傳統也是一種選擇的過程。而傳統的可塑性很強，在遭遇對其擁護的檢驗、社會做出的判斷，還有文化、商業及政治場域當中的裂痕時，它往往能夠以令人驚奇的方式移嬗、變形。

一旦與傳統、正統、國族的概念掛勾，關於共有歷史、獨立、自治的信念與故事的根基就會得到鞏固。然而，在談到制定並強制執行法規與管制時，「國族自治」的概念也並非未受檢驗。舉例來說，自從一戰後國際聯盟（League of Nations）誕生以來，世人逐漸意識到某些民族國家（Nation-State）有逼迫其他國家「乖乖聽話」的能力。[18]此外，一旦牽扯上「地方」（Place），傳統與正統的話語就能建立在深植人心的原鄉感與歸屬感上。[19]這是政治參與的核心，同時，其文化重要性也瀰漫在國家機構中；[20]但法國的例子也揭露了諷刺之處：它將作為一種包羅萬象的國族範疇，也就是「法國氣質」的象徵界限，縮限在某一時、某一地、某一種社會參與的特定傳統當中。

同時間，現代世界中的國族框架權力也逐漸受到限制。社會學家與其他學者都指出，無所不在的新自由主義意識形態，以各種方式賦予跨國企業與全球政治治理機構更多的權力，使得民族國家黯然失色。[21]某些國內政策因而在國際治理系統當中被歸類為邊緣，由此看來，法國「地方」的概念相當複雜。法國是由帶有各自需求與匱乏的許多小型地方所組成，同時它也身為許多不限於歐洲的超國家（Supranational）治理組織的參與成員。這些超國家組織改寫了個別國家作為共同政經事業體一員所應盡的角色、責任與功能。[22]然而，與法國社會各層面在二戰以來的劇烈改變同時出現的，還有藉由獨特的地方而牽起的重大、既得、時而私人的利益線索。

自十九世紀國族主義興起以來，國家時常受惠於為了建立愛國情操而造出的全新傳統與象徵。在此脈絡中，國族主義指的是人民自我定義、或受他人定義為國族團體的一系列方式。[23]創造傳統的工程在宣稱社會團結、共同血緣以及在可能老死不相往來的人群之間建立起「想像的共同體」時相當有效。[24]傳統是被人發明出來、而且策略性地運用，以鞏固國族作為一個歷史正當命運的概念。[25]諸如旗幟、紀念建築、慶典、遊行與國歌等象徵物，以及相關的習俗，像是行禮或歌唱，其用意都是要讓公民在情感上與彼此、以及所屬的民族國家產生連結。混淆國族文化認同與政治一貫性的，不是只有國家製造的獨立與主權象徵而已。在媒體的每篇奧運報導、為國家隊的歡呼聲中，或是人們自我認同為「英國人」、「巴西人」之類的日常語言，也都發揮著這種作用。[26] 這類日常象徵讓我們更加理解那些對於承載意義、而且相對特殊的過往的集體政治主張。[27]

今日受機構視為遺產而加以保護的傳統，通常是指一處獲特別指定的（自然或人造）實體場所，或是某種表演、視覺、工藝形式，共有「國家文化財」的頭銜賦予了這些事物地位與經濟效益，讓對這些事物的合法主張成為可能。這個現象在歐洲特別明顯，為各國「保護國家具備藝術、歷史或考古價值之文化寶藏」所立的指導原則，最早是在一九七四年關稅暨貿易總協定（General Agreement on Tariffs and Trade，GATT）當中制定的，這是二戰後降低歐洲國家市場之間關稅壁壘的第一步。這些「寶藏」促成了身處全球資本主義脈絡中的人，將國家當成居所或去處的想像。[28] 因此，文化遺產是國家將能突顯其自身在世界舞台上具有獨特性的文化產品或工程加以資本化的一種方式。文化遺產背後的故事成為你我造訪特定地方（並在當地花錢）的理由。文化遺產的市場因此引出了一道悖論：認同商品具有不可讓渡或無法標價的性質，只會為它們帶來更高的商品價值。[29]

當全球化在一九八〇與九〇年代開始橫掃世界時，法國是最感畏懼的國家之一。法國政府接連通過各種「文化例外」（Cultural Exception）政策，或在電影、音樂這類文化商品的國際貿易條約上，將對這些文化商品的保障國有化。這種政策框架帶出了這樣的基本概念：文化商品的全球市場不太受到更強大、握有更多資源的玩家影響，而自產自銷的文化產業則需要國家保護。[30]這類政策關係到可從中蒙受經濟利益的人，但也關乎從地方享受中誕生的「草根」自尊。

美食國族主義者將肥肝連同教堂、名畫、電影，與諸如香檳與卡門貝爾乳酪（Camembert）等其他食物並列為法國文化遺產的舉動，有著格外意義。首先，此舉之所以充滿意義，是因為肥肝的生產與消費並不侷限於法國的地理領土之內。[31]或許更重要的是，這些作為的自決獨斷之所以意義特殊，是因為無數社群（包括在歐盟境內的一些國家）都希望停止生產肥肝。對反對者來說，「傳統」不是讓如此殘忍、不人道的習俗繼續存在的有力論點。那麼，在肥肝引發兩極化反應的同時，將這增肥的鴨鵝肝臟轉化為國家遺產的著名象徵，這意味什麼？此舉背後的原理與矛盾又是什麼？什麼被認為深陷危機，什麼又才是真的岌岌可危？

法國民意代表雖然在二〇〇五年指定肥肝為國家文化的關鍵象徵，但此舉並非必然。這意思是說，法律並無保證肥肝市場的存續。法國社會正面臨包括移民、社會分化以及市場自由主義化在內的新挑戰。生活風格與專業需求也在改變：許多受訪的肥肝老農無不感嘆身旁罕有年輕農人可接手。這些變化開啟了讓特定類型的國族敘事得以浮現的新空間。如同我們將看到的，這些敘事將肥肝織入帶有強烈文化歸屬感、生動、美化的故事，並如何在一個屈從於國際主義的環境裡、以及在肥肝對法國益發重要的過程中，點出新的張力。

肥肝起源神話

從許多角度看來，肥肝的文化開端都是建立在一個猶如神話、甚至堪稱離奇的過去。它甚至不是以「法國食物」的身分進入史冊。這個故事反而起源自古埃及與羅馬，後來才隨古人遷徙繼而傳遍歐洲。[32] 一六五一年，咸認法國料理之父的富蘭索瓦．皮耶．拉瓦罕（François Pierre La Varenne）出版《法國料理》（*Le Cuisinier François*），肥肝至此才以「Foyes Gras」之名現身法國食譜中，而後才經常見於地方市場。

這種諷刺並不影響肥肝的現代法國氣質；毋寧說，這更像是一段講述肥肝故事時的開場白。不論我身在法國何處、該地農場或組織規模如何、我訪問的是誰，我聽到的總是關於肥肝的「發現」與「不凡發展」、且內容完全相同的故事：從尼羅河畔來到簡陋的鄉間穀倉，成為法國美食正典之後，再來到當前身為法國民族象徵的地位。[33]書籍、網站、博物館與觀光小冊上同樣述說著這些故事，內容只有細微變化。這些故事給人深遠的印象。我的受訪者在說起這些故事時，常以相同的措辭與細節描述，當初我完全沒預料到會有這種均一現象。我甚至開始在受訪者對此滔滔不絕時，直接在田野筆記中以「FGFT」（Foie Gras Fairytale，肥肝童話[34]）速記。

民俗學家與人類學家都會堅稱這不是神話，而是起源故事（Origin Story），因為起源故事裡沒有魔法生物或想像場所。[35]起源故事是社會製造出來的一套關於重大發現、民族地位的主張、以及偉大歷史人物的說詞。這是一種揭示特定世界觀的特別敘事類別，並且讓一個社會世界（Social World）變得簡明易懂。述說這些故事，乃至於將這些故事當成研究對象，都相當發人深省，因為這類故事刻劃出身分認同的範疇，在簡化該社群某些價值的同時，又遮掩了其他價值。[36]不是每個人都相信這些肥肝故事（法國動物權團體「停止填肥」就是一例）。然而，這些故事反映出、也引導著許多法國人，想像肥肝是共同歷史中不可或缺的一角。我發現，整個國家與市場機構也大幅講述著這些故事。

時間一久，我才理解，與它故弄玄虛的效果相比，這些故事的真確性其實不太重要。這些故事行銷、動員了國族文化中的自尊，特別是在面對挑戰肥肝生產倫理的證據就攤在面前之際。「肥肝神話」不只把廣告素材的歷史及幻想起源與肝臟本身攪和在一起，它在現今還具備三種額外的社會迫切性。首先，它讓當代廚藝的聲望成為過去文明「偉大道統」的後代。其次，它提供了肥肝擁護者反擊道德批判的方法：把「自然」的概念混進「傳統」中，並強調其文化遺產的特質。

發現與散布

根據這個神話，肥肝的「發現」始於古埃及。古人發現野鵝在跨越大陸遷徙之前，會過量進食，以便在肝臟儲存脂肪。此處的故事強調了自然現象的證據，以便挑戰那些認為製造肥肝是對禽鳥強加以「不自然」之舉的控訴。[37]蒂維耶（Thiviers）鎮上「肥肝博物館」中播放的遊客導覽影片，宣稱「埃及人開始捕食遷徙前的野鵝，認為肥肝是一種美食。他們學會利用鵝的自然習性，過量餵食，製造出第一顆肥肝。」法國最大的肥肝廠商「胡吉耶」（Rougié）也在網站上強調這種「肥肝的祕密如何廣為人知的大發現。」[38]肥肝相關暢銷書籍也都以插圖描繪古代填肥工法的可能樣貌作為開篇。

如此解釋並非全然空想或謬誤。在埃及第四與第五王朝的墳墓內發現的深浮雕（有好幾塊現藏於巴黎羅浮宮），都描繪著奴隸以一根空心蘆葦桿強迫餵鵝吃下穀物球。[39] 古代語言與文獻則把肥肝安插在信史前面的篇章，進一步描繪肥肝與古代希臘羅馬農業技術的關聯。[40] 古希臘文與拉丁文中的「肝臟」是「Ficatum」，字面意義是「Fici」（被無花果填滿）。事實上，「Ficatum」正是法文的「Foie」、西班牙文的「Higado」、義大利文的「Fegato」之語源。「餵鵝人」的文字記載最早見於西元前五世紀的古希臘詩人克拉提努斯（Cratinus）。在西元前四百年左右，增肥的肝臟是呈給斯巴達國王的獻禮，而羅馬皇帝尼祿（Nero）也曾在宴會中擺出這道菜。[41] 古希臘詩人荷瑞斯（Horace）在描繪墮落的貴族酒宴時，曾提及肥肝是道德淪喪的象徵。荷馬在《奧德賽》中也提過，奧德賽之妻潘妮洛普曾夢見庭院中有二十隻鵝正在增肥。

據某些烹飪史學家研究，肥肝是在古羅馬人占領現今法國西南部的高盧地區時傳入法國的。[42] 另有其他主張認為，是猶太人在埃及遭奴役時學會了如何為鵝增肥，並帶著這種技術遷徙至歐洲各地。[43] 這些歷史學家提到，由於猶太人必須遵從淨食律令（Kashrut，禁用豬油烹調），鵝油便成為這道宗教難題最適合的解套答案。[44] 此外，販售肥肝也替因宗教因素而被禁止持有私人土地的家庭帶來額外收入。肥肝博物館的影片告訴觀者：「肥肝隨著高盧—羅馬帝國一起拓展，但數世紀以來，都是在中歐猶太社群中才得以存續；他們養鵝是為了取油，而非取肝。」[45]這段起源故事也鞏固了史特拉斯堡早年的肥肝名聲，因為這座法國城市在中世紀時曾大量收容猶太人。[46]至今，肥鵝肝在阿爾薩斯地區的餐桌上仍保有一席之地，儘管那大部分其實都產自法國西南部或匈牙利。

肥肝與法國美食學的降臨

肥肝的起源神話輕易地跳過數個世紀、直接來到十八世紀晚期在史特拉斯堡的復興。儘管長久以來，史特拉斯堡的農婦們都用肥肝創造菜餚，也一直會在節慶場合食用，不過，這個故事的下一章，恐怕得由阿爾薩斯總督的主廚尚—皮耶・克洛斯（Jean-Pierre Clause）在法國宴上端出「史特拉斯堡肥肝醬」說起。如「肥肝神化」所描述，總督很愛這道菜，並在法國大革命發生的九年前（一七八〇年），將它帶上凡爾賽的貴族餐桌。肥肝自此成為嶄新、而且文化強勢的法國美食學的一角。

起源故事這部分直截了當地將肥肝置於法國料理大業的宏大敘事、以及涉及國族建立的十九世紀歷史脈絡中。十九世紀認為國家統一是最關鍵的政治工程，而由國家帶頭進行將諸如語言、教育系統標準化等倡議，則是為了將截然不同的各個地區及效忠對象分歧的人民，納進共同的愛國認同底下。[47]在好幾位名廚協助下，法國的國家機構開始有意且系統化地將地區食材、菜餚與口味，收編成一種隸屬於國族的「法國料理」菜系。就像字詞或短句能拼湊出完整句子，這些「典型」菜餚開始在國家的「餐盤」上互相連結。[48]正如普利希拉・費格遜（Priscilla Parkhurst Ferguson）在《口味的解釋》（*Accounting for Taste*）中所寫：「有別於『舊制度』（Ancien Régime）時期將料理與階級結合在一起的作法，十九世紀的法國改將料理與鄉村連結。法國先將曾受宮廷與貴族支持的高級料理都市化，而後再國有化。此舉將階級導向的烹飪實踐大幅度轉譯成新的國族烹飪符碼。」[49]對法國美食學演進很重要的一點是，這個過程是不斷復返的。國家對種植、烹煮、討論、食用特定食材與菜餚的支持，也形塑了地方市場與消費需求。對於賞析肥肝神話的文化力量、以及肥肝身為今日法國烹飪領域中最具價值美食之一的地位來說，這段歷史相當關鍵。

如歷史學家蕾貝卡・斯彭（Rebecca Spang）所說明，同樣大約在十九世紀，飲食在法國有了新的公眾顯著性。在法國大革命前大約二十年前（一七六九年），餐廳以一種獨特的存在出現在巴黎，而且數量在隨後的十九世紀也有所增加。[50]巴黎見證了「食物場景」這種新文化潮流的蓬勃發展。中產階級顧客與首批餐廳評論家開始追尋用餐的新體驗。烘焙師、烤肉師、外燴廚師紛紛開設專賣店，販售可供家庭消費的熟食，其中就包括肥肝肉醬。美食品味（Gastronome，亦即對美味的判斷）開始成為一張可茲認同的公眾人格面具。[51]

記者暨作家亞當・高普尼克（Adam Gopnik）在他的《吃，為什麼重要？》（*The Table Comes First*）中強調，特別是在這段全國飢荒剛結束的時期，「享受食物已不再被認為是一種貪食罪，而是一種美德」。[52]然而重要的是，要知道「法國」料理在當時大抵是由源頭互異的料理合組而成的雜牌軍，包括鄉村、中產階級家庭廚師、法國以外的地方以及移民的飲食。而在當時，多數法國人因為諸多政治與經濟因素限制，吃的是僅能果腹、缺乏變化的食物：少肉或無肉、包心菜湯、馬鈴薯、久放的麵包、平庸的紅酒、品質可疑的水。[53]

飲食文學對法國烹飪正典的制度化大有用處。[54]飲食文學以一種獨特、時尚的文類開始興起，陳述對於餐廳與烹飪手法的公共意見，立場或精英或通俗。[55]菜單、食譜、甚至是給兒童看的卡通與圖書，都有助統合法國領土內分歧的烹飪歷史。至於肥肝，一連串的知名作家都將其描繪成一種可享用的快樂、一種美饌、一種法國高級料理，後來肥肝更是成為新料理（Nouvelle Cuisine）不可或缺的食材。名廚奧古斯特・埃斯科菲耶（Auguste Escoffier）

在一九〇三年出版的劃時代之作《廚藝指南》（*Le guide cuilinaire*）中，就包含了三十道不同的肥肝食譜。

對於以肥肝作為法國料理一部分的國族品味發展，平面媒體依然重要。在二十世紀初，巴黎開始出版法國地方菜食譜，而餐飲指南，像是《米其林指南》（*Michelin Guide*）更鞏固了成長中的美食學當中的象徵正統性。一九二〇與三〇年代的火車旅行及二戰後的汽車旅遊，對當時推廣鄉村景致和如今常與法國食物「傳統」相連結的小城浪漫風情和理想至關重要。新建的鐵路與高速公路使得飲食作家與富裕的都市人能夠造訪外省，在原產地品嘗不同的食物。到了二十世紀中期，作家、地理學家與美食學家都聲稱，法國農業區就是美好飲食的保證。《米其林指南》在推薦法國地方餐廳時如此寫道：「Vaut le voyage」（值得一遊）。這段時期，對法國消費文化而言，在外省度假也變得相當重要。[56] 二十世紀稍晚，包括廣播、電視、電影，以及後來的網路等媒體，也都加入了講述法國民族料理故事的行列。法國西南部某種程度上因為氣候良好，又鄰近海洋，因而成為美食旅遊的聖地，繼而拓展了當地的肥肝生產規模，連帶發展的還有松露、紅酒、在地乳酪，以及特產烈酒，例如雅馬邑白蘭地（Armagnac）。地方政府協會理解觀光客在旅行時會想吃好一點，深知舉辦節慶或特產市集之類的食物相關活動能刺激地方經濟。

對於風土及烹飪遺產的文化主張，開始與強調「正統」產地及行家的行銷手法合作。然而，肥肝生產的工作與多數人的日常或現實畢竟相距太遠，肥肝若要融入法國地景與社會體驗，還需要可辨認、受珍視、具有文化親近性的印象。而這個挑戰就由農村祖母的形象，以及肥肝身為家族與節慶名菜的普遍形象扛下。

經典祖母

農村祖母是肥肝起源神話中的經典形象，也是法國國族今日捍衛肥肝生產的工具。[57] 傳統上，養鵝、填肥、照料家禽等工作都是由女人負責。身著長裙的老婦坐在凳子上，灰白頭髮裹著頭巾或盤起髮髻，手

蒂維耶肥肝博物館中展示的佩利戈「傳統」女性填肥者圖片，年代不明。

握漏斗、兩腿夾著鵝，這樣的黑白老照片在書籍、行銷素材和肥肝店牆上無所不在。我訪談過的肥肝商人時常不經意地提起這些老祖母，有時說的就是自己的祖母。例如手工醃肉商派翠西亞就驕傲地說到，肥肝在她代代家傳的事業中是一種女性傳統：

我祖母在薩利邑（Salignac）開了一間餐廳，在背後支持她的是她母親與祖母，她們也支持著美食學。薩利邑這地方一向有此傳承。看這張照片（指著行銷手冊上的一張圖片），你能看到我祖母握著鵝脖子。她沒有自己填肥這些鴨鵝，但會上市場向其他女人買來，在自己餐廳裡賣。

在整個二十世紀裡，法國鄉下為全家的食物需求而飼養像是雞、兔或鵝等小動物的工作，通常都是由年長女性負責。而從增肥的鵝身上取下的肝臟，往往會賣給市場或鄰居，這在那時是女性可創造收入的少數活動之一。舉例來說，某位我訪談了一週、住在多爾多涅省（Dordogne）的女性肥肝生產者丹妮，就從自己的祖母那兒學得技術，而她如今也成了祖母。她驕傲地告訴我，在她年輕的時候，她用賣肥肝賺得的錢買下了人生第一件大東西：一套碗盤。

對某些家庭來說，鄉村牧歌意象中的祖母元素仍是活生生的現實。我在土魯斯（Toulouse）北部鄉間的一處跨世代家族農場裡，遇到一位七十七歲的奶奶；這數十年來，她仍持續每年在秋天飼養大約二十來隻的鳥禽，以供自家食用或節慶餽贈。她愉快地帶著我在農場裡繞了一圈，展示房屋、菜園、穀倉內的兔子籠以及地窖；這地窖中藏有好幾罐肥肝、醃肉、火腿，以及近百瓶鄰近葡萄園所產的紅酒等家用儲糧。當時因為正值六月，所以沒有飼養鴨鵝；就她解釋，飼養家禽是秋天的活動。她說自己是從祖母那兒學會填肥的。另外一間在波城（Pau）外、由家族經營的手工肥肝公司，老闆娘八十一歲的母親更是每隔兩週就會在露天市集販售自家產品。她說，她熱愛每週開著貨車往返農場兩次，更新老客戶的近況，同時也扮演自家農場的門面招牌。

建立在人物或角色上，強調跨越世代的美德與堅毅，這是國族歷史話語常見的基礎，而且通常是透過忽略負面、過度樂觀的觀點。[58]訴諸過往、或純樸「鄉親」形象的歷史敘事，其實都是精挑細選過的，而且往往是經由那些較能察覺不同群眾會對這些敘事有何反應的個人或團體之手。[59]某種程度上，這種挑選有助於讓在不甚光彩的歷史中，那些細微差異和混淆變得清楚易懂，也讓集體認同的拼圖得以成形。[60]對肥肝而言，慈祥祖母這個意象，具有可抵抗外人指控其殘忍行為的功能。然而，如今仍在自家庭院製作幾顆肥肝的祖母，根本少之又少。她們就算能堅持下來，產量也不過是當今法國肥肝產業裡的滄海一粟。

家族慶祝

肥肝起源神話的壓軸關鍵，同時也是穩固其文化價值的部分，就是肥肝在家族餐桌上與節慶時的地位。正如許威伯強調的：「法國人沒有肥肝就沒有聖誕節。」類似地，某位巴黎食品博覽會的參觀者也告訴我：「肥肝傳統就是聖誕傳統。我三十五歲了，每年過節都還是會吃肥肝。」[61]每年十二月，肥肝銷量會達到頂點，實體與網路店面此時會狂打節日促銷。規模較小的農場有時會派家中成員送貨給全國客戶，而在各地小鎮舉辦的聖誕市集當中皆可見到肥肝攤販。

在這些文化與商業的連結中，我們會看到國家食物市場如何與其他「在地」口味及傳統相互交纏。肥肝故事的演進就像香檳如何被用來標誌特殊場合或慶祝一樣。近年來，行銷也將法國肥肝推廣到在其他特別的時刻食用，諸如情人節、生日、畢業典禮。例如，二〇〇六年七月初，我就注意到「胡吉耶」與「戴培哈」（Delpeyrat）等法國大型肥肝商大規模地投放廣告，準備將肥肝打進即將到來的巴士底日（七月十四日，法國國慶日）。

總結來說，起源神話將肥肝的生產與消費，以及法國民族性的理念嫁接起來。這個神話混雜了肥肝與在過去文明的「偉大」、法國料理的宏大敘事，以及家庭歸屬感這三者連結當中，經過揀選的文化史與懷舊心境。起源神話將國族品味宣傳成道德品味，標示出誰屬於這個國家（而誰則否）。它也將正當性（Legistimacy）授予肥肝與其生產者。然而，在反對者急切將矛頭指向價值數十億歐元的肥肝產業的挑戰下，這道神話的穩固性益發脆弱。過去幾十年，法國肥肝產業在規模與範圍上出現劇烈轉變，使得肥肝成為一種大眾文化物件。

產業轉型

作為商品，肥肝的國族價值讓掌控其產銷的人有了額外層次的道德權威。以過往的榮光與祖母形象解釋肥肝在今日的可欲求性，就會忽略商業與國家力量在當今法國肥肝產業中扮演的重要角色。重要的是，這些結合國家與企業資源的轉變不僅沒有破壞起源神話，反而還為其灌注了新活力，帶來新的美食國族主義意涵。

法國的肥肝產業在二十世紀後半有了根本改變。一九六〇年代初，法國國家與金融家保障了肥肝產業的新科技與擴張基礎建設所需的資本來源。此時出現三個重大轉型：企業所有權的合併、製造科技的改變、生產肥肝鳥禽的替換。上述的改變降低了生產成本，進而降低了「含有」肥肝之製品的價位。[62]

肥肝能成為一種產業，關係到策略結盟及融資股分。某種程度上，藉由將個別製造商整合為聯盟與集體企業，以便供給不同製造公司，肥肝成了一條地理分散且垂直分化的供應鏈。就像美國多數的雞肉生產，肥肝製程由孵化場、養殖場、填肥場、屠宰場與加工廠分工。飼養增肥鳥類的性別差異趨勢逐步下降；男性填肥者在這種新生產模式中愈來愈普遍。

重要的是，這些產業的轉變過程乃取決於技術的變化：亦即，增肥的鳥禽由鵝改為鴨、採用氣壓式餵食機、並在填肥期間以個別籠（Epinettes）容納鴨子。隨著生產模式的改變，人口少、土地便宜、氣候更適合全年畜牧業的法國西南部因而超越了阿爾薩斯，成為全法國的肥肝生產重心。[63]根據CIFOG的資料，西南部在二〇〇四年供應了該年全法國產量近百分之九十、計有一萬八千五百噸的肥肝，而且預估產量從該年起將穩定持續數年。[64]

一九八〇年代見證了更多成長取向的資金流入，以及對肥肝產業更進一步的資本挹注。一九八六年，法國投資公司「勒埃南」（Le Hénin）與「蘇伊士金融公司」（Compagnie

Financière de Suez）[65]訓練了一批特製食品公司，包括肥肝公司「拉貝希」（Labeyrie），並建立規模更大的商業分銷管道。其他聯合企業的努力也都可見成效。這個時期也有大批主要來自匈牙利的進口低價肥肝，國內產值也有增加；這使得許多小規模的鵝肝生產商瀕臨破產；好幾間公司開始合併，迅速成為市場領導者。

一九九〇年代初，法國單單四個品牌就合計生產了該年全國販售肥肝總量的百分之四十四。[66]每年產出大於一百萬隻小鴨的孵化場，比例從一九九五年的百分之五十七躍升至二〇〇一年的百分之八十。在這段時間的法國生產總量中，每年產量逾四千噸的工廠，占比也從百分之四十八來到百分之七十六。[67]如今，全球最大的肥肝公司「胡吉耶」（現為跨國企業「優萊利斯」〔Euralis〕持有），每年在法國飼養超過一千一百萬隻鴨（約為全國肥肝總產量的百分之三十）。

肥肝塊（Bloc de Foie Gras）這種產品的出現，便可歸因於這種成長。肥肝塊是滑順的熟食乳化肝醬，可罐裝或密封在塑膠盒中，作為即食產品販售。在肥肝塊出現之前，廠商使用的是在製造或加工過程中有產生缺陷之虞的全肝。肥肝塊藉由將等級較低的肝臟碎塊混合成質地均一的產品，化解了這種缺陷。由於肥肝塊成本比其他肥肝製品低，因此成為能在超市與連鎖商店上架的人氣商品，也讓肥肝產業得以觸及中低階消費者。肥肝塊也解決了整個產業以往的「季節性問題」，因為它和其他加工食品一樣，可存放許久。截至一九九二年，法國販售的肥肝逾百分之五十都屬肥肝塊。[68]

由於供應鏈轉型，法國肥肝生產率在一九七〇年代初到二〇〇〇年代初之間增長了三倍，而且也創造出鴨肉、鴨絨及鴨油的新市場，這些都是生產肥肝的副產品。一九九六年CIFOG的夏季通訊如此報導：

> 法國肥肝生產經歷了一場紮紮實實的革命。生產鏈各環節受惠於基礎技術的進步，因此得以反應消費需求，尤其是讓肥肝打進了大規模的經銷平台；以及次級肉品市場的發展、還有鴨胸價格的穩定。[69]

行銷活動與消費也迎頭趕上。我拜訪的一位肥肝農人也說了類似的話：「肥肝在一九八〇年代以前實在很貴。當時大家只會在聖誕節和新年吃。現在你到處都能吃到肥肝，市場需求一漲再漲。」好幾位業內人士都說這是「肥肝的民主化」。不過，隨「民主化」一詞而來的，卻是所用的動物都有了改變。

從鵝到鴨

肥肝產自鵝或鴨，歷史上更常以鵝產製肥肝。但在二〇一〇年，有百分之九十五到九十八的法國肥肝製造商都使用鴨，這個數字在半個世紀前還不到百分之二十。我訪問過的農場都認為，大量養鵝比較難，也比較貴。鵝不會終年繁殖，但鴨會。[70]也有人告訴我，鵝在填肥期間需要更多空間，因為鵝的免疫系統與食道比較「細緻、敏感」，而且「不太適應機器化填肥。」鵝在填肥期每天要餵食三次，這需要更多人力與飼料；鴨在相較下只需兩次。養鵝場通常規模較小，採手工餵食，這對生產商來說成本更高，對消費者而言價位也會更高。

胡吉耶的國際出口總監，季・德・聖—羅蘭（Guy de Saint-Laurent）解釋以鴨代鵝的額外原因，是因為「養鵝的獲利集中在肝臟。銷售鵝肉相當困難，消費者不太喜歡。鴨肉要賣就容易許多」。他預期法國鵝肝產量還會繼續下降。不過，鵝肝還是被捧成是更精緻（稍貴一些，但並非負擔不起）的商品。法國目前販售的肥鵝肝大多產自匈牙利。[71]

鴨不僅在數量上超越了鵝，一九六〇與七〇年代的研究人員還培育出一種專門生產肥肝的特別混種鴨「騾鴨」（Mulard），這是一種由公番鴨（Muscovy）與母北京鴨（Peking）

雜交生成的不孕品種。農人告訴我，他們認為相較於其他品種，騾鴨更堅強、抵抗力更好、脾氣也更好，能產出品質更穩定的肝，食道也更堅韌，讓填肥對餵食者和鳥兒來說都更輕鬆。[72]生產肥肝的只有公騾鴨，農人認為母騾鴨的肝「血管太浮」。[73]目前有某些生產者會飼養番鴨來填肥，但法國與其他地方絕大多數（高達百分之八十至八十五）的產肥肝鴨種都是騾鴨。

騾鴨的不孕帶有社會組織控制產業的重大意義。騾鴨蛋只能藉由人工授精，因為番鴨與北京鴨這兩種鴨不會交配。人工授精涉及的成本，使得繁殖騾鴨僅能在大型的聯合企業規模下可行。此外，這也意味中央可控制生產騾鴨蛋與雛鴨的過程。不論是傳統養殖或工業化養殖，有意飼養騾鴨的農場就得向供應商購買雛鴨，無法自己育種。

在供應鏈另一端，廚師的廚藝與消費者品味也同時牽涉其中。有些人痛斥這種改變，抱怨肥鵝肝的風味質地已逝，但還是有人在騾鴨肝上看見烹飪的可能性。一般而言，肥鵝肝會放在陶罐（Terrine）或棉布（Torchon）中低溫烹煮，作為冷盤上桌。就像一位手工醃肉匠解釋：「鵝肝比較肥，所以不像鴨肝那麼有優勢，因為它太容易融化，也比較不紮實。味道雖美，但脂肪更多。」

相反地，騾鴨肝可兼作冷、熱食。史特拉斯堡的米其林星級主廚愛彌爾・容格（Émile

Jung），描述騾鴨肝是萬用而且不縮水的鴨肝。享用由不縮水的騾鴨肝所烹製的熱菜，這種消費者品味在法國與各地餐廳中已可見成長。主廚為了表現騾鴨肝，創造了不少新菜色，從香煎肥肝片佐鮮果、到充作海鮮或牛排的配菜，還能烤成麵點。許多主廚都告訴我，相較於醬糜，熱菜還簡單許多，因為製作醬糜通常得準備數日。有些人還將騾鴨肝的「萬用」延伸到甜品領域，像是肥肝棒棒糖、甜甜圈、烤布蕾與冰淇淋。[74]

法國有許多肥肝商、主廚、以及業餘美食家都注意到了鵝肝與騾鴨肝之間的味道差別。當我問「新料理」名廚米榭·蓋哈（Michel Guérard）偏愛哪一種時，他回答道：

> 我都喜歡，理由不同。對我而言，這兩者味道相當不一樣。鵝肝是吃其細膩，鴨肝則較為粗獷、更騷一點，更具感官刺激。如果要以紅酒比喻兩者，我會說鵝肝是波爾多，鴨肝則是勃艮第。

某位在巴黎食品博覽會上的採購者在評論鵝肝時，結合了成本與象徵的差異，也合理化了其他人對鴨肝的偏愛。他說：

我想，鵝肝比較精緻，味道沒那麼強烈，也更細膩。鴨肝的味道比較強烈、辛香，能取悅味覺沒受教育的人。他們把鴨肝視為一種同樣帶有節日氣氛、但比鵝肝便宜的產品。

動物種類與品系的改變，在幾個理由上對於肥肝的法國氣質意義重大。首先，這讓一種原本昂貴又高級的食品價格變得較為便宜，使其「民主化」。其次，這也展現了「肥肝是什麼」的文化意義與理解是相當靈活的。[75]而這種靈活也透過基於品味、對於風味、質地與鑑賞力的主張，創造出新的美學秀異（Dinstinction）模式。

量產肥肝的物流

前面的段落講解了肥肝是由什麼製成，接下來的段落則要探究肥肝的製造方法與牽涉人物的轉型。一九七〇年代見證了機械化餵食工法的發明與快速採用，這種工法使用液壓或氣壓幫浦，而非先前的漏斗、螺旋與重力的組合。這些機械能依據鳥禽正處於哪一個填肥階段，精密測出正確的餵食量（通常餵食量會隨填肥階段逐漸增加，從幾茶匙到大概四分之三杯的玉米糊）[76]。填肥人每天推著機器（大約是一部洗衣機大小，放在拖台上）繞行鴨舍走道兩次。我在好幾間農場看到填肥人抓著鴨子後腦杓，打開嘴喙，將管子插進食道，按下按鈕讓機器將測量過的玉米糊送入鴨子的嗉囊。

在改用這些機械的同時，肥肝產業也開始使用個別籠，在長達十二至十五天的填肥期間固定鴨子。鴨子被並排安置在單隻鴨身大小的金屬籠裡，離地抬至腰際高度，集中在低照明、空氣流通的鴨舍內。鴨子無法轉身，也無法展翅，頭下的水槽持續供給活水，而鴨舍溫度跟夏日的戶外氣溫相較則顯得清涼。幾位填肥人告訴我，較涼的空氣與低度照明能讓鳥兒保持冷靜。把鴨子舉離地面有雙重用意：如此能讓鴨糞直接掉落籠子下方，並讓鴨頭在餵食者推著機器巡走每條走道時，保持在人手可及的距離。

餵食機與個別籠的合併運用，能將每隻鴨子的餵食時間縮短至幾秒

以漏斗、導管與鑽頭組成的手工填肥器械

內，而不像手工生產要花上三十到六十秒。在手工填肥的過程中，填肥人得為每次餵食重新量取飼料、從團體的大鴨欄中逐一抓出鴨子，再擺成餵食姿勢。[77]在這個反對者與從業者都以工業化稱之的系統中，通常一個人每天要替八百至一千隻鴨子餵食兩次，相形之下，幾個世代前、或規模更小的手工製造場所中，每人一天只能餵食二十隻左右。法國的其他農場有時會一次動用數名填肥人餵食兩千隻鳥。[78]

這些作法很快就成為肥肝廠商要求其供應商的標準。這樣的作法在二〇〇七年大概就占了法國肥鴨肝生產的九成。一位熱爾（Gers）地方的農人以傳統的供需論點解釋了這種作法近乎無所不在。他表示：「這並非一種選擇。以前大家都像我鄰居一樣手工填肥餵鴨。為了討生活，你得將之優化，而這解答就是利用個別籠。現在肥肝的需求暴增，所以生產也得跟上。」當我請他說明為何選擇這樣子養鴨、而不是使

工業化填肥機，能同時攪碎、分餵飼料

用古老的傳統手法時，他答道：「我們決定用這方法填肥這麼多鴨子，因為這樣我太太負責餵鴨，就能在這裡領薪水，不必去其他地方找工作。」為了維持家計，許多人投注資金在機器與設備上，將原本的供應鏈加以工業化。

這種工業化邏輯讓少數製造商得以控制這整條供應鏈上的生產，掌控與其合作的繁殖場網絡。法國最大肥肝品牌「胡吉耶」簽下全國八百戶農戶，為它飼養鳥禽。其他農戶則簽下填肥契約，並遵守製造商對於餵食與豢養條件的標準規則。還有其他簽約廠商負責宰殺鴨隻。處理與包裝會集中進行，地點通常是在企業總部猶如工廠的大型廠房內，並將最終產品配送給批發商與零售店。我拜訪這條供應鏈上的填肥人，沒有人確定自己養的鴨子在離開農場後會遭遇什麼事情，他們既不知鴨子會送往何處加工、包裝上會是什麼品牌、也不知道我能在哪間店找到產品。

對於這種轉型是否會對肥肝品質與製造者的生計有負面影響，旁觀者爭論不休。《肥肝：一種熱情》的共同作者米契爾．戴維斯（Mitchell Davis）告訴我，他在法國為該書進行研究時發現：「機械化不只影響品質，也因為豢養方式影響了經濟，因而演變到了政治議題的程度。我們在法國見到的許多小農都覺得，他們就快要被擠出這個生意圈子了，因為他們無法與大型製造商競爭。」安托萬．孔米提也提及法國有某些消費者在「工業」與「手工」

肥肝之間劃下明確的道德界線。另一方面，某些主廚與業界成員則認為，這些改變帶來效益，使得整體生產品質因而更高。最容易讓人聯想到在加斯科尼（Gascony）地方推廣肥肝的餐廳老闆、名廚安德列．達甘（André Daguin）坐在餐桌前，講起肥肝的今昔差異：

我十歲時，母親會買全鵝跟全鴨回家，我們就在廚房宰殺。十顆肝裡總會有兩、三顆很棒，兩、三顆普通，另外兩、三顆就，嘖。現在八成以上都是好肝，因為動物更健康了。病懨懨的動物是長不出好肥肝的。

從他的觀點看來，機械化餵食法是正向的轉變，而非妨礙。由於對於鳥禽的知識增加，再加上填肥過程對鳥禽的持續監控和照顧，鳥兒也因此「更健康」。

機器化填肥並未向觀光客宣傳，也許這也沒那麼出人意料。這種設施全村可見，就藏在眾目睽睽之下。我拜訪肥肝生產商時都得透過中間人安排，而且常被以滿是懷疑的眼光打量。我初次造訪某間農場，就是由留宿我的農場鄰居陪同。在走向沒有標示的鴨舍時，有個雙頰通紅、穿著工作服的金色短髮女子向我們打招呼。我的房東解釋我們為何會在此，並介紹我是一個「對肥肝感興趣的美國人」。該女子的第一反應是「我可不想惹禍上身」。房東向她再三保證：「不、不。她喜歡吃肥肝。」接著對我說：「妳看，這又是一個懷疑對肥肝感到好奇的美國人的人，這很典型。」這種對於我出現在現場而產生的懷疑反應，是我在這些地方進行田野調查時經常會遇上的典型狀況。

隔年在另一個無關的場合上，「胡吉耶」的季・德・聖—羅蘭答應帶我和馬克・卡羅去他所謂的「典型肥肝農場」，作為我們前往總部位於薩爾拉（Sarlat）鎮上的公司的參訪行程。儘管我們已拜訪過許多農場，但還是同意了，況且，我們也有興趣看看他究竟要帶我們去哪裡。翌日，我們開車出城十五分鐘，來到山坡上一處風景如畫的農場。季手握方向盤，解釋他的事業需要對世人「呈現」，而非只是「告訴」世人，填肥對鳥禽而言並沒有大家認為的那麼糟糕，而他需要更努力地去「反轉」負面宣傳。季帶我們去的農場大約養了一千兩百隻鵝，大部分都放養在戶外，我們抵達時，有幾隻甚至在樹下閒晃。填肥鵝舍內有一百八十隻鵝，三隻一組，關在金屬柵板上的架高籠子裡。

農場主人是一位穿著骯髒工作服和磨損靴子的年長男子，他帶我們繞了田野，對我們比劃開放空間和在地上啄食的鵝。我們進入鵝舍，他在架高鳥籠旁放了一張三腳凳，親自示範填肥工法。他用的是一台就像快要報廢的三十年老機器。震動的機器在他餵食鵝、揉揉鵝頸好讓黏糯的玉米粒進到嗉囊時發出怪聲。他請我過去，在餵鵝同時將我的手按在鵝脖子跟嗉囊上，讓我摸摸玉米落到何處。

馬克評論說，如果有那麼多隻鳥要餵，這過程有點慢。農場主人指著角落另外一台比較新的氣壓動力機器，說那才是他每天用來填肥的設備。原來我們剛才所見的，只是示範給訪客看的。問過幾個更針對性的問題後我才知道，原來，「胡吉耶」是將這間農場當成「展示農場」，而非真正的供應商農場。對於這個有出入的資訊，季辯護道，「胡吉耶」的供應商農場對於臨時來訪的我們來說太遠了。

使用個別籠的工業化餵食設施確實引發了政治煙硝味。一九九九年，倡議泛歐法律標準整合的歐洲理事會（Council of Europe），通過了一條在歐洲逐步禁用個別籠的提案（該提案陳述，二〇〇五年後不再購買新籠，二〇一〇年後不再使用）。[79]儘管如此，許威伯還是堅持道，眾所皆知的是，禁止使用個別籠只是「建議」，而非「義務」，而整個產業都樂於同意如此。CIFOG與歐洲理事會法國部門協調的結果，是再晚五年執行此案，爭論點在於，原本的時程表對生計仰賴這類型生產的農人來說太緊湊了。如果延期確實發生，則無疑會影響產業運作。我在二〇〇六年與〇七年時注意到，我拜訪的農場都沒有漸次淘汰個別籠，而我從農場業者與運動人士那裡都聽到類似的暗示：仍有業者持續裝設新的個別籠。到了二〇一五年十二月時，業界果然仍在使用個別籠。

消費與價格

法國是個不愁沒肥肝的國度。雖然也有其他國家生產、消費肥肝，[80]但像是二〇〇五年，全球百分之八十的肥肝生產與百分之九十的肥肝消費都在法國。[81]二〇〇六年，肥肝是個年產值達十九億歐元的產業，對法國鄉村地區與國家出口市場來說都有經濟重要性，而出口淨值為每年四千萬歐元（約為總收益的百分之二）。[82]

二〇〇八年十二月，一份由TNS索弗瑞（TNS Sofres）民調公司所做的法國消費者調查發現，有百分之八十的受調者都在該年吃過起碼一次的肥肝。肥肝相對便宜，不比其他特製食品貴到哪裡去。一小罐六十至八十克、工業化生產的肥肝慕斯（Mousse）或肥肝塊，在食品雜貨店或連鎖店的價格約為三至五歐元。手工肥肝與全肝（D'entier）的價格最高，一罐一百二十克至少要價十八歐元，而四百五十克則最多要價六十四歐元。二〇〇六年的「沙龍滋味」（Salon Saveurs）食品博覽會上，一大塊除去血管、真空包裝、貼有PGI標章、再綴以一位戴著貝雷帽老人圖片的手工肥鴨肝，價格為二十二歐元。在餐廳菜單上，一道肥肝開胃菜通常只比次昂貴的選擇貴上幾歐元。產品範圍與價格，例如慕斯、肝塊、半熟肝（Mi-Cuit）、煮熟或新鮮全肝，更別提將肥肝加入其他產品的各種方式，都讓法國多數的消費者負擔得起。此外，對於產製肥肝所剩的鴨肉，像是肥鴨胸、熟肉醬（Rillettes）、油封鴨腿等，市場需求也都有成長。

這些價格與產品都反映出產業相對新近的處境，說明了擴張的傳統，以及一段商品化與市場成長的尋常故事。這些發展使得當中某些從業者也看不透這個產業。我在這條產業供應鏈各處找來的受訪者或談話對象，有許多人都難以想像在自己、或與自己距離最近的幾個供應鏈位置之外的全貌。例如，填肥人可能無法明確指出，他們的鴨鵝在離開鳥舍後發生什麼事，而零售店員對於產業出現過的轉移也只有模糊的理解。但只是對產業鏈進行經濟投資，並無法創造及維持一種食物的國家象徵地位，政治正當性在這之中也是不可或缺的。

政治正當化

根據起源神話，肥肝是一項「自然而然」與時俱進的法國傳統，有愈來愈多消費者對其傾心，市場為了迎合需求，於是有了成長。不過，這種敘事忽略了政治決斷在將肥肝黏進法國美食國族想像時不可或缺的角色。美食國族主義的概念，也就是國族情操與食物生產互為根基、互相壯大，必然會牽引出國家的參與。

肥肝產業在整個二十世紀後半成長之際，國家對其品質的管控卻大幅落後。一直要到一九九三年歐盟藉由《馬斯垂克條約》繼而正式創立後，法國農業法才首度針對肥肝的尺寸、製程類別與等級立下特定區分準則。在此之前，肥肝市場大多未經管控，消費者所見的往往也是錯誤資訊。[83] 一九九三年的準則發表於《法國公報》（*Official Journal of the French Republic*），[84] CIFOG會長尚．許威伯解釋，他們費了一點時間去影響食物的標示方式，讓消費者能更加理解、欣賞自己購買的產品內容物，並能讓消費者發展出集體興趣的共有概念。CIFOG本身是在一九九〇年代初才成立，對一個代表看似具有歷史價值的產品的國家貿易協會來說，這動作是慢了點。[85]

全歐洲的畜牧方法都受到歐盟執委會健康及消費者保護總署（Directorate General for Health and Consumers）底下的動物健康與福利委員會（Commission on Animal Health and Welfare）監管。[86] 所有會員國的養殖與屠宰設施，都必須符合歐盟的衛生與人道動物處置標準。[87] 一九九八年，歐盟動物健康與福利委員會發表了一份有關肥肝生產的報告，這份報告也成為日後對於肥肝道德地位之辯論的重要文獻。動物權組織時常援引這份九十三頁報告的結論：「現行的強迫餵食有害鳥類的福利」，作為無可辯駁的鐵證，以支持自己認為肥肝生產是殘酷行為、應當禁止的論點。不過，若仔細閱讀會發現，該報告譴責的並非肥肝本身，而是使用個別籠與工業化餵食程序。報告中所說的，是限制「可避免之痛苦」的必要，並含有幾項改進生產條件的建議。它的制裁也只是限制現行的生產方法，並建議繼續對福利標準、疼痛與壓力指標、不包含填肥的替代手法進行科學研究。

報告釋出後，CIFOG與法國政府收到歐盟「原產地名稱」（Designation of Origin，DO）食品標示新計畫所頒予「西南部肥鴨肝」（Canard à Foie Gras du Sud-Ouest）的PGI標章。[88]這個PGI認證讓法國西南部各個大小製造商，都能在產品上標示這個特殊記號，以示其風土。這也是將肥肝載入一個備受尊敬的泛歐計畫當中，而該計畫某種程度上也是為了捍衛歐陸美食的「多樣性」。法國或歐洲其他地方的製造商還是可以稱自己的產品為「肥肝」，只是不能將之標示成「西南部肥鴨肝」。這件事發生在法國民調與社會觀察者高度關注威脅到法國國族認同的全球化與歐盟化之際。[89]

然而，這個標章為肥肝作為一種法國傳統的地位帶來三道難題，每一道都照映出現實與想像的差距。首先，「西南部肥鴨肝」這用法不僅受到動物權團體與其他國家單位的抗議，也招致法國西南部的小規模手工肥肝生產者的不滿。根據法國人類學家依莎貝爾・泰修艾爾（Isabelle Téchoueyres）的研究，這些生產者批評這種用法在標示尺寸與製造法時完全不精確，也缺乏對於品質的衡量。許多人擔心自己會因此陷入經濟困境。[90]其次，西南部並非全法國境內唯一有肥肝生產傳統的區域；阿爾薩斯地區所產的肥肝就沒有對應的標章。最後，這種適用與採納，對於指示肥肝的物質基礎有重要作用，因為法文「Canard」的意思就是「鴨子」。如前所述，鴨是在二十世紀晚期才超越了鵝，成為生產肥肝主要使用的鳥禽，然而官方的保障卻只有涵蓋鴨。

國際間針對肥肝生產的批評聲浪，在二十一世紀的頭十年逐漸升高。法國團體「停止填肥」開始更受媒體關注，並獲得更多來自各國際動物權組織的資源。二〇〇二年，樞機主教若瑟．拉欽格（Cardinal Joseph Ratzinger），也就是日後的教宗本篤十六世（Pope Benedict XVI），在某次談及增肥鴨鵝的訪問中宣稱：「在我看來，這種將生物貶為商品的行為，實則違反了聖經表達的互相關係。」[91]英國的抗議者鎖定、抵制、破壞販售肥肝的百貨公司與餐廳，好幾位名人也都公開表達反對。二〇〇八年，英國的查爾斯王子發信要求他的主廚不要為英國皇室的居所購買肥肝，荷蘭皇室也發布了類似聲明。二〇〇三年，以色列這個境內有肥鵝肝製造商的國家，該國最高法庭也在動物權人士施壓下禁止鵝肝生產。[92]美國好幾個地方的立法者也都考慮或已通過禁止肥肝產銷的城級或州級禁令。

全歐洲也有禁止肥肝製造的法令存在，全球的反肥肝人士也點出這個事實，作為填餵工法有違道德的證據。歐洲當今的肥肝生產限於法國、西班牙、比利時、匈牙利與保加利亞。德國、義大利、盧森堡、波蘭、芬蘭、挪威與好幾個奧地利省分，都有禁止為求肥肝而強迫灌食鴨鵝的法令。奧地利動物權團體「Four Paws」（四爪）在二〇〇八年曾組織一場媒體戰，成功地在德奧兩國抵制匈牙利所產的肥肝與家禽製品。[93]荷蘭、瑞士、瑞典與英國的法律雖未明確禁止填肥，但皆透過詮釋普遍動物福利法條來禁止這項工法。然而，這些國家大多原本就沒有肥肝生產商，通過這些法案，能在不會導致負面經濟效果的前提下，滿足激進人士的渴望。

同時，這些國家又未禁止肥肝的零售與消費，這對法國的肥肝產業至關重要。[94]由於歐盟的互相承認管制原則（Regulatory Principle of Mutual Recognition），只要在任何一個歐盟會員國內能被合法銷售的食品，在所有會員國內便是合法的（除了少數例外，當中大多是關係到大眾的健康安全）。肥肝仍持續在幾個國家、主要是法國境內合法生產；對歐洲其他地區的反對聲浪來說，法國境內的肥肝生產就像是芒刺在背。運動團體雖曾呼籲歐盟禁止肥肝生產，但目前並未成功。歐盟雖然曾對特定製造工法表達關切，卻未採取直接措施令其完全違法。委員會對於一位歐洲議會（European Parliament）成員的質詢，在回應時強調：「應該提及的是，禁止強迫灌食並不在歐盟指令（Directive）或建議的預計內。」[95]但這應該不是常態。

在這個跨國脈絡下，法國國會在二〇〇五年表決了一條修正案，保障肥肝作為法國官方文化與美食遺產的一部分。這條修正案註明，肥肝「完美地符合」將「彰顯法國食物模式原創性之風土連結」給特色化的「準則」。國民議會為此通過為376-150條的修正案提供了解釋：「肥肝是吾人美食與文化的象徵元素。」參議員審議草案的證言認為，此聲明先發制人，在肥肝問題上防範了「任何來自布魯塞爾（歐盟總部）的倡議」於未然。

為了回應某位參議員認為這條「法律上的肥肝廣告」有畫蛇添足之嫌，而且肥肝也不需要由國家背書的疑慮，另外一名參議員答道：「因為填肥太受爭議，所以必須編入法律當中，否則布魯塞爾的善意就會來查禁我們風土所產的一切。」這些領袖在對法國肥肝生產已高度機械化，而且有數十億歐元產值的經驗現實一無所知的狀況下，他們回應的是許多人感受到、法國民族文化在歐洲整合政治與更廣大的國際事務視野中，日漸衰微又岌岌可危的角色。這些言詞透露出他們想先發制人，守護作為文化象徵與商品的肥肝免遭檢禁的期望。將肥肝列入法國遺產法，等於是向法國與國際群眾傳達一則振奮人心的訊息，好似文化、愛國主義與市場的行動向來都是同一件事。

美食國族主義逆境

法國國族認同的社會架構及時來到，得以平息肥肝的爭議性。在國界對各種不同市場而言看似逐漸廢黜的世界上，這種食物成為一種有力的美食國族象徵。肥肝現在的地位，點出了在文化歸屬感具體化的過程、以及特定信念甚受珍惜的現象當中的張力。[96]我們也能看到，沒有任何單一機構或團體，能憑一己之力，將肥肝特徵化為今日的樣貌。這也因肥肝疑點重重、又備受爭議的本質而格外……，借用克勞德．李維史陀（Claude Lévi-Strauss）的話：「好思」（Good To Think With）[97]。不論受到珍視或唾棄，肥肝都是一道意義曖昧的象徵：它混雜了廣為大眾使用、而且確實相當有效的敘事、想像、品味與意義。[98]肥肝產業既是在特定歷史軌跡下的產物，也同時推動了這條歷史軌跡。

不過，如此信念也需要保證；傳統必須不斷被反覆頌揚，而國家化的保障也不能只停留在機構當中。它們也關係到日常體驗、談話與品味。如果將行銷特定食物的舉動視為美食國族主義的證據，我們便能看到這種行銷舉動過濾掉了懷舊感，並透過現代視角保護特定品味的手腳：某種程度上，這是將奠基於現代產銷技術的嶄新「傳統」食物，直接當成某種本質並非如此的東西去行銷。[99]

我們在下一章會看到，從農場到觀光宣傳再到政府部門，這種對於肥肝的保證在許多地方都可見其蹤影。大眾是否願意將肥肝詮釋為不可磨滅、瀕臨滅絕的資源，則仰賴於文化掮客。儘管肥肝的意義已大幅滑落，這些掮客的努力仍顯現出那些涉及正統性、傳統、自治以及市場的國族主義物件的力量與彈性。在連結國族理念時，這類道德情操就有了力量。

對於過往的懷舊與紀念，可以是一道反覆無常的進程。[100] 一旦這種涉及特定食物或文化產品的爭議擴大，置身全球新關係當中，捍衛文化遺產的理念便可作為一聲號召令，呼籲眾人培養特定地方、人物或產業的獨特價值。[101] 對食物的制度化支持不僅表示出傳統的可貴，同時也向大眾傳遞出一項訊息：法律與政策是有用、甚至必要的防衛工具。我們看見國家行動者與私人利益聯手促成立法。他們閃避批評的指控，轉而依賴一種衍生自國家道德主權受害感的象徵政治。

過去的紀錄影響、反映了我們思考未來的方式。法國歷史學家皮耶．諾哈（Pierre Nora）寫道，對法國國族的信念系統而言，「記憶在消逝當下變得可貴」。[102] 我認為，肥肝當時之所以變得這麼具有標誌性，是因為它與其它法國社會中的意義系統轉移同時發生。產業發展為公私合作企業（Public-Private Enterprise）、產品價位降低、ＰＧＩ認證、以及二〇〇五年的宣言，全都出現在這個歷史上的偶然瞬間。法國國會公然將評價兩極的肥肝納入國家財產清冊，等於是將任何對肥肝道德地位的挑戰，都視為是對法國文化的攻擊。公眾敘事中的肥肝起源神話（與其發現、家族、地方、與文化正典之歷史化關聯）在這當中可謂相當關鍵。因為這個起源神話以組織與超國家尺度的不一致為代價，強調出國族內部的一致與相似性。

法國長久以來都對歐洲政治統一的理想有所貢獻。今昔歐盟整體計畫在很大程度上都可歸功於幾位法國的政治人物。然而，一條牽涉國家自身利益的脈絡，也深埋在過去半世紀的政治修辭當中，而這條脈絡如今又藉著法國極右派政黨「國民聯盟」（Le Front National）水漲船高的支持度而浮出台面。[103]許多公共意見調查都顯示，不少法國人在支持歐盟社群的同時，也對其結構與制度存疑。就算在近年全球經濟危機的重創下，許多人仍認為，一個整合的歐洲可提供富競爭力的市場，並在國際關係中成為一道溫和但有力的呼聲，還能成為擁抱自由主義價值的共享市場。但要創造一位歐洲消費者或一種歐洲單一認同，仍有待努力。[104]此外，食物與料理在中心支撐著法國作為烹飪先驅的歷史認同，但這個國家如今已無法繼續自稱是無可撼動的國際美食領袖。這片文化場域的競爭，比以往都來得激烈。

於是，作為對現代歐洲市場與制度進程的挑戰，肥肝大有關係。美食國族主義讓肥肝從地方性、小規模、季節性生產的食物，搖身一變成為價值數十億歐元、關乎國族認同的地緣政治的產業。填肥傳統的歷史與細節如今被宣稱是一項國家文化遺產之後，就沒那麼關乎「正統性」了。在這個定位上，遭主觀認定、或確實對肥肝生產、消費造成的威脅，就等於是在挑戰法國的文化遺產與主權。更甚之，肥肝收納了對於法國認同與文化消散的投射恐懼感，或至少是因為肥肝在他處遭受的道德爭議與妖魔化。在某些旁觀者看來，法國的舉動看似是以高傲、不屑的外交手段在處理反對者的疑慮，但同時說來，要法國正面迎擊這些疑慮，便意味得解散一個努力求發展、並正當化為國家文化商品的產業。對法國來說，保存肥肝是一種保衛國家理念的手法，這方式微不足道、但意義重大。

第三章

打造美食國族主義

收到波爾多一位米其林星級主廚回覆我邀訪談肥肝的電子信時，我簡直樂不可支，他是我初訪法國的田野之旅中少數答應受訪的主廚。打從一九六八年開始，尚－皮耶·希拉達奇斯（Jean-Pierre Xiradakis）就是「水壺」（La Tupina，巴斯克語）餐館的主廚兼老闆。這間餐廳專精於「主廚母親與祖母的料理——選用地方優良食材的簡單、真誠鄉村料理」。他也是法國食物專家，著有一本波爾多烹飪遺產專論、數本食譜，以及一本地方葡萄園指南。一九八五年（法國肥肝生產在這一年工業化），希拉達奇斯組織了一個地方主廚協會，以「保衛西南部烹飪傳統」，並復興瀕危的「優質」食材。肥肝就是首批被納入這把保護傘底下的品項之一。希拉達奇斯的成就與著作豐碩，而他答應邀約，也讓我以為他是在歡迎我。

趕在午餐準備上菜之前，我在某個週一的上午十一點半抵達「水壺」。當天稍早，電話中的希拉達奇斯聲音聽起來雖然友善，但又有點嚴肅。有人領著我走過餐廳的用餐區，上樓來到無人的辦公室。辦公室十分狹小，打開的窗戶讓新鮮空氣與樓下老街區的熙熙攘攘透進這個空間。巨大的書桌上推滿書本，成疊紙張占據了大部分的地面。牆上掛著一大幅裱了框的切·格瓦拉（Che Guevara）肖像，攝影師署名阿爾貝托·寇爾達（Alberto Korda），並寫上一段給主廚的私人訊息。隔壁房間有好幾位穿著入時的年輕女性在電腦前工作，旁邊是一座塞得滿滿的高聳書櫃。

主廚走進辦公室，和我握手後在書桌後方坐下。一位戴著金邊眼鏡的中年男子，兩鬢花白，他穿的是鈕扣全數扣上的正式襯衫，而非廚師袍。我們的對話起碼還能說是……呃，生硬。他對我的回應總是短促不耐，而且似乎被我的提問給激怒。他講解了增肥原理是在模仿鳥類遷徙習性、法國生產肥肝的地理分成西南部與阿爾薩斯兩塊、而他過去這二十年都是向這附近的公司購買肥肝。「水壺」的饕客對肥肝的需求逐年增長，時間也延伸到冬令佳節以外。

當我提到肥肝在美國的爭議時，希拉達奇斯從略受刺激轉為憤怒。他宣稱：「美國認為填肥是一種犯罪行為，但對我們來說，那卻是兩千年來的古老傳統。」他接著表示自己的認知是，跟其他社會問題相較，肥肝激起的動物權運動顯得過度誇張。「你應該去分析美國為何缺乏對人類某些行為的限制，像是暴力、種族歧視、流浪漢；但老美偏偏想找東西來禁，而且還是那些本來就屬於我們傳統的東西。這實在太荒謬了，美國人不太關心人類，對鴨子倒是挺關心的。」我往後一靠，說法國境內也有人反對肥肝。他一拍不漏地隨即回應：「對，只不過美國沒有壟斷全世界的蠢材，每個國家都有混帳。」

在這種被激怒的應答持續幾分鐘後，希拉達奇斯問我願不願意跟他共進午餐？我同意。我們下樓，他向餐桌旁的領班交代幾句。我被帶往主廳角落一張布置精美的餐桌，主廚在幾分鐘後退回後面的房間。桌邊上方掛的畫是一片肥肝，擺著笑臉坐在一片生菜葉上，署名「D. Rosa 1988」。服務生帶著一壺水、一盤冷肉、一根雪茄跟雪茄剪，還有兩杯白酒過來。沒有菜單。

隨後一小時，我持續接受著考驗。希拉達奇斯吩咐神色緊張的服務生端出幾道菜，快速地接連上桌：一大片煎過、但仍血水飽滿的肥肝，一盤炒牛肚以及看似漢堡、實為凝結雞血製成的肉餅。主廚把菜一道道遞過來，表情充滿期待。他在盯著我把每道菜都分了一點到盤上，而且吃下去後，才綻放微笑。接著，他開始聊天，熱情奔放地聊。他問我怎麼對食物產生興趣、問我的家庭、問我為何會對肥肝感興趣，也問我取得學位後想做什麼。我再度拿出錄音機，他開始細數某次前往紐約參加肥肝商與主廚聚會的經過；那場集會是由高級食材供應商「達太安」的阿麗安娜．達甘發起；她是安德列．達甘的女兒，而安德列是在波爾多市南邊的歐什（Auch）備受敬重的主廚。希拉達奇說起自己對紐約聯合廣場綠色市集（Union Square Greenmarket）和美國牛肉品質的欣賞。在他面前吃下這幾道菜，化解了我身為美國人、卻對肥肝感興趣的種種嫌疑。

藉由吃下這些食物，我涉入了「劃界工作」（Boundary Work），操作著化分局內、局外人（也就是誰能相信、誰不能）的條件。[1] 此處的界限是一種美食國族主義界限，當中牽制著國族認同情操，以及對烹煮與飲食之物質性與象徵性存在的驕傲。本章要討論的是，美食國族主義不僅得助於宏觀層次的政治與商業利益，也有賴微觀層次的集體認同；這種認同是由文化腳本（Cultural Scripts）形塑，並因現實、具體的消費而變遷。在我的例子裡，因為我吃進這些特殊料理的可見行為，而被認定是「安全」的，起碼暫時是。由此看來，這些食物是一種獨立運作的社會客體，這些客體反映出製造、使用它們的人的利益、空間與情操。[2]法國肥肝的故事，是一個關於國族品味之社會建構的故事，也是一個關於一群人的生命與情感經驗，以及他們在食物象徵政治中既得利益的故事。

法國在整個十九世紀致力投入美食學，集結地方食物，將之轉化為一種宏大料理（Grand Cuisine），成為法國人在自家與國際上驕傲感的重要泉源。受過訓練的美食鑑賞能力成為賦予國族認同特色的工具。[3]我想，肥肝在當代法國也以類似方式傳達身分認同。這裡的蹊蹺是，如前一章所解釋，儘管肥肝已因為大量生產和消費而「民主化」，但意見領袖與廣大群眾選擇感知到的特殊性，還是取決於肥肝的可見性與物質性。換句話說，肥肝也需要成為諸多文化意義在多種社會使用「現場」（On The Ground）所憑依的物質載體。另外，這種國族情操實則處在國際社會運動的反面，亦即這些社會運動寧可這種情操根本不存在。這裡要重申本書的一項前提：肥肝不只是美食政治爭議的產物，它也能逕自產生爭議。

本章從民族誌觀點出發，研究美食國族主義的情操與法國肥肝馳名產區的社會世界、景觀以及地方經濟如何交會。藉由我和肥肝產業人士的相處，我試著為他們的故事、動機與挑戰梳理脈絡。我同時強調生產者與消費者對於肥肝的情感關係，也分析那些視肥肝為現代爭議產業的反方道德意見的張力。

我的探問受到幾個支配性的問題所牽引：微觀層次的生產與消費實踐如何刻劃出更宏觀層次的認同政治，尤其是在一個肥肝「傳統」被歸類成文化遺產的地方？這種受人愛戴的文化遺產帶有內在不一致時，又會如何？肥肝生產的相關人士又如何經驗懷舊浪漫主義與產業經驗現實的不一致？

為了調查這些問題，我在二〇〇六年與〇七年開始在法國進行田野調查。[4]我在研究之初並沒有預期肥肝在法國會如此源源不絕又無所不在。肥肝商店融入都市街景，大多數餐廳菜單、雜誌廣告、電視與廣告板上都可見到肥肝的蹤影。我在西南部十二間肥肝養殖場與六間生產設施裡各待了數小時到五天不等，這些地方的規模從兩、三個人經營的家族企業，到作為垂直整合生產鏈一環的養殖設施，乃至於雇有數百名員工的工廠都有。我也到旅遊服務中心、商店、露天市集、私人肥肝博物館、專業食物博覽會以及一般民家。

我和身在肥肝世界當中的人交談：觀光業者、觀光客與消費者、餐廳老闆、主廚、研究者、反肥肝運動人士以及當地公務員。[5]我還蒐集了法國報章雜誌文章、產業報告與協會通訊、廠商的銷售型錄與廣告、旅遊手冊、針對兒童與成人的暢銷書、餐廳菜單以及法國反肥肝社會運動的文獻。從那時起，我開始與各報導人保持聯繫，隨時緊追法國與歐洲媒體報導的最新事件，這些事件在肥肝價值面臨國際爭議之際，也引發了類似的政治反思。

我們在前一章看到國家政策與新資本的挹注如何鞏固肥肝產業，並將之鑲嵌在國家遺產法當中。但嚴格說來，這道法律究竟在保障什麼？此法通過，突顯出了定義市場和國家主權調解議題的制度與地方食物文化之間的交互作用。本章將呈現肥肝爭議是如何穿梭在國家與國族主義的界限之間。重要的是，任何團體會將之歸類為「正統」或「遺產」的東西，都是難以捉摸的攻擊標靶。歐洲各國都有某些食物被特定族群標示為文化傳統，而當中有許多都被當成歐盟「原產地標示」計畫（Designation of Origin，DO）底下的某種國家智慧財產，因而受到保護，認證了食物生產與特定地方族群之間的歷史化連結。[6]「風土」於是成了全球熱門的關鍵字。這些食物的文化、商業以及政治，便錯綜複雜地與集體認同的問題及其轉型有了連結。

包裝成國家文化遺產去行銷的食物，讓通常帶有地理、社會與政治差異的眾人，有了參與同一個國族理念的味覺工具。世上許多受此召集的食物，都發祥於農村食物文化，這當中有些還是國族發明工程中的關鍵文化象徵。

舉例來說，在墨西哥，原本與西班牙殖民前的社會和農夫關係更甚、而非與殖民者精英有關的玉米，就成為墨西哥國菜的發展重心。[7]如今墨西哥正努力推廣，要將胭脂仙人掌（Napole）與辣椒之類的食品，透過世界貿易組織（World Trade Organization，WTO）的貿易知識產權協定（Agreement on Trade-Related Aspects of Intellectual Property Rights，TRIPs），認證為官方地理標示（Geographical Indication，GI）產品，龍舌蘭酒就是第一個在歐洲境外註冊「GI」的產品[8]。而英國統治下的迦納精英，也將飲食品味從歐陸轉向非洲，以展現國族情操。[9]

這類食物有部分被「慢食運動」（Slow Food Movement）這個重要的國際運動宣布、或歸類為「瀕危」；而慢食運動則稱自己與其成員的企業，是工業化「速食」與全球消逝的老式烹飪傳統的替代方案。例如，在一九九〇年代，「慢食組織」（Slow Food Organization）就將義大利一處出產大理石的小山村內特製的醃豬油（科隆納塔豬油膏，Lardo di Colonnata），列入首批「瀕危食物」的宣傳行動當中。原本是赤貧礦工的午餐，經人再造成了一種充滿異國情調的美食消費品。同時，這個小鎮也扮演起新角色，招待湧入的大批國際饕客。[10]重要的是，食物的生產方式也關係到認同。墨西哥人認為手工製的玉米薄餅（Tortillas）比工業量產的還正統；科隆納塔豬油膏之所以同時被視為遭到威脅、又被珍惜的食物對待，是因為鎮民認為，只有將豬脂肪放入當地產的大理石槽、並在陰濕地窖內醃製，才是唯一製出純正風味的工法，儘管這類工法不符合現代歐洲食物生產的衛生政策。

這些案例明顯展現出「遺產」是關係性的（Relational），亦即大家既與其休戚與共，又需要出面「相挺」，好讓它更為成功。要成功將肥肝打造成當今法國重要的一項文化遺產，牽涉到諸多人物、團體的勞動、利益、彈性與買單，而這也就是在打造歷史。[11] 作為關係性的過程，文化遺產透過意在呈現特定生活方式的物件或市場，表現出它兼具的社會性與情境性。這種過程關乎正當化下的社會認同。如前一章詳述，文化遺產的身分讓肥肝的國族凝聚力得以超越階級差異。[12] 肥肝產品與生產者對通俗的國族自我想像相當重要，並不僅限於國家精英。

這個產業極力將肥肝的象徵性與遭文化挪用的特定歷史面向連結在一起，在這個華美修辭裡，今日法國肥肝生產的赤裸真相，有九成都遭到了刻意掩蓋。肥肝的起源神話頌揚了農村祖母的堅毅，還有引人入勝的鄉間風土，而這些神話也仰賴、貢獻了長久以來認為法國料理在世界歷史中有其經典價值的說法。[13] 被人訴說、推銷的故事也吻合那些用來創造工業量產對上傳統、速食對上慢食、全球貿易對上地方生產等二元對立的敘事。然而，若從經驗角度來檢視這些敘事，就能揭露對那些個人利害關係與肥肝的前景緊密相繫的人而言，這些敘事的意義有多重大。

肥肝在以其聞名之處，引發了大眾認為身分認同遭受威脅之感，有時還會觸發國族沙文主義式（Jingoistic）的自尊。舉例來說，某位研究結合了人類學、行銷與食物、有可能提供情報給我的學者，就告訴中間人說，要是我喜歡吃肥肝，她才願意跟我見面。當我問她為何需要這項資訊時，她回應：「因為妳帶著美國的範疇而來。而且，有些美國人反對肥肝生產，我不想邀到這樣的人，因為我不想見任何不喜歡肥肝的人。這是國家團結的問題，我自認不是個國族主義的人，但在這個脈絡下，我會捍衛肥肝。」她的回應讓我驚訝，因為你我或許會以為，相較於大多數人，學者更能保有批判距離。但對她和其他人來說，肥肝引發了他們的國族戒心。

這讓肥肝的故事成了一則美食國族主義的清楚實例。在法國與其他地方上演的肥肝生產與消費爭論，帶出了現代「國家烹飪遺產」形貌的問題。某種程度上，肥肝產業的現況就是面對新的道德挑戰，也就是對動物福利與權利的疑慮，包括對折磨與殘酷行為的直接指控。這些概念接著與法國對於二十一世紀全球化的利弊考量相互交織。這非常重要，因為在面對政治制度入侵與蠻橫的跨國企業時，在所有歐洲國家中，法國領袖對於「如何運用受保護的文化」可說是特別在行。[14]如某些恐懼販子們憂心忡忡的，法國社會接受美國化、麥當勞化、同質化的時機成熟了嗎？然而，在此同時，這些顧慮往往沒有顧及法國作為移民目標與歐盟領導成員所面臨的嶄新多樣性。

走進農場：肥肝工藝的（再）發明

達爾納（Darnat）是一處小型手工肥肝農場，座落在拉羅許—夏萊（La Roche-Chalais）村的山丘上，此地是法國西南部多爾多涅省一處大約三千人的村莊。達爾納位在一條沒有標示的鄉村小路上，只在車道末端有個很小的記號。此刻的時間是二〇〇六年七月十四日（巴士底日）上午十點左右。前一晚與今晨稍早，我緊隨農場主人多米妮可（Dominique）與米歇爾．若馬爾（Michel Jaumard），為好幾籠鴨子填肥。現在，他們夫妻倆在兒子朱利安（Julien）的協助下，正準備在貼滿磁磚的狹小屠宰場內「加工」四隻鴨子。他們在前一晚的準備時，就認為這幾隻鴨已經準備好了，於是剪去每隻鴨子的頭上羽毛，做出記號。「肝臟一旦注定會成為壞肝，那麼再怎麼餵，也只是浪費時間。」米歇爾這麼告訴我。在開始前，多米妮可遞給我一條藍色塑膠圍裙，問我敢不敢看，還警告我可別暈倒。他們三人在室內來來回回、活力十足，但不太說話，除非是向我交待工作細節，例如電暈鴨子、放血、汆燙一下讓羽毛比較好拔除、用循環抽氣幫浦去毛、接著用噴槍燒掉細毛，再將屠體掛著放涼。室內滿是沸水的蒸氣，聞起來酸得令人反胃。他們以高超技巧處理鴨子，話說得平淡不帶感情，既不美化自己的作為，也不為此懇求原諒，這就是他們的日常工作。

之後，我站在位於屠宰場與小廚房之間的「冷房」；米歇爾與多明妮克在屠宰四隻鴨子的同時，我在那裡瑟瑟發抖。米歇爾戴著塑膠手套，磨利刀鋒，用緩慢仔細的刀法去掉第一隻鴨的「大衣」，或稱「外套肉」（Paletot），也就是胸與腿靠著皮與脂肪連接而成的單一肉片。他將鴨胸肉從外套肉中

達爾納農場的填肥過程

拿出來，並且把脂肪塊堆成小丘，再將鴨腿放在瓷盤上，要朱利安放進冰箱。朱利安解釋，鴨的各個部位都會以某種方式妥善利用。有些肉和肝會真空包裝，或在高壓滅菌釜裡裝罐，而後在自家現場的小店或多米妮可每週參加一次的露天市集裡販售。鴨子羽毛會在風乾後賣給經銷商（一隻鴨可賣七分錢），經銷商再轉賣給枕頭棉被商。剩下的屠體則包進塑膠袋冷凍。朱利安解釋：「那些拿來煮湯、烤肉、做熟肉醬都很好。全部派上用場。鴨腸、血管之類的會送給養狗的朋友。那對狗來說是人間美味，牠們吃得可好了。」[15]

某些鴨肉跟內臟，或像是現在躺在冷凍室的鴨腿，會留給米歇爾自家經營、有二十個座位的農舍客棧（Ferme Auberge），作為老主顧的午餐。[16]農舍客棧供應的食物有百分之七十五必須出自該農場

在屠宰場割斷頸動脈

（這家人也有一片菜園、幾隻蛋雞，和一部小小的咖啡烘豆機）。客棧菜單上標明價格，有三套前菜—主菜—甜點的選擇，大部分都包含鴨。米歇爾是廚師，多米妮可是侍者，他們通常會在預約日之前開始準備。朱利安沒去餐旅管理學校上課時就在家中幫忙，他唸高中的妹妹阿奈絲也是。那一天，他們有一場七人訂位的午餐生意。結束後，我陪著這家人到朋友家度過巴士底日的午後。回來後，鴨舍在日落時分左右又進行一輪填肥。

我問米歇爾，他們是怎麼學會這整套作業的。「一點一點學。」多米妮可回應。在巴黎市郊長大的多米妮可以前是小學老師，她說她是看著米歇爾學會的。有別於其他我相處過的農家，肥肝並非若馬爾這家人的家傳事業。他們是在一九九〇年代初買下這間農場並進行改建，時間點就在他們租下附近土地、而且自學肥肝手藝之後的幾年。「一開始我們浪費了很多屠體上的肉，不是很懂如何才能取下最多肉量，不像現在。」她邊說邊割下鴨身的白脂。她指出鴨的心與肺給我看。「你看，肥肝。」多米妮可在剖開屠體取下肝臟時這麼說，接著，肝臟就放在我們面前的金屬台上。

達爾納是讓我第一手獲得手工肥肝商的工作、生活與觀點資料的幾家法國西南部農場之一。大部分手工肥肝生產商都是跨世代的家族企業，有許多人增肥鴨鵝已逾二十年，而且都是從父母祖輩那兒學到如何飼養、填肥家禽的細節。他們有些人養鵝、有些養鴨、有些兩種都養。他們會將產品銷往露天市集、餐廳、農場或鄰近小鎮的零售店、全國各城的風土食物博覽會，以及流量持續增加中的線上通路。

一般而言，許多手工肥肝農場都是全程親自養殖、填肥、宰殺、加工家禽。有些農場在歐盟國家標章計畫中得到「地理標誌保護」（Indication Géographique Protégée, IGP）認證，有些則隸屬於製造商企業。有些會派家族成員送貨給全國的老客戶。不只一間農場告訴我，他們偶爾也會將一小批肥肝標示成「醃漬物」，寄給其他國家的朋友，包括美國。我也和兩位手工醃肉商有來往，他們的公司會收購、加工並販售鄰里的填肥人所生產的鴨鵝產品。

「手工」（Artisan）一詞是形容一位術有專精的工匠，以雙手製作消費品，像是陶器、珠寶或家具，而它的特徵往往相對於其反面，也就是現代、科技化、大規模、快速。[17]一旦手工和食物料理扯上關係，便能幻化出老練行家以歷史悠久之技術、小量手作的食物形象。全法國有無數村莊和省分，都將手工食物定義為當地獨有特產（不論實際上是否為小規模生產）。[18]手工於是成了某種傳統主義、在地化自尊的標準楷模。[19]我要指出的是，它們同樣在生產當代美食國族主義認同，而這種認同就建立在對於「國家」這個概念的依賴上，不必捨棄在地利益。將食物連結到地方名稱、認同、土地與風土（出於國家的土壤與人民）並藉此建立品牌，這在二十一世紀初已成為一種政治上的合理動機。[20]

在製作肥肝時，手工填肥人小規模飼養家禽，大多使用傳統技術與工具，包括速度較慢的手工餵食法。這種餵食法依靠重力，以及連接到金屬管上的漏斗內螺紋，填肥人會以泡軟的完整玉米粒餵食鴨鵝。[21]我造訪的幾間手工養殖場，也會使用工業化的複合氣動填肥機（某位填肥人將之合理化，說是「量取飼料更精準，對鵝更好」）。手工填肥的時間要比工業化生產的十二天還久，而餵食者增加飼料量的時間間隔也更短。手工填肥的鳥禽會養在團體欄或籠內，而不是前述的個別籠。我看過好幾位填肥人直接走進地面高度的禽鳥圍欄，坐在凳子上，把鴨鵝夾在兩腿間，餵食之際也按摩鳥脖子；或是坐在籠旁，將鳥兒一隻隻拉過來餵。

有好幾位手工填肥人以「技藝」（Carft）稱呼自己的工作，並描述他們的技術和學來的觸、聽、嘗、嗅技巧當中的細微差異。例如，某晚我看著一位名叫吉爾的填肥人在家傳農場裡填肥鵝。他巧妙地穿過鳥欄，在跨越把鵝分群的擋板時悄聲告訴牠們「要乖、要乖」；他在凳子上坐定時，也把餵食漏斗移動到位。他展示並講解如何按摩每隻鳥的腹部，以便精準得知肝臟在餵食前已長得多大。跟我在達爾納看到的手法很像，吉爾從破舊的藍色連身工作服的胸前口袋取出小剪刀，剪掉明早要宰殺的鵝隻的前額羽毛。

這種親力親為的技術，讓小規模生產商和工業化製造商得以有所區隔。他們認為自家產品「品質高尚」，動物所受的照顧也更好，農場也有獨特韻味。這也向消費者合理化了手工肥肝較高的價格。某位生產商這麼比較：「我們的產品全都不一樣。每隻鴨都有些許差異，所以每顆肝的風味或許也會不太相同。」這讓他們能在運用「傳統」與「正確」的方式生產肥肝時，同時肯定自己的職業道德。這些小農也揭露了在傳統技法與現代商業需求之間拉鋸的複雜現實。舉例來說，巴黎的某場食物博覽會上有十九家規模不等的肥肝商參展，一家手工生產商貼出一張大海報，海報上是農場連綿的丘陵圖案，標語寫著「正統這裡請」（Escapades d'authenticité）。另一位製造商發給與會者的小冊子，則印有家族古老農舍的照片與產地認證，上頭解說她選擇「採用最透明的可能」為產品保證正統品質，她的產品也得到「南方品質認證」（Qualisud，是一個成立六十年的法國組織，負責調查、認證「高品質」的農業活動）。

多數我所訪談或追蹤的手工生產商，都能詳盡地解釋農地劃分、微氣候、飼養手法、飼料種類以及鳥禽肝臟與身體等不同參數是如何影響產品的品質與風味。好幾位甚至提到無形資產，像是社群記憶與家族歷史。大部分的人都對自己身涉肥肝生意當中的商業動機輕描淡寫，然而，無形資產這個主題卻關乎他們的事業能否成功。例如一位手工醃肉商告訴我，她的家族有一種與生俱來的生意「品味」，並向我展示了她祖先的餐廳、醃肉場與參加市集的老照片，接著說：「我們家族向來都在製作風土產品。」

懷舊與浪漫主義無疑滲入了手工肥肝製作的是非思維當中。[22]農家雖有諸多樂趣可享，但現金流大多不穩定。不過，手工肥肝商也不是主張要回歸遠古時代，實情完全不是如此。古時肥肝的生產情況相當慘淡，遭遇也困難重重，這可不會出現在描繪法國鄉間美德，與天真童書或電影裡的田園牧歌場景當中。[23]正如我所見證的，這些肥肝生產商正在改革二十一世紀的手工藝匠文化。他們的願景與時俱進，探索新商機，並揚棄外省的政治態度。過著便利的現代生活同樣重要，許多農人翻修、改善家宅，他們會寄發電子郵件、搜尋網路、使用手機、看衛星電視。他們的生產設施也必須符合歐盟設立的健康與衛生標準，許多人甚至已運用社群媒體為自家產品打廣告。然而，他們在工作當中仍然將肥肝風土的文化主張與行銷「正統」的人物、地方扣連在一起。

法比歐・帕拉賽可利（Fabio Parasecoli）在二〇〇八年就任「食物與社會研究協會」（Association for the Study of Food and Society）會長時的致詞裡，就清楚反映出圍繞這項產品的地方本位文化工作。他說：「地方產品揭露了自身的歷史性與發展中的本質，一向在傳統與創新、在文化價值與經濟潛力之間拉扯。」或許，我們還能在這段睿智的觀察中，添進地方脈絡變遷的重要性。小規模肥肝製造商打從一九八〇年代開始，就擔心由國家資助的工業化量產肥肝，和大量自東歐進口的廉價肝臟。當然，這些狀況確實都發生了，而且造成許多人生意損失或拋售事業。雖然地方人士為了維持肥肝品質與市占率所做的努力（例如希拉達奇斯在一九八五年成立的地方主廚協會），緩解了部分衝擊，但絕非全部。例如在多爾多涅的一個社區裡，有人告訴我，幾十年前當地有四十五座肥肝農場，但到了二〇〇七年只剩三間。

儘管如此，那些撐到二〇〇〇年代早期的農場，仍在自己的手法與產品中看見了新的利益。這是對現代化與全球化不可或缺、更全面的回應，尤其是來自那些與國家食物文化的命運休戚與共的人。[24]在二十一世紀之交，法國人普遍認為全球化是來自國界之外的威脅，是一幅法國的土地、主權、認同正遭受攻擊的景象。在面對美國企業的入侵時，法國作家、藝術家、文化評論家，和支持立場的政治人物，無不採取強硬的挑戰態度。一九九〇年代，法國將保護自家電影、電視與音樂市場的「文化例外」政策寫入法典，限制螢幕或廣播中的外國媒體曝光機會。這些政策往往被相關權威與立法者定位成國家權利，甚至有如義務，以保存或推廣文化遺產，避免無法挽回的凋零。[25]

食物與料理則是類似的敏感話題。僅舉一例，觀察法國反抗全球化力量的人常會提到的「農民聯盟」（Confédération Paysanne）。這個組織是由荷西．波維（José Bové）所領導、法國最大的農民工會。[26]波維因為在一九九九年將農用拖拉機開進麥當勞而聲名大噪。波維此舉是為了抗議世界貿易組織因為歐洲禁止含賀爾蒙的美國牛肉進口而決定懲罰歐洲，同時卻又支持美國對歐洲（主要是法國）食品的制裁，包括第戎（Dijon）芥末醬、洛克福（Roquefort）乳酪以及肥肝。波維這次的行動，連同他在之後得到的大量公眾支持，將農業與文化議題，以及實際破壞一個全球化象徵的行為相提並論。[27]

其他「拯救作為文化遺產的法國食物」的宣傳策略，也已在國家層級上產生影響。一九八九年，法國文化部成立了國家烹飪藝術委員會（Conseil National des Arts Culinaires），該組織的使命是保護法國美食，並倡議像是在公立學校提供兒童「品味教育」學程，以發展國民的鑑賞力。法國公民也見證到由地方區域政府策劃、貨真價實的「文化遺產產業」的成長，[28]同時間還有推廣頌揚法國歷史與文化的實體景點、民俗博物館、藝術與食物之國家倡議。[29]

關於法國國家標示計畫認可的封號，像是由法國國家原產地與品質局（French National Institute of Origin and Quality）頒發、保證以傳統與友善環境之農法所生產的食物才具備優良品質的「紅標」（Label Rouge）；[30]或是歐盟「手工食品」產地標示計畫（包括乳酪、肉品、蔬菜、水果與橄欖油，當然還有紅酒），法國所擁有的數量是全歐洲之冠，而且持續攀升。[31]法國的城市會出資舉辦主推這些食物的美食博覽會，例如每兩年一次、為期三天的巴黎「風味沙龍」（Salon Saveurs），就吸引了兩萬五千名訪客、以及約兩百五十名來自法國各地的中小型風土食品商，有些人甚至是從義大利或西班牙遠道而來。

普羅大眾對這些食物的需求仍在成長。一份一九八八年的歐洲趨勢調查（Eurobarometer Survey）發現，有三成的歐洲人認為，不論標示的是國家還是地區，可辨識的產地都是他們在購買食物時的重要依據，而百分之七十六則表示他們會不定期購買以「傳統方法」生產的食物。二〇一四年的調查中，歐洲人表示「品質」是最重要的購買指標，有百分之五十三的人願意為了標籤上可見原產地資訊，而掏出更多錢。[32]根據CIFOG的報告，手工肥肝、尤其是全肥肝（裝在罐頭或玻璃瓶中，或生鮮販售的完整肥肝）的銷售數量，從九〇年代開始激增。這股風潮也反映出法國與其他地方手工食品特產的動力。[33]

手工、品質、正統性、可存續性、社群、地方經濟、手藝、自然與技巧，這些與理想化的「鄉村過往」有所關連的價值與主張，無不持續受到這些食品商和支持者的推廣，以作為針對全球化與工業化農商企業造成的失序（Anomie）與無地方性（Placelessness）的一劑解藥。文化遺產具備內在價值，而這個理念正反映在消費者的信仰上。克麗絲蒂・謝爾德—

阿爾熱萊（Christy Shields-Argelès）在二〇〇四年的研究中，比較了法國人與美國人關於飲食習慣的自我認知。她發現，這些價值對法國應答者來說，代表的不只是「美好飲食」，更是支撐著自身國族美食學的邏輯。[34]類似地，一位參加風味沙龍展、年約六十的巴黎男子告訴我：「有些食品就是跟著地方走，像是肥肝。相隔二、三十公里的兩家公司，產品風味就會截然不同，不像全世界的麥當勞吃起來都是同一個味道。因此，手工肥肝是一種夢幻食品。」[35]另一位受訪者則說：「在法國，吃東西不是果腹而已，更是文化，這是兩碼子事。」[36]

行家老饕和製造商都宣稱能輕易辨別出手工與工業肥肝之間的差異。我之所以能受邀至達爾納農場，是因為和老闆的兒子（某餐旅管理學校的碩士生）有過真心交流。該校總監邀請我參加他們的「肥肝日」，當時全球最大的肥肝公司「胡吉耶」有幾位代表也造訪該校，向學生介紹自家企業。我另懷目的地跟在旁，想觀察「胡吉耶」是如何向餐旅管理學校的學生推銷，也想取得「局內人」的位置，從該公司手上蒐集一些資料。

當晚，肥肝公司的代表在學校的晚宴上報告時，在我右手邊的學生朱利安向我說：「你坐我隔壁真是太巧了，我爸媽就是開肥肝農場的！」同時，侍者端上第一道菜，是一道有三種不同肥肝製品的開胃菜。席間每個人面前都擺了一只盤子，「胡吉耶」的代表解釋這道菜的食用順序：肥肝醬、全肥肝以及香檳調味肥肝。朱利安以英語問我能否聽懂他在說什麼。還不待我回答，他就指著我的盤子說：「第一個是垃圾，第二個是完整肥肝，但看起來也不好，第三個裡面有香檳。」我問他「垃圾」是什麼意思。「這個嘛，」他開始說：

這當中加了一大堆其他的東西，只有百分之三十的肥肝，而且太鹹。這尾韻有點酸味跟苦味，Bitter? Amer? 英文是這樣說的吧。第二個也是垃圾。妳看，它是一整顆的肥肝，但妳從上面不同的顏色就能發現，這是由不同肝臟拼組而成，不是同一隻鴨子身上的肝。它可能還不錯，我猜，但在我看來可沒那麼好。第三個不錯，可是肝臟本身品質不太好。不過，泡在香檳裡會讓它的味道好一點，因為肝臟本身味道沒那麼強烈。但如果妳用上等好肝做這種肥肝，那就是浪費。所以這道還行，但這真的就是工業產品，對我來說這差別非常大。我爸媽只用玉米餵三到四週，我不知道這些鴨子吃的是什麼。

於是朱利安邀我去他家的農場，「看看真正的肥肝是怎麼做的」。

在我的田野工作中，「真正」一詞反覆出現。它特別指明一種道德價值，使人必須讓手工肥肝的特別與價值得到國家層級的關注，繼而「重見天日」。在強調品質之外，「真正」

的肥肝，其意義是對於特定地景的社會根著性（Social Rootedness），以及與涉及其製造者的連結性。國家宣傳、旅遊指南、烹飪網站，都將手工製造商定位成法國文化遺產裡「真正」且「正統」的中流砥柱。[37]然而，肥肝和其他也有狂熱愛好者的特產（例如巧克力或乳酪）不一樣，肥肝的生產同時也被醜化成是一種殘忍的酷刑。它是國際動物福利遊說團體的眼中釘，於是它是手工還是工業量產，一點都不重要，他們就是要讓肥肝消失。這個產業和國家若希望肥肝的生產與消費能維持下去，那麼，這就是他們必須正視的問題。

拜訪鴨子：新鄉村景觀旅遊

反肥肝者堅稱，若親眼看到填肥過程，就連最鐵石心腸的肉食者也會反胃。不過，法國西南部在過去幾十年建立起來的觀光產業，就致力讓遊客觀賞填肥過程。闖入肥肝世界的我發現，將食物偏好排列出道德階序（像是吃些別人可能會認為沒品味、噁心、不道德的東西），軟化了肥肝美食國族主義在日常生活中呈現的方式。打造肥肝國族價值的主要方式與風險之一，就是透過風土觀光業的框架，將同情的局外人與手工生產的實際地點和文化空間連結起來。「鳥瞰」之下，文化遺產工程在這個框架中的關係性本質就清楚可見了。這項工程決定了特定社會連結與歸屬主張的價值，同時又掩飾了大部分實際生產過程令人眼花撩亂的真相。

整體而言，觀光業創造了對於地方的社會期待。烹飪觀光業尤其在許多面向上提昇了食物與農藝的地位：觀光業讓食物與農藝更為人所知或欣賞，將之與愉悅和欲望相連，將參與者帶入共同的文化品味與象徵意義系統中，並將他們與產地做出連結（帶來財源）。[38]當代烹飪觀光業提倡創造一種法國鄉野與農村的特別願景，並將如此願景送上大眾的餐盤。消費與飲食激化了一種「正統」法國的體驗，展現出美食學如何被人有意識地用於吹捧一種永恆的歷史連續感，即使因此含糊帶過當今的現實情況，而觀光業無疑是讓這些場所與習俗打從一開始就吸引人的轉機。

鄉村觀光業在法國歷史十分悠久。[39]重要的是，和美國將自然作為原始蠻荒來推廣的自然環境話語相對比，法國對於自然的願景與欲望，全是基於對鄉村生活的理想，這也將鄉村農人形塑成一種文化專家的形象，是景觀永續性的代言人。[40]法國鄉村地區從一九八〇至九〇年代起，經歷了一波受自家都市人、有意學習法國鄉村生活及外省傳統菜色的歐洲人的關注，進而引起的嶄新熱潮。[41]人類學家艾美．楚貝克（Amy Trubek）在近期一篇研究「地方」在現代法國風土滋味的「食物觀」之重要性的論文裡，摘錄了一段與某位出版多爾多涅省相關叢書的小型地方出版商的訪談；這位出版商告訴她：「大眾對風土的重視在過去這三十年間不斷成長，現在主要是某種形式的懷舊，大家都把尋根當成是步調日益繁忙的都市生活之解藥。」[42]

各種肥肝製造商都能從大眾對農業景觀與舊日體驗的渴望、對共同的生活品味故事中，得到象徵與經濟上的獲益。[43]然而，起源是一道棘手議題。學者一直批評觀光業過度簡化了複雜的文化史，而且操弄空間，好讓遊客更有正統的感覺。[44]為了追尋正統性而前往小鎮旅遊，雖能將人帶向新地方、帶來新鮮經驗，但不可能將他們帶往過去的時光。將文化遺產當成某種古老悠久的事物行銷給觀光客，這其實是一種相對新近的文化產品形式，作用是為即將消逝的地方注入「生命第二春」。[45]在這片新天地裡，「正統」人士必須擔當數種角色：食物培育者、企業家、公民、社群成員、生態管家、文化主人。他們得在個人欲望與市場邏輯之間求取平衡，展現文化遺產確實是一種流逝中的文化過程。這不僅事關透過這些習俗可詮釋出什麼，也事關如何、由誰、對誰詮釋。

我在法國西南部觀察到的烹飪觀光業可謂新舊雜陳。在肥肝以外，這些省（包括亞奎丹、庇里牛斯、佩利戈、隆德、加斯科尼、熱爾與多爾多涅）也被宣傳成充滿像是亞馬邑白蘭地及黑松露等美食的享受之處。這些地方也有史前洞窟、古教堂、美麗的風景與花園、大量葡萄園、諸如健行與單車之類的戶外運動，以及宜人的天氣。相較於在城市中度假，到這些地方度假並不貴，又能以比在自家附近商店更實惠的價格買到高品質的農產品。

法國西南省分的市鎮有支撐觀光業的強力誘因。當地商業與文化協會都將觀光業歸類為經濟發展的重要面向，尤其對於有悠久農耕歷史、但經濟不如其他區域富裕的地方。[46]許多小鎮都加入由法國農業協會與逾六千家農場成員組成的全國網絡「歡迎光臨農場」（Bienvenue à la Ferme），或是全國的「永續負責農業大使」計畫。

在西南部開車、搭公車，或在逐漸沒落的火車站間轉乘，讓我有無數機會觀察這個區域的烹飪特色，思索在這片社會景致裡仍有什麼是不可見的。專人設計的「胡吉耶」或「瓦萊特」（Valette）的看板林立在高速公路主幹道的兩旁，打著「佩利戈肥肝」的廣告、小規模肥肝農場與附設商店的看板，則是零星點綴在鄉間狹窄蜿蜒的路上。有些看板木樁就插在地上，而手繪感則喚起了鄉村的魅力，還有畫著微笑的鴨子繫著領結或正演奏樂器的卡通圖像。有時，建築物一側也會寫上位於這條路底的製造商名稱。

我拍下這間手工肥肝農場的看板，是為了記錄這隻吹著薩克斯風的鴨子、邀請大家造訪農場裡小型博物館的招呼，以及帶有「歡迎來到農場」訊息的圖像。後來重看這張照片幾次後我才注意到，這張看板是直接覆蓋在一張褪色、更老舊、有手寫字體的鴨型木頭看板上。如此新舊並陳表現出這間農場有其歷史根源，而且又呼應現代，同時也展現出觀光業如何利用過去，找出置身當下的新方法，從而讓手工肥肝農場有了新定位。

重要的是，這些大聲自我宣傳、歡迎遊客到訪的，全是手工肥肝農場，其產量加總大約只占全法國的一成。而每當我要拜訪工業化製造商，則通通得透過守門人安排。手工肥肝農場提供了一個「消毒」過的肥肝生產版本。儘管這些業者還是豢養大量家禽，掌控每隻鳥禽的生死，但數量仍比不上工業化生產者，也不會使用反肥肝者疾言厲色譴責的個別籠。然而，就連這些小農場也都設法找出自己在未來、而非過去的定位。他們勞動的價值與樂趣出現在彼此和顧客的互動中，以及對家族、村莊或國家的正面描繪

庫爾度農場及其小型肥肝博物館的路邊標誌

裡。這些業者大多不會嫉妒工業化製造商的產品市占率，有些工業化製造商甚至是他們的鄰里親友。相反地，他們形容自己是在供應不同的市場需求，而且產品品質更有保障。從經濟面來看，肥肝讓某些人得以留在故鄉，或是能夠翻修祖傳家業、維持家計。

遊客在這些通常詩情畫意的小農場中能遇見農人，購買生鮮或瓶罐裝的鴨鵝製品，有時也可以在農舍客棧裡用餐，在收費不貴的民宿客房過夜，或在農場上露營。這些地區或城鎮的旅遊服務處，有許多會發放附近手工肥肝農場的傳單。這些傳單懇請旅客前往欣賞牧歌般的田地，「試吃」農場產品，或許也買一點。在這種交易中，訪客買的不只是肉品，也是一份連結，一則具有象徵價值的故事。[47]

如果時機正巧，訪客通常會受邀參觀填肥與屠宰。不少業者都有提供這種行程，而且熱烈接待。[48]許多業者會跟著劇本走，先講解肥肝起源神話，接著迅速示範一下填肥。一位業者表達了我曾從它處聽到的類似情操：「大家來看這整個過程，實在是很好的教育，尤其是對長者。讓他們看到我們對每隻鴨鵝的關懷，才能證明手工肥肝貴得有道理。」「關懷」在此是一個重要概念。如人類學家戴博拉．希斯（Deborah Heath）與安妮．梅內利（Anne Meneley）所提出，「有倫理的關懷」將人與動物視為手工肥肝等式中達成彼此了解的「共同生產者」，而「關懷」也是尊敬傳統的標記。[49]類似地，庫爾度農場（Ferme du

Courdou）的老闆也解釋道：「現在跟我一樣這麼做的人不多了。」她表示自己無意改變現有作法，並且說：「因為我想保持傳統，這對鴨子也比較好。」

觀看肥肝生產嚇不倒這些農場裡的法國觀光客，而且似乎還剛好相反。僅舉一例，我受人安排與三對法國老夫婦一起造訪佩利戈某間小農場，他們都是來這裡度假的；其中一對來自巴黎，另一對是阿爾薩斯，還有一對來自蘭斯（Reims），他們都是我下榻的招待所的房客，而我興沖沖地想觀察他們的反應，這六人當中只有那對最老的夫婦先前曾看過肥肝製作。隔天，我全程記錄下參訪「熱澤利農場」（Ferme de la Gezelie）的過程；他們在農場內飼養、填肥、宰殺、加工，並販售鴨鵝製品。大家在室內觀看工人填肥鴨跟鵝，然後在另一個房間分切幾具冷藏過的鴨子屠體。農場工人當天早上用過除羽機，塞滿

薩爾拉附近的熱澤利農場裡，待填肥的鴨子，二〇〇六年六月。

羽毛的機器就擺在一旁，有待清理。三對法國老夫婦詢問農場主人和三名工人一些細節問題，並且在聽到答覆後頻頻禮貌地回說：「真有趣」。

體格魁梧、頭髮灰白、穿著骯髒工作服的農場主人隨後建議我們，到鋪滿碎石的庭園彼端、一間古樸的石造建築內試吃。剛才見證過製造肥肝的骯髒場景後，我在猜這些夫妻接著會有什麼反應。主人帶隊進入那間石室，裡面圍著好幾張堆滿肥肝罐頭的桌子。沒有人對品嘗主人從罐頭裡取出的完整肥鵝肝和肥鴨肝慕斯有絲毫顧慮。接著，三對夫婦就紛紛拾起籃子。如同我在田野筆記中寫的：「即使他們剛剛親眼看到填肥、摘取內臟，以及分切過程等應該會讓許多人反感的景象，他們卻像玩具店裡的孩子一樣湊近桌子，把提籃裝滿。我猜，當中沒有人的花費少於一百歐元。」

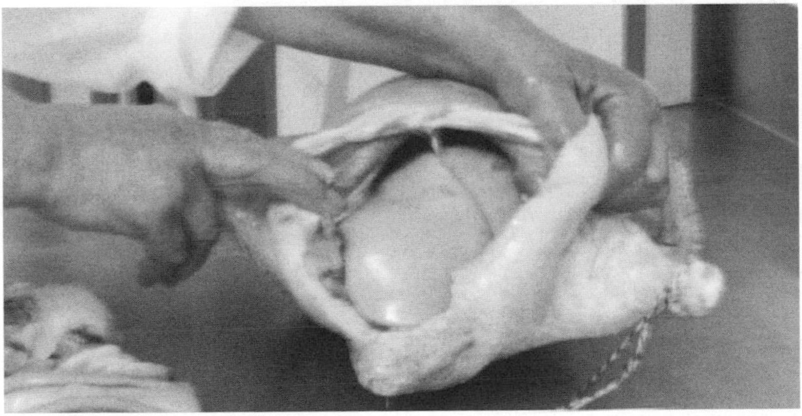

看這肥肝！

或許可說，這些農場因為歡迎旅客，因此開誠布公，好讓人認為這些是活生生的博物館展品。根據社會學家伊莉莎白·巴爾漢（Elizabeth Barham）的看法，這麼一來，他們就將風土置於「迪士尼化」（Disneyfication）的風險中，讓農場變成了類主題樂園，產生一種文化停滯感，對遊客的好處多過讓地方受益。在這種批判看來，肥肝商的功能不只是文化遺產的供應商，也是一道布景。[50] 誠然，就像藝術或歷史博物館的策展人選擇、組織展品，並藉由附上的文本暗示其詮釋，這些製造商的生活與生計也受到物化。他們會依特定的腳本向觀光客演出。此外，這些農場的易親近性，連同手工製造商在露天市

「熱澤利農場」的試吃室

集、美食博覽會與法國媒體上的公眾能見度，也在在掩飾了他們與供應全國大部分肥肝的廠商之間極度不均等的資源、勞力與市占率差距。後者的可見度絕對不比手工製造商。

不過，儘管有這些議題，鼓勵將農業觀光視為文化遺產的行為，連同地理產地標章計畫和品質認證之類的其他倡議，都可能對別具意義的鄉村發展有所貢獻。[51] 這些貢獻能為這種有爭議的產品博取同情受眾，尤其當肥肝市場延展到在地之外的區域時，認同與聲望就更具意義。藉由允許、甚至鼓勵外人來觀看他們的日常勞動，手工肥肝生產商支持著市場中的特定道德論點，而儘管「正統」在這市場中難以明確定義，卻依然受到高度評價。[52] 業者在結合自我推銷及對間接批評的回應中，動用了「關懷」這個概念。於是，這些文化情操也讓製造商的身分認同有了一種與法國西南部現代景色之間的嶄新關聯性。

有一些市鎮就因此以肥肝作為觀光賣點。保存良好的中世紀小鎮薩爾拉－拉－卡內達（Sarlat-la-Canéda）是佩利戈當地的暑假觀光熱點、被UNESCO指名的世界遺產地點，以及不折不扣的肥肝迪士尼樂園。每年都有數千名遊客將此地當成是拜訪該區文化與自然遺產的基地。這裡的遊客服務中心明顯比鄰近城鎮的大上許多，也提供由當地導遊帶隊的各種區域導覽。城鎮中央是步行區，鵝卵石街道以中世紀大教堂為中心向外延伸。遊客可在依原貌重建的石造建築迷宮中漫步，也能在廣場的露天咖啡座歇腳或喝杯紅酒。這些建築中的面街小店塞滿鴨鵝製品，也有鴨子主題的玩具、料理書、瓷偶、床單、廚具、鑰匙圈、紀念明信片以及其他小擺飾；城鎮中心包括披薩店在內的各家餐廳，都打著肥肝菜色廣告，這裡只缺穿著鴨子玩偶服的人了。

薩爾拉的周遭大約有五十家手工肥肝醃肉商，以及兩百間手工肥肝農場。這裡也是全球最大的肥肝製造商「胡吉耶」的總部所在地，該公司在一八七五年將總部遷移至此。「胡吉耶」不供遊客參觀的工廠與辦公室，就位在距離城中心數英哩外的工業園區。如我人在薩爾拉時記下的，跟中央廣場上由「胡吉耶」捐贈的三隻銅鵝合照，已成遊客習俗。我們因此可將來訪的遊客理解成是在親身參與一場文化展演，理解為是在現代工業的現身與陰影中慶祝「傳統」。

薩爾拉中央廣場上由「胡吉耶」捐贈的雕像與拍照道具

肥油市集

熱爾省（Gers）鄰近區域的地方官員也認知到大眾對手工肥肝的需求，於是創造了特別的市場，以展現其優點。在秋冬兩季，這些「肥油市集」（Marchés au Gras）每天都會在七個不同的城鎮中擇一開市；這不是一般的農夫市集，因為市集上沒有蔬菜、麵包、乳酪，現場只販售生的鴨鵝屠體以及新鮮、完整的肝臟。所有商品都是秤斤論兩地賣，攤商收取的價格則由市集營運方設定。肥油市集不只吸引了主廚、觀光客，也吸引了地方民眾。

薩馬唐市（Samatan）市長也是熱爾地區省議會的一員。他告訴我，薩馬唐的週一肥油市集有三十到五十個來自加倫（Garonne）、熱爾與上庇里牛斯（Hautes-Pyrénées）的小規模製造商，每週大約可售出二十噸的肉品與三噸肝臟。他說那是「一個有品質、有傳統的市集」，還說：

> 那對薩馬唐和肥肝的經濟來說都是好事，也對該地區的肥肝小農很好。脂肪與脂肪製品對本地人相當重要，光是在熱爾，我們就有三百家製造商。這些產品為這地方帶進更多觀光客來體驗我們的高品質生活，看看高品質與傳統的製作過程。

市長這段評論顯然是因為我的局外人身分而說的，但這也帶出一個重點：為了讓手工肥肝能在商業上致勝，這必須是個關於快樂的工作者與快樂的鴨子的故事。

十一月，在吉蒙（Gimont）鎮上的一個肥油市集裡，我在近午時分看到約有兩百人集結在一幢巨大、又沒有暖氣的市府建築前。儘管現場很冷，卻充滿節慶氣氛。掛在室外通往後室走道上的巨幅告示中，一個微笑的女子抱著一隻活鴨與一只籃子，標語寫著「週日早晨，在吉蒙讓它變成『肥油早晨』！」[53]大家聊天、啃著附近麵包店賣的麵包捲，有些人為了保暖而跳著，多數人都帶著堅固的購物袋，有兩個女人在現場兜售紙杯與熱咖啡。在敞開的兩扇門內，一條圍繩將買客與攤販分開，他們在折疊桌上擺好貨品，握手或空吻互打招呼。在室內左側，三個男子身著潔白無瑕的屠夫袍與紙帽，站在一塊墊高的區域，備著銳利肉刀，準備剁掉鴨鵝的頭、翅膀與腳。幾個人開玩笑地叫負責在十點吹哨起跑的人早點吹哨，他們大喊：「放我們進去！」

我是和《芝加哥論壇報》記者馬克·卡羅一起去的，他當時正在寫一本關於肥肝的書。我們向市場經理自我介紹，他允許我們在開市前進去和攤販談話。我們沿著桌子走，大家俐落地排好裝有肝臟的白色塑膠盒，把鳥頭掛在桌緣。鳥脖上圍著白色紙巾，上頭有簽字筆潦草寫下的每隻鳥禽的重量：七點六、七點五、六點七公斤……。當天大概賣出將近一千隻鴨鵝，鴨鵝肉是每公斤二點二歐元，而肝臟每公斤三十五歐元。

我們和一位打開盒蓋展示「昨天鮮摘的肝」的年長女性閒聊。她說自己製作肥肝已逾三十年，每天早上三點半起床餵鴨，再開將近兩小時的車來到這個市場。她每週會去三個市場擺攤，而且很高興客流很穩定。現場還有來自該區各地的賣家，有些甚至遠從庇里牛斯而來。另一位攤商是一位戴著貝雷帽的年長男性，他告訴我，這個市場「讓在場所有的人都有好生意可做」。

九點五十五分，攤販回到各自的攤位。經理過來告訴我和馬克得站到一邊。他開玩笑地

掛在市集空間外的吉蒙「肥油市集」看板。

說，我們會被人潮踩踏。十點鐘一到，他立刻吹響哨子，卸下圍繩，現場人群手持購物袋，朝各張桌子奔去。熱鬧滾滾的買賣持續了剛好一個小時。顧客帶著買到的鴨鵝到攤販那兒分切，再帶回室內秤重結帳。孩子們在各桌間彼此穿梭、追逐，試圖用攤位旁的大秤量自己的體重。攤販會在市集結束後得到自己在扣除攤位費後的銷售款項。

我和幾個採購者簡短地聊聊他們買的商品。我觀察的多數人在快速看過不同攤桌後，都買了好幾顆肝臟或肉。一個買了七顆肝、來自四小時車程外的亞維儂男子，每年會隨親友團集體到這個週日市集兩次。這個市集對他們來說是個好玩的場合。一位中年婦女讓我看她精挑細選、準備天天吃的五份鵝肉。她住在九公里外，三年前初訪這個市集是出於好奇，現在她每年會來三次，因為這裡的鴨鵝品質好。不到十一點

吉蒙「肥油市集」的攤販在開門哨聲響起前整裝待發。

半，攤桌上的貨已所剩無幾，攤販也開始打包收攤了。

「肥油市集」是動人的場合，因為肥肝的「傳統」在這裡展現的，是二十一世紀人們建立關係的一種手段。如同去年的農夫市集，這場市集包含主動的面對面交談、還有顧客與肥肝生產商之間的相會。他們讓遊客得以短暫地從日常中逃逸，在這裡全神貫注地討論購買肥肝。不過，這些市集實際上是一種現代現象，是由村鎮協會設置，企圖誘惑遊客帶著錢包走進來。根據我和兩位不同地方的政府官員、薩馬唐市長的訪談，支持這些倡議的主要目標，是要讓法國人認識投身於肥肝生產的人們，以增加消費，並向人民證明肥肝的國家文化價值。也就是說，肥肝是法國人推廣給法國人的。

肥肝週末

近期發展起來的「肥肝週末」（Weekend Foie Gras），是對文化遺產有興趣的觀光客的另一個選擇。這是由法國西南部地方政府資助的觀光協會所推廣的活動，遊客可前往手工肥肝農場住上一、兩晚。活動期間，遊客的主要活動是向農場主人學習分切、烹煮肥肝與禽肉，而且能將之打包回家。農場向當地的觀光協會登記接客，賓客則依名額分發到各個農場。賓客在留宿尾聲都會收到一紙證明，並且被封為「肥肝專家」。這種體驗的想法相當新穎，是在一九九〇年代中期才開始，不過成長非常快速。

我在二〇〇七年十一月參加了「肥肝週末」，去的是熱爾的一間農場，他們舉辦這個活動已有兩年，並出租四人房的民宿。農場女主人米麗安跟她年少的兒子、七十五歲的父親住在這裡。不過，米麗安可不是肥肝老奶奶的形象，她是個四十歲出頭的苗條女子，穿著鼻環，染成紅褐色的頭髮綁成波浪馬尾。他們漆成桃色的農舍有部分可回溯到一八〇〇年代早期，他們家族那時剛購得這片土地。米麗安先向「法國民宿」（Gîtes de France）與「熱爾休閒接待所」（Loisir Accueil Gers）接洽，以便在十月到隔年四月間舉辦「肥肝週末」活動。她會在夏季翻修農舍，並把房間租給來此參加音樂節和亞馬邑白蘭地節的歐洲觀光客。她的家族會與賓客一起坐在長木桌旁的板凳上用餐，喝著盛在大瓷罐裡的當地葡萄酒。

米麗安是填肥人，但自己不養。「這跟過去相當不同，」她說：「以前當地所有的農場全都是自己來。」但現在的分工愈來愈精細，就連她這樣的手工生產肥肝也是如此。她每年填肥六次、每次四十八隻鴨，鴨就養在由他父親設計、蓋在主屋旁的集體籠養系統裡。這個系統使用可調式束帶，可在餵食時暫時將鴨子固定住。八個鳥欄裡各養三到七隻鴨，離地抬高到大腿高度，並以金屬格柵板作為籠底。

和她的長輩們一樣，米麗安填肥的不是騾鴨，而是番鴨。因為沒有屠宰許可，所以她在餵食這些鴨子十六天後，便將鴨送去朋友的屠宰場，之後再將屠體帶回來分切、販售。米麗安的產品主要是在農場商店中直接賣給顧客，或賣給隔壁鎮的一家餐廳。她的男友也生產肥肝，其中一些會在她的店中寄賣。米麗安並未取得IGP認證，一方面是因為申請條件繁瑣複雜，另一方面則因為她的商品流通不算廣泛，她看不到額外花這些錢會有什麼好處。農場的其他工作是由她父親打點，包括照顧農場裡的幾千隻雞、接送孫子去練習越野機車跟參加活動。

除了我之外，還有另外三人參加了這場「肥肝週末」活動：馬克．卡羅、一位法國同僚暨人類學家依莎貝爾．泰修艾爾（Isabelle Téchoueyres）、一位五十幾歲叫作達尼的魁梧男子，來自蒙佩里埃（Montpelier）的他是一位滿懷熱情的業餘廚師，最近剛從固特異輪胎公司退休。達尼會說一點英語，他報名參加是為了多了解他熱愛烹煮、享受的肥肝。他之前從沒看過填肥的過程。他們說，馬克和我是這間農場歷年來首批來訪的美國人。另一方面，達尼則完全是這種體驗的目標客群，這能從我們的廚藝中明顯看出。一抵達埃斯卡拉（Escala），我們就領到工作服，並由米麗安指導如何剖開鴨子，將肉片與肝臟裝罐，接著在高壓滅菌釜裡滅菌一整夜。米麗安示範了快狠準的刀工，耐心十足地忍受馬克和我試圖模仿她。另一邊，達尼卻能解鴨宛若庖丁。

「你以前做過這個？」馬克問他。「沒，這是我的第一次。」達尼以英語回答。在烹煮、吃喝、觀賞米麗安填肥鴨子之餘，我們還在她的安排下造訪附近的一間手工農場（庫爾度），以及一間鄰近的工業化填肥設施。我們在每間農場裡都問起製造方法，討論關於反填肥的聲音。在車上時，馬克問參訪過程中相當安靜的達尼覺得如何。這位熱愛食物的法國業餘大廚之前從來沒見過填肥，但如今他在三個不同的地方都見識到了。

達尼聳聳肩。「我看到填肥前和填肥後的動物。」他用緩慢生硬的英語說著：「不過，我沒看到差別，牠們看起來很像。填肥過的動物看起來就跟之前的一樣，所以，這對我來說不成問題。這件事無人

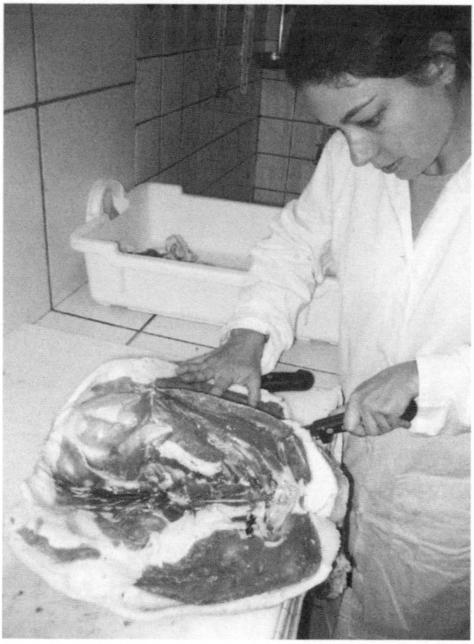

在熱爾農舍的「肥肝週末」分切鴨肉，二○○七年十一月。

有權禁止，這是傳統的一部分。」其他考量也就因此被排除掉了。對達尼和其他人來說，把肥肝視為珍貴而瀕危的意願，就仰賴既已存在、出自認同的凝聚力，而這清楚展現了與栽培肥肝國族品味相繫的文化工程面貌。

時間、地方與空間中的象徵界限

當食物被尊為國族象徵，那麼，對其生產和消費的威脅，就會被視為是對國族認同的侮辱，甚至是對國家本身的威脅，食物因而成了一種象徵界限的標記。在古老且備受珍惜的習俗（以及認同）被認為身陷某種危機之際，我們可從制度性地推廣與保護肥肝當中，看見這種「被發明的傳統」之強化。它們因此反映出一種獨特的食物政治，這種政治就建構在二十一世紀法國文化與認同的改變上。換言之，肥肝是既影響著，也回應著政治議題的資源。

我在這個區域的田野調查中，注意到對於空間與地方主張的張力，是一股既籠統又強大的力量（像是不經意但尖銳的評論）。當時，歐元成為歐盟共通貨幣不過幾年，全球金融危機也尚未發生。許多我訪談或相處過的人士，多少都注意到了同時出現的三股趨勢：英國人與其他北歐人收購法國鄉間的土地與農舍、歐美動物權遊說團體的權力成長、阿爾及利亞與北非移民湧入法國城市。這些趨勢十分明顯，當我詢問其他社群成員時，也常聽人提起。

第一股趨勢是以鄉間為中心。在多爾多涅省首府佩里格（Périgueux）鎮中心，以及肥肝迪士尼樂園薩爾拉—拉—卡內達時，我發現許多面街店舖都是房仲公司，櫥窗上待售的地產廣告大多標出英法雙語，物件也多集中在鄉間而非城鎮，還特別提到地產大小與附屬設施的類型，像是果樹或泳池。由於英鎊較歐元強勢，這些物件對英國買家而言相對划算。選擇移居此地的人也可能贊同法國廚藝的傳統理念。不過，某些和我談過的產業人士則略感憂心，因為肥肝生產在英國仍屬違法之舉，英國的動物福利團體在反肥肝、遊說歐盟徹底禁止肥肝的行動上，態度特別積極。

我隨著幾位法國地陪在鄉間兜風時，我問到這股趨勢，但卻有大相逕庭的各種答案。有些人擔憂法國喪失了土地所有權。一位這輩子都住在這裡的八十歲女子，就抱怨起社群感愈來愈薄弱：「英國人把老房子全買走了，他們整修後會在冬天時來住，因為英國太冷。這裡雖然也冷，但沒那麼冷。這樣實在很糟糕，因為他們不會跟人往來，也不加入我們的俱樂部，就只是待在家裡。」不過，她五十歲的女兒卻回嘴：「還好他們買了那些房子並加以整修，原本的實在破舊又沒人住。」

在另一個場合，有人帶我去參加蒂維耶鎮長夫婦的一場午宴。他們挑選的餐廳位在有兩百人口的鄰鎮聖尚（St. Jean）。當我們在露台上的桌位坐定時，我才發現身邊的用餐者大多說英語。賈庫夫婦聽著對話，試圖搞清楚他們是英國人還是荷蘭人。賈庫太太指著餐墊，紙墊上以英文印著當地的房仲物件廣告。「現在這個區域大概有三成居民是英國人。」她閒談般地告訴我：「從某方面看來這倒是好事，因為錢流進了這區域，而且許多漂亮但老舊的房子現在都有人整修了。」

賈庫太太仔細看著那張餐墊紙，頓了一下，問她丈夫：「米歇爾，嗯……，這不是你祖父家嗎？」他檢查一下照片，確認那間農家雖然整修過，但正是他們老家的農舍。「以前沒有游泳池，他們是窮農家。」他說：「唉呀，真有趣！」賈庫太太隨即轉移話題。因此，不管久居此地的居民是以正面或負面看待此事，英國人來襲、握有此區地產，都是值得注意的事。這個遷入現象提供了營造工程商工作機會，但也可能同時增加了留在祖傳家屋內的法國人持有土地與設施的成本。

反映社會與人口變遷的不是只有物理空間而已。法國大大小小的肥肝製造商還注意到那些將他們的工作與殘忍、折磨動物劃上等號的社會運動。歐洲有十四國在法律上明文禁止肥肝生產，動物權運動人士也成功連署，讓歐盟通過對鴨籠的新限制令。[54]反肥肝團體「停止填肥」的首領孔米提告訴我，他相信法國政府之所以會將肥肝列為官方遺產，是因為他們害怕動物權團體透過傳遞訊息，讓愈來愈多人為了動物福祉挺身而出。

當我問到有關肥肝的禁令與批評時，大家對於肥肝政治化的認知水準各不相同，但主要仍沿著組織規模（小農對上大型生產商）的光譜方向變化。事實上，很多人仍重複著錯誤資訊，像是「肥肝在美國不是全面被禁了嗎？」以及「芝加哥市長禁了肥肝！」有些人嚴肅看待反肥肝運動的聲勢可能會在歐洲占上風，但自己最後卻可能站在歷史錯誤的那邊。一個這輩子都在做手工肥肝的製造商就表現出這種顧慮，說「已經開始了，」然後補充：「Brigitte Bardot！」他指的是身分轉變為動物權運動人士的法國知名女演員碧姬·芭杜；她的同名基金會在英法兩國動員反對肥肝。「是的，在法國。這很不幸，但這是可能的。」

各種大小規模的製造商常以堅持肥肝純屬自然、他們對動物福祉的努力、還有自己維繫著傳統角色的重要性等等，回應外界對其殘忍行為的指控。當我問庫爾度農場主人能否觀看填肥過程時，她直截了當地回答一個不同的問題：「這不是疾病，這是自然過程。」我問一位工業化填肥人，能否為鴨子拍些照片時，我看得出他整個人緊繃了起來。我可以拍攝，但他再三確認，只要我答應「不拿照片去幹壞事」。他之所以非常謹慎，是因為幾年前有一群人來農場，自稱對填肥相當好奇，想拍些照片。後來他發現，這些照片竟出現在動物權網站上，他父親更因此收到威脅信。我訪談過的好幾位手工製造商對於外界稱他們是酷刑手而感到驚訝。許多人都向我解釋，一個「好的餵食者」必須博得鳥兒的信任。

許多人試圖將反肥肝論調置於範圍更廣大的世界政經脈絡中，以使其合理。美國常是國族美食主義者想像中的妖魔鬼怪，這與美國政策在喬治．布希總統任內分崩離析的全球觀有關。[55]舉例來說，某位土魯斯的觀光服務處員工在聽我描述我的研究時，瞬間產生反應，他沒聽說過芝加哥肥肝禁令，問我此舉是否是出於對法國的抵制，或是恐懼禽流感。一位手工製造商也有類似發言，她說她相信肥肝在美國遭受攻擊，因為那是一種非常認同法國的食物。所以，如果美國人想懲罰法國，就會查禁肥肝，甚至還帶著良心抵制，因為他們還在查禁背後建構出一套動物福利的邏輯。

重要的是，肥肝在加州登上美國政治舞台的時機，恰好是法軍從攻擊伊拉克的行動中撤軍，而美國眾議院的餐廳開始賣起「自由薯條」（Freedom Fries）之際。* 儘管美國動物權人士鮮少明確做出這種政治連結，但我所訪問的法國人仍相信，那就是美國反肥肝運動的驅

* 美國將薯條英文「French Fries」中的「French」改為「Freedom」，藉此回應法國反對美軍攻擊伊拉克一事。

力，因為對美國人而言，肥肝就等於法國，因此，美國此舉就是針對法國。

上庇里牛斯地區一位手工肥肝公司的資深員工直言不諱：「我認為，都是因為伊拉克戰爭，使得美國開始制裁法國產品。」巴黎「沙龍滋味」一位經營國際紅酒銷售的肥肝顧客，自述為政治右傾分子，也說了類似的話：「當大家關心傳統，他們就關心食物。我們在電視上看到美國人打開一瓶又一瓶的法國紅酒，倒在街上。這些全結合在一起，戰爭、紅酒、肥肝！」[56]這些評論讓人想起著名的人類學家悉尼・明茲（Sidney Mintz）所言：「入侵者或闖入者的概念，在象徵上讓社會集體化，亦即藉由歸納出外敵的特定身分，因而催生出國族料理。」[57]

美國與歐洲不是某些聲勢高昂的肥肝擁護者的唯一目標。極端國族主義團體在尋求自認合理的法國公民權時，也已將肥肝作為他們劃出明確界限的依據。法國一向是一個以自由、平等、博愛而自豪的國家，然而此際卻面臨要將人數約四到五百萬的穆斯林移民、也是歐陸上最多的移民人口，整合到國家的日常中。舉例來說，失業、語言政策、女人穿戴頭巾或罩袍（Burqas）所引發的衝突，席捲了公眾氛圍，二〇〇五年巴黎市郊與其他都會區的暴動也與此有關。[58]

這些對文化市場和品味的象徵政治都造成了影響。在一個六月的溫暖午後，我依循直覺走遍法國西南部大城土魯斯的市中心歷史城區，以調查餐廳。絕大多數既非咖啡館，也不是酒吧的餐廳只有兩種類型：一種是供應諸如卡酥萊砂鍋（Cassoulet，一種通常在冬天食用、重口味的肉類與豆類燉湯的法國「傳統」料理），另一種則是和中東及北非人劃上等號的中東烤串（Kabob）。對我而言，這是此地流行料理種類（以及誰住這裡、誰造訪這裡、誰在吃這些）的明顯對比。

法國最大肥肝製造商之一，當前市占率約為百分之二十的「拉貝希」，在二〇〇六年末成了極端國族主義者鎖定的標靶。一九四六年成立於隆德省的「拉貝希」，是八〇年代末第一個打電視廣告的肥肝品牌。它的肥肝有ＩＧＰ認證，廣告上寫著「純粹風土」與「遵循古法製成的肥肝」，試圖對消費者將產品定位為傳統道地的法國味。從二〇〇四年起，該公司附屬於法國、冰島合資的農產品公司「ALFESCA」，該公司向全歐洲零售商供應主要為煙燻魚肉製品的特產與高級食品。

「拉貝希」在二〇〇六年末陷入網路風暴，當時來自「認同陣營」（Bloc Identitaire）、「法國民族論壇」（Forum Nationaliste Français）與其他幾個右派政治團體的法國國族主義者，譴責該公司將部分肥肝產品標示為可供穆斯林食用的清真食品（Halal），並以此行銷。[59]基本上，這些人不滿的點是，在法國，只要付必要的認證費用給清真寺，就能使用清真標章

（Halal Certification），「拉貝希」此舉等於是在助長伊斯蘭崇拜。

重點是，「拉貝希」在這裡的行銷對象，是在這些右派政治團體眼中看起來絕非法國人的「法國人」。仇視伊斯蘭的網站與線上留言板都號召眾人抵制、抗議販售「拉貝希」產品的商店。其中一個網站的「行動呼籲」宣稱，購買清真食品等於是「冒著支持伊斯蘭恐怖主義的風險」，而一間以清真食品作為產品行銷點的法國公司「絕對難辭其咎」。[60]

當時，地方媒體與國家廣播電台都在冬令佳節來臨前（此時是肥肝業者一年中最忙碌的時節）報導此事。二〇〇六年十二月，這些團體在巴黎一間「拉貝希」商店前發起「美食行動」抗議，散發傳單，同時記錄他們抗議「法國美食伊斯蘭化」的影像。[61]幾個星期內，在另外幾起大型抗議與抵制威脅後，「拉貝希」不再使用清真標章，但這只是暫時的。他們於隔年繼續使用，但又再度在極端國族主義者的譴責下屈服。

「拉貝希」當時也遭到法國穆斯林社群成員批評，認為它在面對右派媒體的壓力時軟弱無能，因為該公司網站、宣傳品、電子商店都不再顯示清真標章，儘管產品在零售店仍能購得。一個追蹤穆斯林消費市場潮流的人氣部落客指控「拉貝希」企圖耍兩面策略，以保護「穆斯林社群的龐大市場」，但又可以無損其身為生產法國產品的法國公司形象。[62]類似地，一個極端國族主義者網站也指責「拉貝希」想賺「古蘭錢」，但又不想讓人知道。[63]從此之後，「拉貝希」就不時地在法國的社群媒體上，成為反伊斯蘭意見與陰謀理論家的標靶。[64]

在這裡，這個清真案例因為美食政治的多層次意涵，因而相當重要。這顯示，消費肥肝已成為一種展演法國氣質的重要方式，重要到被視為局外人的消費者如果消費肥肝，還有可能招來實際的抵抗。這些極端意見者也將紅酒與熟食冷豬肉當成團結認同的象徵物來揮舞。對他們來說，這也關乎定義誰是法國人，而誰又不是。

「你看他們是怎麼把我們的認同感給賣掉的！」二〇一三年，某個政治網站上的一篇貼文如此高呼。該貼文是在回應一則假消息，這個假消息聲稱「拉貝希」不再以法國西南部特產的亞馬邑白蘭地為肥肝調味，以便安撫不可飲酒的穆斯林顧客。[65]然而，不是所有人都帶有如此仇外的思維。清真肥肝一直都能在像是家樂福這樣的全國超商與連鎖店中購得。[66]其他六間法國大型肥肝公司也為某些產品取得清真認證，以便在法國販售或外銷到杜拜、科威特、卡達、阿拉伯聯合大公國等成長中的市場。報紙文章也報導了近幾年法國開始興起穆斯林消費清真肥肝的現象，尤其是在上流階級的穆斯林之間。

穆斯林社群領袖認為，這股崛起可歸因於對弭平族群差異的渴望，而消費肥肝這個國族食物，就被視為一種方法。[67]

德法交火：因肥肝而起的外交反應

就連在歐盟面臨的政治混亂、全球經濟危機導致的不確定未來，以及強制撙節政策等緊迫問題環伺下，許多人仍將保衛肥肝視為當務之急。在面對國際譴責聲浪下，要在法國美食國族主義的想像中順利將肥肝制度化，就有賴大量密集、協調的文化工作。這種工作主要是要在肥肝周遭建立起感性情懷，而這故事就從「想像的共同體」（如班納迪克・安德森所定義）的概念、文化發展前景，以及市場限制中浮現。本章具體而言就是在說明肥肝在法國持續轉變中的評價不只取決於其當前的文化實用性，更取決於主張肥肝為其所有者所具備的道德認同。美食國族主義可以是防禦性的，但同時也可以涉入宣示國族忠誠以及聲明社會排除的政治工程。

肥肝在全歐引起的爭議持續成為頭條新聞，反覆展現出這種食物岌岌可危的地位。二〇〇七年十二月，一個自稱「蒙面鴨」（The Masked Ducks）的瑞士社運團體出面承認對某精緻食品店潑灑油漆，以譴責肥肝的行為。二〇〇八年，「動物解放前線」（Animal Liberation Front）破壞了英國一間提供肥肝菜色的米其林二星餐廳。英國與其他地方的主廚與商店則持續受到動物權團體連署抗議、甚至威脅。

二〇一一年七月，德國科隆阿努嘉（Anuga）國際食品展，這個歐洲最重要的雙年食品貿易展，主辦官方決定禁止肥肝製造商（不論手工或工業量產）在即將到來的展期展售商品，因而導致一場被國際新聞形容為是在柏林與巴黎的上方以「憤怒的公文」隔空交火的「高級外交爭執」。[68]

德國法律自一九九三年起禁止肥肝生產，但經銷、販售與消費則不違法。阿努嘉食品展的肥肝「禁令」，實則源自國際動物權組織對該活動組織者的施壓。奧地利動物權團體「四爪」的肥肝宣傳頭條就稱主辦方的決定是「所有動物保護人士的重大成功」，並在從該團體網站到《家禽新聞》（*Poultry Production News*）中到處刊登的新聞稿中聲明：「現在，我們可以取消原本計畫在會展週邊進行的抗議。」的確，兩年前，動物福利組織曾在這個食品市集上造成安全問題。阿努嘉食品展的一位發言人就表示，他們在那之後就討論了不讓肥肝參展的想法，而且「不希望引發不良的外交反應」。[69]

但他們得到結果的正是不良的外交反應。法國農業部長布呂諾・勒・梅爾（Bruno Le Maire）在致德國農業部長伊瑟・艾格納（Ilse Aigner）的公開信中，稱該決定為「不可接受」，要求她推翻，並暗示自己將杯葛市集的開幕典禮。「遵從現行歐盟法律的商品都應得以流通販售，」他寫道，「如果此排除令屬實，我不知道我有什麼理由參加開幕活動。」[70]

德國農業部長則回應，這全看市集組織方對此議題的決定。阿努嘉發言人表示，「我們決定不放行在許多國家遭禁的產品……，這項產品是惡毒批評的目標；動物權組織等團體都譴責肥肝與動物痛苦的關聯，消費者也愈來愈關切自己吃的是什麼。」[71]

這項聲明立刻成為公眾的名言佳句。政府官員的政治砲火往返不斷。曾為演員的動物權運動人士碧姬．芭杜寫了一封公開信給德國農業部長，請求她與展覽組織方共同抵抗來自法國的壓力。法國某位參議員誇大其詞地為此事件貼上「全然歧視」的標籤，並寫道「這就像在法國禁止德國香腸。」法國外貿部長稱阿努嘉的決定不過是道聽塗說而來，並要求德國駐法大使萊因哈特．薛佛斯（Reinhard Schäfers）要市集組織方「遵從歐洲法律」。[72]「停止填餵」的孔米提（近期他已是規模更大的動物權團體「L214」的會長）也致信薛佛斯，表示該團體「樂見」這個「令人充滿敬意」的決策，並對法國當局的反應「感到灰心，尤其是毫無遲疑地聲援這隻法國農牧產業巨獸的農業部」。[73]

最終，德法雙方達成了某些人所謂的妥協，然而，這其實更像陷入僵局。就在貿易展開幕前夕，阿努嘉的組織方讓步，准許肥肝商參展。然而，他們還是維持不讓「肥肝」一詞出現在官方名錄上的決定。公共辯論即將來到尾聲，希望這個議題的聲音被大眾聽見的人已達成目標。相較於七月那時有數千個網站、部落格、新聞媒體注意到這此事件，三個月後的報導已寥寥無幾，衝突本身才是有新聞價值的部分。

這些公眾指責引發的顧慮，關乎國族驕傲與尊嚴的成分，遠多過產品的市占率，或對以動物製品為食的個人倫理信念。這種對於特定產品的道德價值爭論，能夠標明、挑戰或鞏固造成意見分歧的文化品味。它們為今日世界什麼價值、誰的價值才是正當的集體內省，提供了意象與理念。因此，美食國族主義者的態度讓國家能以正當理由，以法律保障作為身分認同標記的烹飪傳統，即使其他人對那些傳統無不倒盡胃口。儘管當代行銷手法對二十一世紀的法國肥肝產業實際樣貌提供了誤導觀點，本章要呈現的，仍是法國對肥肝珍饈穩定不斷的力量，不僅來自「發明出來」的傳統，也來自業者與消費者發自肺腑、進而彰顯於外的展演。

法國顯然不是封閉社會，然而，連學者、國貿系學生，以及其他我交談過、對團結歐洲有強烈願景的人，也再三向我表示對於肥肝在世上他處，或有朝一日甚至在法國也可能遭禁感到無法置信，甚至恐懼。對肥肝產業人士來說，這些挑戰讓他們震顫，或是出於興奮，或是出於恐懼。儘管法國人已適應了現代全球化的力量，而且從中獲益，但未必能接受所有後果。法國也不是唯一沒準備好接受肥肝禁令後果的地方。我們在下一章會看到，其他地方的禁令儘管理由相當不同，卻也一樣導致意料之外的美食政治後果。

第四章
禁肝令

道葛．宋（Doug Sohn）在七〇年代的伊利諾州芝加哥市郊長大。他在紐約唸大學時接觸到的料理種類，遠比他的家人或家鄉能提供的要多上許多。回到芝加哥做了幾年他以「不爽快」三個字挖苦形容的零星工作後，道葛決定放手一搏，轉換跑道，在當地廚藝學校取得學位。後來，他在芝加哥做過幾個不同的廚師工作，從幫廚做到外燴；在進入一間小出版社當食譜編輯之前，他曾在歐洲遊歷五年。

一九九〇年代末，當了幾年編輯的道格聽同事描述難吃的熱狗故事後，兩人決定夥同另外兩位同事，每週在午餐時間造訪該區各間熱狗店一次。「這不算是美食特搜，只是想追求不同體驗。」他們之後會寫一些「搞笑短評」並彼此交換著看。兩年下來，他們嘗過逾四十種不同的熱狗。如同道葛回憶的，他大概是在這過程中心生開店的念頭。二〇〇一年一月，道葛拿著一小筆企業貸款及老爸取的店名「熱葛香腸超市」（Hot Doug's Sausage Superstore）與「盒裝肉大賣場」（Encased Meat Emporium），在芝加哥北區的羅斯科村（Roscoe Village）隆重開幕。

創業維艱，道葛背著債，還沒領月薪。小店生意主要靠附近的高中支撐。他們兼賣熱狗和特殊香腸，還有各式醬料配菜，當中有好幾種都以名人命名，像是一款「煙燻鹹香」的香腸就取名自貓王艾維斯（Elvis），還有一種「無敵火熱」辣熱狗，取名自珍妮佛．嘉納

（Jennifer Garner）。

道葛每週會將店內特餐換過一輪，並在週五、週六賣鴨油炸薯條。[1] 在《芝加哥太陽報》（*Chicago Sun-Times*）的餐飲版給「熱葛店」寫了一篇熱烈的好評後，《芝加哥讀者報》（*The Chicago Reader*）又為它寫了一篇「不錯的文章」，生意接著就「起飛了」。後來在二〇〇四年，由於附近建築失火，「熱葛店」遭到無可挽救的大水和濃煙波及。八個月後，道葛在一哩外的新址重振旗鼓。開幕日當天湧現大批人潮，口碑不脛而走。就算新店址有點偏離主要幹道，附近又沒有其他公司行號，「熱葛店」還是成為一處通俗文化熱點，也是上班族、文青、家庭與外地饕客的午餐選項。道葛戴著黑框眼鏡與熱情笑容坐在櫃台接單。他是店內唯一的櫃員，如此可保證自己和每位顧客都能有起碼的眼神接觸。週六的候餐隊伍要

道葛．宋站「熱葛店」櫃台。（courtesy of Hot Doug's Inc.）

排上兩小時，人龍繞著街區延伸。二〇〇七年，我和道葛促膝長談時，他說他覺得自己的狂粉「難以置信地讓人舒坦又讓人敬畏」。[2]

再為這家店遠播芝加哥之外的名聲錦上添花的，是道葛其實也是〇七年該市唯一因為販賣肥肝而遭傳喚、外加兩百五十美元罰款的人。芝加哥市議會在前一年立法禁止餐廳販售肥肝，成了美國第一個這麼做的大城。但這條禁令在〇八年又宣告撤銷。在這條禁令短暫的「生命」當中，有包括「熱葛店」在內的十九間餐廳收到芝加哥市府的禁制警告狀，勒令停售肥肝。但道葛是唯一真正吃到罰單的人。

在成為芝加哥餐飲市場的眾矢之的之前，道葛穩定供應肥肝主題菜色：

> 我會嘗試不一樣的東西，像是松露醬、山羊乳

「熱葛店」典型的週六候餐隊伍。（courtesy of Hot Doug's Inc.）

酪、還有肥肝，玩玩看。然後我們開始做煙燻野雉香腸，我會快炒肥肝塊當配料，加一點芥末。這賣得很好。

在該禁令於二〇〇六年四月通過、到八月生效起的這段時間，「熱葛店」更加頻繁主打肥肝，因此收到兩張來自市政府的警告狀。道葛解釋：「我本來只想要耍小聰明，某種程度上是在挑釁，想取笑這整件事有多荒唐。」在禁令生效前一天，他在三道特餐裡都加入肥肝。之後，他更把肥肝熱狗放進特餐菜單，以帶頭推行這道禁令的市政委員為名，將熱狗取名為喬・摩爾（The Joe Moore）。[3] 他回想：

那讓我稍微賺到一點名氣。但沒發生別的事。這道賣得很好，沒被抗議，只有接到幾通電話。

「熱葛店」的肥肝熱狗。（courtesy of Hot Doug's Inc.）

我們有在AOL.com之類的網站上，大部分的抗議信都是在這裡收到的。我最愛的一封開頭寫著「親愛的混帳」，然後稱我媽是婊子。好像他這樣做就能讓我改變心意似的。

道葛相信，他之所以收到警告狀和罰款單，都是因為有人在監控他的網站，反覆向市府申訴，這是反肥肝激進人士的常見策略。道葛在某個週五早上七點貼出當週的週末特餐。而就在餐廳於中午開張的前幾個小時，市政府探員抵達現場，沒收了三十磅的肥肝香腸，而且送上罰單。

幾個小時內，紙就包不住火了。《芝加哥論壇報》的一位記者當天湊巧就在「熱葛店」吃午餐，偷聽到了事情經過，於是新聞轉播車開始來到門外。根據道葛所說：

我跟打電話來的人說，對，我們吃罰單了，但門外還有隊伍，所以不行。不接受採訪，我還要做生意，還得養家餬口。我說重點，耍耍小聰明。那不是我生意的核心，所以我不覺得應付這種荒唐事有什麼大不了。

然而，對很多人來說，這段故事具備的多重象徵意義極富新聞價值。在某一層次上，

「熱葛店」是第一間、而且是唯一一間真正觸犯肥肝禁售令而遭市府開罰的餐廳。在另一個層次上，喬．摩爾特餐是大家對禁令表示輕蔑的一種方式。對深諳這種配料和精緻料理典型關係的人來說，「熱葛店」賣的肥肝熱狗本身就是一個笑點。這些吃貨深諳在拿肥肝點綴一種美國最底層的食物時不懷好意的玩心。[4]模糊高低品味之間的界限，為這則故事增添了新聞價值。在芝加哥「禁肝令」（Foiehibition）期間唯一受罰的商家，竟是一間氣氛輕鬆的文青熱狗店，而不是什麼高級餐廳，儘管這家熱狗店也不是該市唯一藐視法律的餐廳。道葛說，他覺得之所以有如此轉折，可能是因為動物權運動人士「精挑細選」，選了他當標靶。雖然「熱葛店」的價格比芝加哥其他熱狗店高，但對許多人來說，以一份七美元的肥肝熱狗為午餐，價格仍屬合理。沒有其他機會能吃到肥肝的人若想嘗其滋味，就可以試試肥肝熱狗。道葛覺得，這讓禁令支持者有機會可說「販售肥肝會影響到所有人」。

道葛收到的罰單（他妥善地收存在櫃台收銀機旁的塑膠相框裡）得到來自吃貨界、動物權團體和芝加哥及全國新聞媒體的關切，令人印象深刻。這件事登上《國際先驅論壇報》（*International Herald Tribune*），也上了CNN新聞跑馬燈。道葛並未對罰款提出異議，儘管大家希望他這麼做。但就像他告訴我，「當時我覺得，就這種程度，我才不幹。如果罰金是一萬美元，我會討價還價。但兩百五？我告訴辯護律師：『走進去，繳罰金，說謝謝，然後走人。』」道葛也告訴我，他在禁令被推翻後又將肥肝放回店內菜單。我在法案被推翻幾年後和他談話時，肥肝熱狗已重回菜單，而且生意長紅。道葛表示，對於自己為芝加哥史冊貢獻了一頁，他感到一股「莫名的驕傲」。[5]

「熱葛店」的罰單標誌出肥肝美食政治在芝加哥的高峰。從市議會健康委員會於二〇〇五年提出草案，到〇八年撤銷，推廣者讚美這條禁令處理了當今一項重要的道德問題，也就是緩解了被人當成食物飼養的動物所受的殘忍對待。立法者與普羅大眾將該法規視為人道義務，挺身支持，並且讓芝加哥朝更親和包容的生活、工作與飲食空間邁進一步。但把肥肝塑造成是芝加哥重要的公眾議題，如此作法也同樣招致批評。這條禁令的法律與倫理地位引發的衝突，就出現在穩重而古板的議事廳內、無數餐廳門外、以及網路上。當二〇〇六年禁令通過後，伊利諾州餐廳協會（Illinois Restaurant Association）就對芝加哥市提起告訴，時任市長的理查・M・達利（Richard M. Daley）還公開宣稱這是市議會有史以來所通過「最愚蠢的法案」。在「熱葛店」的肥肝熱狗身先士卒後，這條法案成了當地奇聞，而顛覆這條法令就成了某些芝加哥人的消遣。

這條法令的基本訴求，是要為芝加哥對肥肝這道當地多數人根本沒吃過、甚至沒聽過的菜色，所持的反對立場建立法律規範，並授權市府官員可強制禁止餐廳銷售肥肝。但法案也會讓群眾有全新的動員理由，同時導致意料之外的結果。在當地媒體開始將該法案當真來報導之後，運動人士致力喚醒公眾對肥肝的意識（仰賴他們在前一年加州禁止肥肝產銷時所蒐集到的資訊），但成效卻適得其反。依大眾在芝加哥文化與烹飪景觀中的不同價值取向，肥肝挾其新建立的惡名，有了全新的重要意義。

起初，主導該市、並為之所用的框架，關切的是肥肝的製造方式。這種敘事的焦點是在對於鴨子的同情，並且過度道德化此一概念：身為二十一世紀社會的美國，必須對食用的動物付出更多、非常多的努力。家禽在集中動物餵食設施（簡稱CAFOs）中駭人聽聞的處境，成了芝加哥與美國其他地方食物政治的熱門話題。

這個現象有極大部分是因為蓬勃發展的在地食物運動，人氣作家如《一口漢堡的代價》（*Fast Food Nation*）作者艾瑞克．西洛瑟（Eric Schlosser）與《雜食者的兩難》（*The Omnivore's Dilemma*）的麥可．波倫（Michael Pollan），以及像「美國人道主義協會」這類團體的工作成效三者結合所造成的。改革者與批判者各以不同方式灌輸、重塑大眾對食物系統的價值觀。重要的是，這也支持消費者透過在倫理上明智高尚的消費選擇，以自我賦權，亦即把食物變成一種「做」政治的個人化手段。[6] 由此可見，肥肝就是食物系統中動物承受著不人道、不應該的畜牧手法的縮影。在保護農場動物之舉上，芝加哥往往被貼上是勇敢先驅者的標籤。對這座城市來說，適切的道德反應不是只讓肥肝成為不受青睞的消費選擇就好，單純宣導拒吃還不夠，還要讓肥肝成為非法。

但肥肝倫理地位的爭論很快就演變成司法爭論，而且引出市府是否有權禁止某種食物銷售的問題，以及肥肝作為讓政府必須插手的問題所帶有的相對顯著性。伊利諾州餐廳協會在禁令生效當天對市府方的提告中，明指該市干預州際商業活動，因為芝加哥餐廳販售的肥肝都產自別州。其他利害關係人也相繼走上前線，許多當地的意見領袖，不論是否為餐飲界人士，都不喜歡市議會是依據某團體的道德原則、而不是出於公共衛生或安全理由，去推行任何食品禁令。肥肝旋即在芝加哥和其他地方成為熱門關鍵字，只不過，是用來批評市府自我授權的治理食物自由，以及如大眾爭論的，延伸到消費者的個人自由。

過度的顯著性也成為一則引導大眾回應這項禁令的流行問題。不是每個人都相信動物權人士和民意代表有將矛頭指向正確的標靶，甚至連認為集中動物餵食設施與工廠養殖無疑是貶義詞的人也不這麼想。姑且這麼說，相較於餵養大眾脾胃的工業化食物系統，肥肝議題的深度與廣度不過只是滄海一粟。當然，我們都知道「病毒式擴散」的議題未必起源自全然客觀的條件；最值得關注的事件也未必會有鎂光燈追隨。[7]但在此例中，芝加哥與其他地方的人看到的是，雖然投入這場戰爭的時間、金錢與情感能量多得嚇人，但對抗的卻是某種絕大多數人都沒有親眼見過的東西。

此外，隨著愈來愈多捍衛肥肝生產、挑戰運動人士戒律的論點及事證攀升到顯著位置，可信度的問題也讓事情益發複雜。生產肥肝果真如同運動人士宣稱的那麼殘忍？或者，我們也該聽聽否認這些宣稱的農業或餐飲界專家的意見？許多像是主廚與美食記者的人都渴望食物系統能出現奠基於道德的改革。但他們認為，肥肝這種食材，其獨一無二、「手工」的特色、豐富的烹飪史，能讓它成為一種在道德上可為人接受的選擇。手工製作的概念強調著手作的匠人技術，亦即關懷、技術與知識在這當中都參與了物質物件的實際製作。捍衛肥肝的美國人強調，肥肝的手工生產方式與大規模工業化的肉類製品截然不同（這一點起碼在美國是成立的）。舉例來說，在加州於二〇一二年施行肥肝禁令之前，當地一位主廚告訴記者：「就像大部分肥肝擁護者，我的店絕不供應工廠養殖或有抗生素、賀爾蒙問題的牛肉。為什麼我要為了一道開胃菜，毀掉我整個道德觀？」[8]

正如我在芝加哥進行田野工作多年後發現，儘管肥肝對多數人來說不算一道議題，但它觸動了某些具有影響力的人物的神經。我在社會對於肥肝的法律與道德正當性益發關注中，發現到幾個錯綜複雜又充滿張力的主題：市政府對消費者的管轄權範圍、主廚作為烹飪專家的自主性、倫理與社會責任的本質、個人在市場中首要選擇的市場取向概念，以及肥肝作為一種社會問題在芝加哥與美國食物系統中的相對顯著性。讓肥肝成為引發芝加哥激烈戰火之象徵的原因，與大眾如何理解這些主題、以及肥肝對呼籲團體引起的認同強烈相關。儘管該法案通過的初衷是為了人道對待鴨子，但二〇〇八年五月撤銷法案的理由，卻是為了芝加哥的聲望。

此外，兩方陣營都強烈訴諸鑲嵌在美國公民社會話語中的露骨文化符碼，以此作為需要當成道德律令看待的議題去勸說大眾：信任對懷疑、同情對選擇、自由對管制。本章要指出，肥肝這個顯然不是美國文化傳統、甚至連設法打進美國主流品味的民族食物傳統、廚藝「大熔爐」史的一章也稱不上；由於肥肝缺乏關懷（與第二、三章所述法國「關懷的倫理」[9]相反），反而成為一種奇異、突出、又引人入勝的話題。芝加哥禁肝令最終也無法成功禁絕餐廳中的肥肝，這事件也提供了一個重要範例，得以解釋機運與偶然是如何影響該市食物政治的文化演變。

芝加哥禁肝令簡史

芝加哥在二十世紀早期，是厄普頓・辛克萊（Upton Sinclair）為了《屠場》（*The*

Jungle）一書爆料肉品包裝產業醜聞的場景；卡爾・桑德堡（Carl Sandburg）在詩作〈芝加哥〉中，則為這座城市取了「世界殺豬人」的綽號。當時美國人消耗的肉品大約有八成是由芝加哥的畜欄與屠宰場經手。如今，全球規模最大的芝加哥商品期貨貿易所（Chicago Mercantile Exchange）每年會商議數百萬頭牛豬的銷售契約。芝加哥和牲畜的連結深厚，再怎麼看，也不會率先禁售與精緻美饌聯想在一起的肥肝。然而，芝加哥的確成了先鋒，描繪出當一座城市的想像受到美食政治刺激時可能發生的景況。

芝加哥是第一個、也是美國截至目前為止唯一禁止餐廳販售肥肝的城市。[10]這個食材首次引發爭議是在二〇〇五年三月。當時《芝加哥論壇報》在頭版發布馬克・卡羅所撰的〈養肝還是養鴨〉一文。[11]該文聚焦在名廚綽特決定自己的餐廳不再供應肥肝這件事上。綽特是芝加哥發展快速的當地餐飲界之台柱，也是全美公認的美食先鋒。[12]他是該市首批支持有機在地生產食材的主廚之一，將「主廚餐桌」（賓客可以在餐廳廚房內或旁邊用餐，同時一邊看廚師烹飪）概念帶進全美高級餐廳的第一人也是他。[13]綽特的履歷包括了食譜作者、主持美國公共電視網節目、得過數顆米其林星星，以及詹姆士・畢爾德基金會（James Beard Foundation）等頂尖廚藝協會頒發的無數主廚與餐廳獎項。芝加哥有許多名廚都曾在他的廚房實習。綽特告訴卡羅，參觀過幾間肥肝農場後，他對於所見景象甚為反感。[14]綽特也表示，他覺得餐廳供應肥肝與否取決於各主廚的決定，而他「並未試圖向他人布道」。

馬克在撰寫報導期間（該報導後來獲得詹姆士・畢爾德飲食文學獎提名），他致電好幾位芝加哥名廚，徵詢他們的看法。多數人認為，綽特旗下的餐廳做不做什麼都是他個人的事，但他們應該會繼續供應肥肝。有些主廚表示，他們認為綽特的決定有點出人意料，因為他的餐廳之所以出名，有部分是因為種類豐富的特製與手工肉品，甚至〇二年出版的《查理・綽特的肉料理與遊戲》（*Charlie Trotter's Meat and Game*）食譜中就收有十四道肥肝食譜，以及一張他在肥肝農場笑意盈盈地捧著一把毛茸茸小黃鴨的照片。

但另一家獲獎的高級餐廳「TRU」主廚兼老闆瑞克・特拉蒙托（Rick Tramonto）的意見與此分歧，而且回應更漠然。特拉蒙托先前曾在綽特底下工作，所以兩人本來就深知彼此（但不是好朋友那種）。他說，綽特這個決定「有點偽善」，因為「動物本來就是養來宰殺的」，而且綽特店仍舊供應其他肉品。馬克將這個回應轉達給綽特知道，而他擊出了「廚藝界全都聽得清清楚楚的一聲槍響」。綽特質疑特拉蒙托的智力，罵他「不會是這個街角最聰明的傢伙」，而他的陳述是「白痴的意見」。他繼而羞辱地建議「也許我們該用瑞克的肝來做些小點心，因為那肯定肥得很」。[15]

馬克不小心捲進一場名聲之爭，無意間燒斷了芝加哥這些德高望重的名廚的保險絲。這篇文章和肥肝很快就引來全市熱議。在此之前，除了幾個在法國學藝的主廚和一小群喜歡在高檔餐廳用餐的饕客外，多數人並不識「肥肝」二字。然而，許多人發現，這個議題之所以吸引人，是因為雙方觀點各有其道理。我們不能為了追求精緻料理的理想就虐待動物，但同時，如果你相信食物產業導致動物受苦，那肥肝也不過只是一座巨大冰山的小小一角。這些筆戰和牽扯出的主題，是當時《食物與美酒誌》（*Food & Wine Magazine*）在紐約一場活動上的「派對話題」。我認識的好幾位主廚都告訴我，全美各地的朋友都打電話來問他們：「芝加哥現在是在演哪齣？」當廚藝界得知，綽特的餐廳幾週前還曾在某場特別活動中端出肥肝，這把火又燒得更旺了。（綽特說，他沒將自己的個人觀感強加於該活動的客座主廚，是在保持意識形態的一致性）。[16]

即使馬克在文章中引用綽特所言，認為立法者不應插手，芝加哥市政委員喬．摩爾還是動手處理這個議題。[17]兩週後，一向以支持不見天日的民粹議題而聞名的摩爾，向市議會健康委員會提案，禁止芝加哥餐廳販售肥肝。[18]摩爾告訴馬克，讓他意識到肥肝議題，繼而提出草案的正是馬克的文章。摩爾在公開聲明中宣稱，自發拒吃肥肝的努力「走得還不夠遠」，他要讓「這道菜既不受歡迎，也無從取得」。

此舉殺得芝加哥地區的動物權運動人士措手不及。在這一刻之前，肥肝都不是動物權人士宣傳戰的焦點。摩爾沒有聯絡當地團體先取得肥肝生產的相關資料，當地團體也沒在健康委員會會議之前和摩爾有過接觸。某位當地的運動團體領袖後來透露：「不是我們選擇了這個戰場，而是戰場選擇了我們。」另一位運動人士在投身肥肝大戰之前，是在致力改善林肯公園動物園內大象的生活環境。他說，他們大家「當時需要上一堂肥肝製程的速成班」。

好戲開鑼。「憐憫動物」（Mercy for Animals）與「守護動物聯盟」（Animal Defense League）這兩個團體為了尋求合作，聯繫了聖地牙哥的「動物保護與援救聯盟」（Animal Protection and Rescue League，APRL），該團體兩年前曾登上加州媒體頭條。美國人道協會（The Humane Society of the United States，HSUS）以及善待動物組織（People for the Ethical Treatment of Animals，PETA）、還有紐約的農場庇護所（Farm Sanctuary）等團體，也都注意到肥肝禁令背後的機會：也就是能將農場動物福利議題排入主要城市的政治議程。HSUS買下《芝加哥論壇報》與《芝加哥太陽報》的廣告版面，譴責肥肝是「殘酷美食」。農場庇護所則雇用芝加哥的遊說企業，與當地運動人士簽約，集結資源、架設網站，並且聯絡主廚簽署公開保證不再供應肥肝。他們也買下《紐約時報》全版廣告，試圖喚醒公共意識，鼓勵讀者「對肥肝說不！」並為反肥肝宣傳戰捐獻。當時會員破百萬的PETA則廣發電子郵件，開始向全國跟隨者募資。

市議會健康委員會就法令提案在當年七月與十月各辦了一場聽證會。對市方政策而言，聽證會分別舉辦，通常是為了這類議題的正反兩方之故。支持與反對雙方都可參加，但只有一方能發言。七月的第一次聽證會只有支持禁令者進行證說，會上有好幾位動物權運動領袖，包括APRL與農場庇護所，在摩爾要求下從各自所在的州屬前來。幾位芝加哥當地支持禁肝的主廚也來證說。儘管法令本文中引用了查理．綽特的名字，但他卻引人注目地缺席了。後來，他說他「驚呆了」，因為自己的名字出現在法案內，但他不想和反肥肝運動有任何牽連。[19]

然後，在十月，讓禁令反對者驚訝的是，委員會再次邀請禁令支持者在聽政會的開頭與結尾演講。其中包括曾在七月及加州相關聽政會上證說的獸醫荷莉．契佛，以及名人羅瑞塔．斯威特（Loretta Swit）。斯威特在證詞中，將肥肝農場鴨子的所受待遇與巴格達中央監獄（Abu Ghraib prison）的囚犯相提並論，這讓在場的市政委員聽得尤其「如癡如醉」。摩爾在現場也播放一段PETA製作的影片，由羅傑．摩爾（Sir Roger Moore）旁白，描述製造肥肝之恐怖。有好幾封反對禁令的信件雖被作為呈堂供證，但未獲朗讀。

就在證說後，摩爾並未給委員會時間進行討論，或檢驗上呈證據；他要求擔任委員長的資深市政委員愛德．史密斯（Ed Smith）達成「本委員會建議全體議會通過此法令」。史密斯同意了。此提議與表決前後不到三十秒，以七比〇通過，將此法案送上全體議會，之後議廳一側傳出如雷掌聲。

禁肝令的支持者與反對者都不知道此法案何時會出現在市議會的議事行程上。當時，關於市府插手干預肥肝的新聞報導、社論和網路評論依舊火熱。動物權組織召集禁令支持者打電話或寄信到市政委員辦公室，支持這條有潛力的法令。支持者確實也全體動員，每個市政委員都收到一支PETA影片。摩爾並未成功將法案推上十二月議程，一些運動人士就在議事廳外現身，反覆呼籲這個訴求。芝加哥的餐廳老闆們意識到這條禁令有可能真的會生效，於是，許多人紛紛開始推廣肥肝菜色。舉例來說，某間餐廳就在《Time Out Chicago》上刊登「再會吧，肥肝與香菸」特餐廣告，串起該市剛通過（但未實施）的餐廳與酒吧內禁菸的法令。饕客可以「爭議嗜好，一炮雙享」，在餐廳有供暖的室外座位邊抽時髦的歐洲菸，邊搭配肥肝開胃菜。

然後，在市議會於二〇〇六年四月的會議上，肥肝法令就包含在一條綜合法案（Omnibus Bill）當中，作為新增附錄。喬．摩爾並未事先告訴記者，他有意在此會議上推動一次像去年十二月那樣的表決。健康委員會主席史密斯宣布該法令為委員會全體通過之措施。此條法令全文有兩頁，寫著：「所有如《城鎮法典》（Municipal Code）4-8-10節定義的食物供給機構，應禁止肥肝販售。」而這條法案「確保作為餐廳食物來源的動物能得到合乎倫理的對待」。綜合法案是城鎮立法的大部頭慣例法，包括該市不同委員會通過、且通過市政委員唱名投票的多道法令與法條。表決反對一條綜合法案，就意味著表決反對市議會一整個月的心血結晶。

在三小時的會議中，這條綜合法案最後是以四十九比〇通過。[20]沒有任何關於肥肝的正式討論。後來，有些市政委員承認，自己並不知道這條法案當中包含肥肝禁令。無論如何，作為《芝加哥市城鎮法典》第7-39章的修正案，該市轄區內即將禁售肥肝。隸屬於市長、掌管更廣泛的食物安全議題的公共衛生部門，將在幾個月後開始強制執行禁令。執法方式將是由市民打進警局的非緊急專線，通報不合作的餐廳。初犯餐廳會收到警告狀函，累犯餐廳則會被處以兩百五十至五百美元的罰款。

服從與反抗

當然，大部分芝加哥餐廳原本就沒有供應肥肝。芝加哥的飲食風景是以熱狗、義大利牛肉三明治和深盤披薩（Deep-Dish Pizza）聞名，而非高級餐廳。當時，喬・摩爾住的羅傑公園區（Rogers Park）就沒有餐廳在販售肥肝。但芝加哥也是一座踏進廚藝美名新境界的城市，城中主廚與餐廳老闆都渴望在美國廚藝界取得品味締造者的一席之地，吸引有天賦的新廚師，以及投資客與遊客的錢。餐廳成為二十一世紀復興美國眾城市「文化首都」聲望的重要元素。[21] 都市計畫者與媒體大肆吹捧芝加哥蓬勃發展的市區與鄰近地帶，而餐廳就在這些地方作為要角。高檔餐廳，像是查理・綽特的「TRU」，以及主打現代烹飪風格、榮獲米其林三星的前衛餐廳「段落符號」（Alinea）都獲得愈來愈多的國際關注。諸如瑞克・貝利斯（Rick Bayless）與保羅・卡漢（Paul Kahan）等主廚的餐廳都得到許多讚譽，他們也因為支持發展中的在地食物運動，成為媒體寵兒。芝加哥當時正成為一座吃貨之城。

在禁令生效的四月到八月間，芝加哥的餐廳正經歷一段《芝加哥論壇報》餐飲評論家稱為「肥肝大反抗」（The Foie Gras Backlash）的過程。[22] 就像文化社會學家妮可拉・拜索（Nicola Beisel）指出，藝術社群（與廚藝社群有諸多的共通性）常會受到有檢禁色彩、或家長管教式的法律行動挑釁。[23] 這條禁令不但沒有壓下肥肝需求，反而催生出新的市場行為。過去從未聽過肥肝之名的人，現在反而滿心嚮往能親口一嘗。許多餐廳推出價格合理的「肥肝再見」特餐，對有心品嘗這即將遭禁之美味的饕客招手挑逗。業餘的廚藝學校開始開設肥肝料理課程，報紙文章與讀者來信不斷湧現，有關肥肝倫理性與通過如此禁令之合理性的辯論，也如雨後春筍般在網路留言和文章回應欄中冒出來。

在肥肝成為熱門爭議話題之前就已供應肥肝的餐廳中，有些主廚在看到動物權人士端出的證據後，便主動從菜單中去掉肥肝。有些人這麼做，是出於守法，有些則是不想遭到運動人士抗議或騷擾，其他人則是受到企業持有人指示。許多人還是在內場廚房裡備有肥肝，或仍將它保留在菜單上。當中，有不少人的生意甚至因為此舉招來惡名，反而蒸蒸日上。

這段時期裡，芝加哥與鄰近地區有些主廚組成一個叫作「芝加哥自願為廚」（Chicago Chefs for Choice）的短命小團體，是伊利諾州餐廳協會的分會，並且開始舉辦肥肝晚宴。這個團體有兩個特定目標：首先，是要表現他們對市府扮演「道德警察」的不滿；其次，是募資贊助對此禁令的立法挑戰。更廣泛地來說，他們的目標是要否定市府官員與動物權人士對食物烹飪展現的文化權威。為達此目標，其領袖與追隨者故意使用「自願決定」（for Choice）這樣的語言。

儘管成員稀少，而且組織鬆散，這個團體仍然成功地讓肥肝議題持續被芝加哥政府、大眾所討論。其中動作最積極的成員暨團體共同創辦人迪迪耶·茍洪（Didier Durand）與麥克·聰藤（Michael Tsonton），是各自餐廳的獨立主廚兼老闆。法國西南部出身、身懷絕世

A Very Special Thanks To...

Chicago Chefs & Friends:

Chef Allen Sternweiler – Allen's – The New American Café, Chicago, IL
Chef Dean Zanella – 312 Chicago, Chicago, IL
Chef Shawn McClain – Spring/Custom House/Green Zebra, Chicago, IL
Chef Paul Kahan – Blackbird/Avec, Chicago, IL
Chef William Koval – Culinaire International, Dallas, TX
Chef Hubert Seifert – Spagio, Columbus, OH
Chef Jean-Francois Suteau – Adolphus Hotel, Dallas, TX
Chef Chris Perkey – Sierra Room, Grand Rapids, MI
Chef Chris Desens – Racquet Club Ladue, Ladue, MO
Giles Schnierle – Great American Cheese Collection, Chicago, IL
Didier Durand – Cyrano's Bistrot/Cafe Simone, Chicago, IL
Chef Michael Tsonton – Copperblue, Chicago IL
Chef Ambarish Lulay –The Dining Room at Kendall College, Chicago, IL

Contributors:

Heritage Wine Cellars, Ltd.
Southern Wine & Spirits
Vintage Wines
Maverick Wine Co.
Chicago Wine Merchants
Pinnacle Wines
Pasture to Plate, Inc
Hotel Allegro

Contributors:

Illinois Restaurant Association
Gabby's Bakery – Franklin Park, IL
Chef John Hogan, Keefer's – Chicago, IL
European Imports, LTD – Chicago, IL
Distinctive Wines & Spirits
Louis Glunz Wines
Hudson Valley Foie Gras, LLC– NY
3X Printing – Niles, IL

A Festival of Foie Gras

Allen's – The New American Café & Friends
will be hosting
"A Festival of Foie Gras"
Tuesday, July 11th from 7:00pm – 10:00pm.
at

Allen

The event will take place at **Allen's – The New American Café**
located at 217 W. Huron, Chicago, IL.

For $150/person, guests will have the opportunity to enjoy a variety of foie gras preparations, beverages included. Net proceeds from this event will be donated to the Chicago Chefs For Choice, a chapter of the Illinois Restaurant Association, Freedom of Choice Fund.

Table reservations are available for 6, 8 or 10 guests. Make your reservations today by calling Allen's – The New American Café at 312-587-9600.
(Credit cards and checks accepted in advance, or at the door. No refunds.)
Donations Accepted.

「自願為廚」活動傳單

手藝的怪廚莒洪，認為這道禁令是對個人的侮辱。他的餐廳在這段期間曾遭到兩次破壞，其中一次就發生在健康委員會第二次聽證會結束的當晚。聽藤是一位具有領袖魅力、脾氣固執的前藝術學校畢業生；在別人的廚房工作幾年後，他在海軍碼頭附近開了自己的高檔餐廳。許多沒加入該團體的主廚告訴我，他們原則上是支持這個團體的，但自己要嘛沒時間參與，要嘛被老闆明令不准加入。[24]

禁令生效當日，有些過去從沒賣過肥肝的餐廳也將肥肝放上菜單，《紐約時報》稱之為「一種不太可能的公民不服從示範」。[25]芝加哥地標「哈利・凱瑞」（Harry Caray）餐廳提供了「肥肝再見」特餐，「康尼披薩」（Connie's Pizza）推出肥肝芝加哥深盤披薩，而南區的「BJ超市與烘焙坊」（BJ's Market and Bakery）則提供了南方黑人家鄉菜風格的肥肝料理。他們的主要訴求不在於以「民主」的菜餚供應這種昂貴食材，而是從象徵上回應市議會禁絕一項食材的提案。

對於餐飲界在當天的反擊，芝加哥市府並未回應。[26]當時，市長理查・達利（Richard Daley）在晨間新聞發布會上被人問及，是否有一天會吃肥肝時，他否認了。然而，謠傳他曾在某間公然供應一日肥肝的餐廳吃午餐時，點了肥肝來吃。也是在那天，伊利諾州餐廳協會向庫克郡法庭（Cook County Court）按鈴提告，宣稱芝加哥市議會已僭越在伊利諾州州憲法下的「自治原則」（Home Rule）權力。[27] 訴狀後來加上了聯邦州際貿易條款的主張，因為在其他州肥肝生產實屬合法。該地方法院宣判市府無罪，主張該法令並未觸犯《憲法》的州際貿易條款，因為該法令並未歧視以偏袒地方或州內企業，也沒有影響肥肝的生產與價格，只影響其銷售。伊利諾州餐廳協會於二〇〇八年提出異議，但該異議沒有實質意義，而且遭到忽略，因為市議會在兩週後決定撤銷禁令。

在最初的示威過後，多數芝加哥餐廳就不再供應肥肝（或起碼不再公然供應）。還安然販賣肥肝的郊區餐廳主廚告訴我，他們發現，點肥肝料理的人在這段時間成長了兩、三倍。然而，少數市轄區內的主廚與餐廳還是持續供應著肥肝，有些甚至大肆張揚。相對低額的罰金嚇不倒他們。新訂的食用肥肝之「罪」很快就進入部分芝加哥人的公眾意識當中。這條法律寫明，需要公民擔任市府的眼與耳，監督餐廳。[28] 餐廳顧客必須看到肥肝、還認得出那是肥肝，又要對它厭惡到足以將之舉報，還得知道電話該打給誰，才能結束整個任務。不過，只有少數人真認為肥肝是嚴重的社會問題，其他人則以創意或惡作劇的方法來回應。這提供了我們思考的契機：法律的象徵力量如何刺激反應，而爭議品味在創造特定類型的消費者之際，又能成為一種從爭議中牟利的手段。這讓我們得以窺見，在某一團體的道德信念造成一項消費品成為檢禁對象時，某些人會如何反應。[29]

法令的文字成為一種能讓廚師、媒體、饕客與網路討論板的網絡做出彈性、而且激情詮釋的主題。商人能藉由玩弄法律語言，以近乎合法的理由將供應肥肝合理化。這條法律陳述：「所有食物供給機構……，應禁止肥肝販售。」首先，什麼是「食物供給機構」？就字面而言，這意味芝加哥市內的精緻食品店「福斯與歐貝爾」（Fox & Obel）不能賣肥肝，因為它設有沙拉吧和幾張餐桌，能讓顧客坐下來吃午餐；但「賓妮紅酒倉庫」（Binny's Wine Depot）就能賣，而且它的確也賣了。精緻食品經銷商不像餐廳受法令限制，也不必依規定通報市政府。少數地下或快閃晚餐俱樂部，技術上來說不算「食物供給機構」，它們選在藝廊或工廠倉庫中舉辦肥肝主題晚宴。有時，支援這些晚宴活動的主廚此前鮮少或從來沒有烹調過肥肝，但就像其中一位告訴我的，他們就是很想「做出宣示」。甚至，我參加的某場透過吃貨社交網絡宣傳、諧音取名「笆竿晚宴」（Foix Grax dinner）的快閃餐宴，就在廚房裡上演了烹煮失敗的壯烈災難。

再者，什麼是「販賣」某物？某些主廚在此謹遵的是字面意義，而不是法律精神。有些人說，他們的餐單雖然剔除了肥肝，但還是會把肥肝當成試吃品或驚喜小點，送上一小塊給客人。有些人把肥肝加進無名醬汁，淋在別道菜上。有些餐廳還開始「免費」發放給饕客，只要你點一片索價超過十六美元的麵包，或某款二十美元的沙拉。一間市區餐廳「垃圾箱」

（Bin）[30]就因為鑽這漏洞，而遭市府傳喚。該餐廳老闆成功地挑戰了市府法院的傳喚，說自己技術上並沒有販售任何遭禁物質。這種策略此後也被其他餐廳借鏡。

最後，「肥肝」又是什麼？為了規避禁令，某些主廚將它重新命名，或是使用暗號稱呼。在某間餐廳裡，懂得門道的饕客可點「龍蝦特餐」。某些提供「肝臟慕斯」或是「豪華鴨肝肉凍」，但這些菜單名字可就沒那麼有創意了。在麥可・聰藤的餐廳裡，菜單上列有一道「這不是他摩爾的肥肝」（It Isn't Foie Gras Any Moore），藉此暗諷市政委員喬・摩爾帶頭推動法令。當然還有「熱葛店」推出的喬・摩爾特餐。不過，不是每種暗號都有效。我訪問的某位主廚回想起曾在某天下午接到一通令人費解的電話，電話那頭的女性再三詢問，當晚有沒有賣蔓越橘（Huckleberry）。主廚解釋，現在不是蔓越橘的季節，後來才恍然大悟，她其實是在問肥肝。主廚對我翻了白眼問道：「蔓越橘？真的嗎？誰會懂這個梗？」

二〇〇六至〇七年的冬天，「芝加哥自願為廚」的成員也在各自餐廳中籌辦出一系列的「地下」肥肝晚宴。晚宴在餐廳關門後舉行。這些活動有個新名詞「地下鴨吧」（Duck-Easy），是從禁酒令（Prohibition）期間滲透芝加哥夜生活的地下酒吧（Speakeasy）而來，這也展現出一種社會學家大衛・馬查（David Matza）與葛雷斯漢・塞克斯（Gresham Sykes）所稱的「地下價值」（Subterranean Values），亦即由其他各方面都「值得尊敬」、但了解特定行為是不正當或「錯誤」的人所組織的偏差活動。[30]這些晚宴集合了來自不同餐廳的主廚，以及以逾越感為樂、又吃得起一頓一百美元餐點的饕客。

但這種晚宴也不全然那麼「地下」。抗議者知道，新聞媒體也知道，甚至連警察都知道。有些晚宴是替唐．戈登（Don Gordon）募資，他是喬．摩爾在隨後市政委員競選中的主要對手。（後來摩爾險勝，畢竟他原本就勝券在握，因為肥肝禁令在這場競賽中位居要角）。他們遭到動物權運動人士抗議，抗議者在寒冬夜裡拿著標語牌、螢幕與擴音器在週邊遊行，反覆陳述肥肝的殘酷、羞辱與會者。這麼說來，這些晚宴既是公開場面，也是被餐廳大門隔開的兩股抗議力量（饕客和動物權團體）的焦點。

更普遍地來說，市府衛生調查員要強制執行法令，可得有能力在見到肥肝時認得出來才行。他們也要夠在乎才能找到。聽藤告訴我：「調查員過來，對於店裡可能有肥肝的想法嗤之以鼻。他根本不在乎。他告訴我，在店裡找到李斯特菌還比較讓他感興趣。你知道，某種可能致人於死的東西。」就連公衛部門發言人都向美聯社和其他媒體表示，由於人手有限，肥肝排在搜查順序的最末位。[31]他們搜查肥肝，只是為了回應公民的抱怨。主廚偶爾也透過他們的網絡，獲知市府方可能會在何時來訪。某天早上，我在一間對抗禁令的餐廳裡與主廚兼老闆進行訪談，當時另一位主廚來電，說有個在搜查肥肝的調查員已拜訪了三家餐廳，我的訪談人可能得把東西藏好，以免調查員過來晃晃。最後，總計有十九間餐廳收到芝加哥市府開出的禁制警告狀，但只有一間「熱葛店」遭到罰款。

此時，肥肝的美食政治也蔓延到其他城市，其他地方的運動人士都尊芝加哥的禁肝令為一次議題設定的「勝利」與「里程碑」。這項禁令成為一道見證：動物權團體若是能協調好各自的努力，那麼，食物政治的世界就能有何等變化。禁令也在紐約市、費城、麻里蘭州與夏威夷州獲得提案及辯論。全國遭到通報檢舉的主廚都收到仇恨信和威脅電話，有些還眼見餐廳遭人抗議或破壞。

議題兩邊的人馬都認為，這種禁令大舉實施的日子指日可待。費城有幾間餐廳都遭

莒洪餐廳二〇〇七年二月「自願為廚」晚宴外圍的抗議者。

到一個取名為「抱抱小狗」（Hugs for Puppies）的小型反肥肝團體喧嘩抗議。二〇〇七年夏天，德州奧斯丁有一個叫「中央德州動物防線」（Central Texas Animal Defense）的團體，每週會到一間拒將肥肝從菜單撤下的餐廳「耶洗別」（Jezebel）外頭抗議兩次。九月，一個激進人士切斷餐廳主電源斷路器，並用酸劑在餐廳窗戶上蝕刻出「吐出來」的字樣；監視錄影辨識出了此人身分，他隨後遭到警方逮捕，在以兩萬美元交保後遭財物毀損罪名起訴。[32]

在這段時期後，芝加哥決議禁售肥肝的討論基調已有了轉變。恐懼食物管制可能即將滑坡的耳語已經出聲。一位獎項加身、反抗禁令的主廚，在告訴我他為何無視法令時，認為該法令是市議會譁眾取寵的政治之舉。這位五十來歲的健壯男子憤憤不平地說：「對我而言，這起肥肝事件最重要的是，居然是一群肥胖的白種男人在告訴我什麼該吃、什麼不該吃，這比什麼虛情假意的關懷、沒有以人道方式對待家禽都還嚴重。」某位郊區餐廳的副主廚也呼應了其他人的評論：「他們是哪來的權利，認為可以告訴我們該煮、該吃什麼，或什麼不該煮、不該吃？下次又會來哪招？」其他人則認為，市政府將焦點放在肥肝，是為了轉移大眾對於那些會對更多動物和飲食者造成負面影響的農法的注意。從這個觀點來看，肥肝禁令對芝加哥人來說有問題，是因為它脫離了日常現實。

撤銷法案的言談盤繞在新聞媒體與市議會中。市政委員辦公室不斷收到來自全美動物

美國人道主義協會刊在《芝加哥論壇報》上的廣告，二〇〇七年五月二十一日。（courtesy of HSUS）

權運動人士一波又一波的電子郵件與電話。美國人道主義協會買下《芝加哥論壇報》滿版廣告，以大字叩問：「芝加哥會在動物殘酷議題上回頭嗎？」並懇請讀者打給市政委員或「三一一」（警局非緊急專線），告訴他們「撤銷這條人道法案會跟對鳥兒的殘忍灌食一樣難以嚥下」。一位市政委員告訴當地記者，她傾向撤銷法案。「這議題跟我選區裡的人無關。」她說：「對我的選民來說，幫派、毒品和犯罪問題遠比肥肝重要。」[33]另一位委員則一改先前的支持態度，說：「任何一個在美國其他地方旅遊的人都知道，外頭對我們笑掉大牙。」[34]有幾家媒體開始形容這條禁令讓芝加哥「蒙羞」，而該城當時正在爭取主辦奧運。「自願為廚」的共同創辦人迪迪耶．莒洪非常肯定這條法令會撤銷，所以他從印地安納某間農場借來一隻活鴨，以當時的法國總統薩科奇（Nicolas Sarkozy）的名字取名為尼可拉斯，並養在自己的廂型車裡，作為「慶祝肥肝最終回歸芝加哥」。

撤銷

然後，二〇〇八年五月，芝加哥市政委員湯姆．唐尼（Tom Tunney）想出一個將撤銷表決帶進市議會月會議場的方法。[35] 我和多數人一樣，前一晚只知道隔天上午十點會發生此事，當時我接到卡羅的電話，他告訴我，隔天上午最好一起到市議會的記者席。市議會廢除禁令的表決，只在月會前四十八小時在網站上以法令編號、而非以名稱宣布為「雜項」。《芝加哥論壇報》裡有人注意到這條訊息，理解了箇中意涵，接著快速打了幾通電話，並在《論壇報》網站上發布簡短聲明。

當天我九點抵達時，現場一片安靜，有別於我先前參加過的市政會議。市政廳外或議會堂外的大廳不見抗議者或集會。當地動物權團體領袖跟我一樣，也是昨晚才得知這條《市鎮法典》第7-39章的修正案有可能被撤銷，因此來不及召集人馬。負責金屬探測安檢的警衛叫我去見議會警衛官，以取得通行證入座記者席。我告訴她，我在研究食物引發的爭議，她輕笑：「那麼，妳肯定來對地方了！今天一定會……很有趣。」

會議十點開始，僵持超過四小時。從記者席望去，我能看到唐尼與喬．摩爾兩人親自拜票、遊說同僚。會上宣布、通過各項決議，市政委員在討論進度上牛步前進，在座位與前廳的甜甜圈盒和大咖啡壺間來來回回。大廳裡一小撮集會團體要求增添警力的聲音，聽來像是從議事堂裡傳出來的低啞怒吼。在穿著灰色西裝的委員領袖們開始輪番起身進行月報時，記者席裡有些人已經打起瞌睡。任何一項議題若想矇混過去，不被人發現，實在太簡單了。

然後，會議在尾聲之際宣布了「雜項」。議事堂在眾人回座後變得安靜。一位曾與我討論過肥肝意見的市政委員直直盯著我，揚起眉毛，以大聲的氣音說：「要開始了！」唐尼起身宣布一項「從法規委員會那裡解除一條法令」的提議。[36]摩爾站起來反駁；當時最資深的市政委員貝納德．史東（Bernard Stone）裁決該動議「不可反駁」。唱名投票結果以三十八比六將禁令送入下一輪表決。好幾位委員棄權。隨著「同意」與「否決」之聲此起彼落，投票開始，喬．摩爾大聲抗議說這項議題應該要「在議場現場、從其稟性」開始辯論，儘管兩年前並未辯論過這題。市長達利因為摩爾的此番布道，臉紅脖子粗地敲了好幾次木槌，並在摩爾咆嘯之際指示市政委員繼續投票。第二輪唱名投票以三十七比六撤銷法令。這全程持續了八分鐘。

會議後，達利在新聞室的講台上告訴集結現場的記者，他並未允許在議場上討論這個議題，因為這「已經被辯到令人作嘔」。他咆嘯道：

你能在零售店買到。你能帶著走。他們可以把它放進你的沙拉，再多收你二十塊，能放在土司上然後收你十塊。這還有意義嗎？告訴你土司上應該放什麼？難道這是政府該做的事情？

大眾後來認為，推動這起撤銷案的是市長本人，因為他早已疲於應付該禁令的相關問題與申訴。摩爾說，這是一次「舊時代老大政治的駭人上演」，並貶斥這次會議秀出市府新下限。[37]

理所當然，道葛．宋樂見這條新聞。他在當天稍後告訴《芝加哥論壇報》，「我盼望的，就是這個議題終於能夠上床洗洗睡，政府可以多花點時間在真正的議題上。」終於能訂購更多肥肝後，道葛告訴該報的美食編輯，肥肝熱狗將重回菜單上。他補了一句：「當然了，現在我們要叫它湯姆．唐尼。」[38]

兩晚過後，七十名反肥肝運動人士群聚在市政廳外，進行燭光集會。「憐憫動物」透過電子郵件清單與芝加哥的meetup.com純素者社團公布這場活動，表明他們會提供標語及看板，「並且會為此決議的真正犧牲者鴨子默哀」。我按表在晚間七點抵達現場，加入福斯新聞與WGN的電視記者群。一名記者正在訪問「憐憫動物」的執行總監奈森．蘭科（Nathan Runkle）。二十五歲左右、削瘦的他神情悲憫地對著鏡頭說，「這個議題為受虐動物挺身而出，而且我們對芝加哥感到非常驕傲」。但這場集會有點不對勁。市政廳周邊區域在週五夜裡空無一人，集會早在天光猶亮的日落前一個多小時就開始舉行，這讓燭火顯得格格不入。

我問奈森為何選擇此時此地，他無視傍晚的夕陽與缺乏路人的事實，不斷反覆宣稱：「我們希望以燭光集會對新聞做出迅速回應。這是策略時機的問題，而在市政廳這個地點舉行，對這場集會有象徵意義。我們希望重新讓議題聚焦在鳥兒身上。今晚是屬於動物的。」無論如何，對所有牽涉當中的人和動物來說，芝加哥「禁肝令」都結束了。

品味、控制、廚藝逾越

出於幾個理由，芝加哥肥肝美食政治的情節與遺緒值得一顧。肥肝這相對狹隘、卻能惹火市府領袖的爭論議題，讓我們看見，議題周邊的邏輯會隨著名人的原聲引言影響到不同聽眾，進而以出乎意料的方式突變（尤其當這些聽眾尚未認真看待該議題時）。研究社會運動與反制運動之間動力的學者都曾表示，其中一方的成功，會快速動員另外一方。[39]也就是說，說些「我們能讓你就範」之類的話，可能也會挑釁他人以「不，你不能。給我看著」做出回應。在本案例中，芝加哥通過法令，觸發了來自文化與公共意見領袖介於自信與自大之間的特定回應。這些回應動用了有關個人權利與消費選擇「自由」的有力理念，這深刻關乎身為現代美國人的文化敘事理念。[40]

肥肝初登新聞頭版時，對多數芝加哥人而言，那還是個稀奇而古怪的東西。對饕客來說，那是異國料理可欲的標誌，會在菜單上特別標記出來，就像其他如原生萵苣、松露油、手採干貝等特殊食材那樣。[41]對全國動物權支持者來說，肥肝是讓他們得以插手市政立法機關的黃金時機。一旦在市議會談到實現一條禁令，伴隨「肥肝」一詞而來的，往往是農業與市場倫理、食物與生活風格政治、市政府對其市民管轄範圍程度等複雜問題。當然，這並非一場會吸引多數市民關注的辯論。這是小型利益團體之間的辯論：上過大學、懂電腦、精通道德正確的運動人士，對上推廣個人選擇與自主權話語的高級餐廳主廚與權貴顧客。這個議題儘管從大局看來不痛不癢，但當中各個團體都僵持不下。

對研究食物的學生和消費者運動來說，這個案例的耐人尋味之處，在於它最初是發生在形式政治的層次上，而非透過草根覺醒宣傳、抵制或抗議，另一部分則描繪了機運在政治中偶爾會扮演的宿命角色。本案例的議題主導者是官員，而非群情激昂的公民。芝加哥成為美國第一個通過這類法條的城市也相當偶然。而且，並非所有新法條都能持續。一條新法或新政策的成效，通常有賴於執法者選擇執行得多嚴格，以及該法在其生效的文化景觀中如何傳播或反映這種文化。[42]兩極化的道德要求尤其難以有效建制。[43]到頭來，芝加哥肥肝禁令意味的不太像是動物權的勝利，反而更像是市政府文化權威企圖定義合乎倫理食物的掙扎。這條法令後來變成一種喜劇性的消遣，而非可供嚴肅思量的議題。其通過、爭議以及撤銷，只能在此脈絡下理解。

這個案例也將文化品味的社會權力概念注入了在地化的政治與市場中。[44]出於公共衛生理由，管制某些像是酒精、汽車與香菸等消費品，實屬稀鬆平常。過去十年來，美國有許多市政府與州政府都承擔了聯邦政府不願或不能主導的議題，包括同性婚姻（起碼在二〇一五年美國最高法院裁定之前）、槍枝管制標準、加強建築法規與汽車排放廢氣的環境管制。市政府同時成了尋求落實改變的社運團體的鎖定目標與可用資源。芝加哥的肥肝禁令也不例外。

此處有個相關議題：管制消費與消費者的新方向，是如何、又由誰執行的？獲派執行肥肝禁令任務的，是芝加哥公共衛生部的食品保障部門。光就潛在的影響人數而言，食品安全或許是該州保障消費者最重要的任務。[45]市府方巡檢各餐廳，主要是為了確保勞工的工作環境條件及安全，並保護消費者免於汙染食物所害。全國對於食物傳染疾病的焦慮與關切普遍攀升，使得這工作更顯重要。[46]當我問到各主廚是否正面看待市府的所有管制，大多數人都表示他們歡迎市府定期前來檢查安全與衛生，而且視之為必要。可是，一旦市府因為出於道德理由，決定能否使用哪種食材，不少主廚便直接表明「別踏進我的廚房一步！」

這種消費與管制關係的不利面向就是控制，也就是政府機構禁止其公民以被認定為非法的方式使用某物件。在肥肝登上芝加哥的政治舞台之前，該市市議會就曾對「伊利諾州餐廳協會」展示權力，引人爭議地禁止在餐廳與酒吧吸菸。不過，市方干涉有關品味的烹飪之事，在某種程度上是相當罕見的，尤其這些品味是屬於（或迎合）在社經光譜上較高級的一方。肥肝禁令讓該群體的社會與美食政治權力為之震撼，他們藉由「選擇」一詞表達不滿，表明極不歡迎這種企圖控制他們的手段。再者，由於芝加哥肥肝法令禁止的是販售、而非食用（甚至發放），市府最後也認為該法令缺乏掌控力。

道德品味與社會階級

芝加哥肥肝禁令的發展軌跡，或公然或隱晦，處處都觸及社會階級。由於肥肝在美國價位偏高，而且取得不易，使得它位處在具備文化知識的特定階級與消費的交會點上，而這知識也就是法國學者皮耶・布迪厄（Pierre Bourdieu）所謂的「文化資本」（Cultural

Capital）。[47]對「美食饕客」跟「食物行家」的激化指控，讓芝加哥等地的動物權運動人士得以將肥肝當成合理的攻擊目標。然而諷刺的是，動物權團體本身也常被人形容成是完全不知民間疾苦的有錢人。肥肝狂熱者與反對者極力爭取支持的，幾乎是同一個社會階級的族群，也就是教養良好、尚算富有、自稱關懷食物道德政治的人。

當然，對社會學與食物研究學者來說，將食物、料理、社會階級，與道德化的「他者化」之間的連結理論化，並不是什麼新鮮事。[48]我們了解選擇食物並非全然出於個人決定，而是受到一組包含文化信仰、價格、可得性、公眾接受的形象、規範，以及個人偏好的社會驅力所限制。品味，乃至於厭惡與噁心，都必然跟飲食以及貫穿大眾生活、身分認同及經驗的邏輯有緊密的關聯。根據布迪厄，就此而言，品味是一種「實踐算子」（Practical Operator），是將食物與廚藝風格之類的客體轉換為階級位置的獨特記號。於是，對社會學家來說，受爭議的品味必然會呈現、發展並複製其背景的階級社會關係。

這就對芝加哥市民及他人如何了解肥肝、而肥肝又意味什麼帶來延伸影響，尤其是對先前不熟悉肥肝的人來說。一個詮釋之所以能較另一個詮釋更有力，往往關乎該詮釋是由誰提出、又如何提出。[49]運動人士在此利用的，是一般大眾對於肥肝的陌生感。有一個莫名真實的例子是，在從健康委員會會議到市議會通過禁令的這段期間，我在某個機緣下尾隨一對外出蒐集「禁絕肥肝」支持者連署簽名的動物權運動人士，地點就在芝加哥南區勞工階級社區的一家速食店前。他們主動接近路人，向他們展示製作肥肝的照片，解釋肥肝是灌食養成的鴨肝，是以痛苦而殘忍的工法生產的富人食物。這幾乎招無虛發，路人目瞪口呆以示反感，接著出手接下早已備妥的筆簽下名字，而且通常還一邊嚼著漢堡。

然而，運動人士企圖將肥肝食用者汙名化的舉動，是透過這些饕客（以及供餐的餐廳）會不畏再惹罵名、挺身抵抗的事實作為中介。從根本上來看，把違法之舉當作夜晚樂子的想法，有精英在場時更為可行。所有懲罰都可被忽略，精英的反制戰術沒有被捕、甚至吃罰單的風險。我在觀察一場「地下鴨吧」晚宴時的田野筆記，就提供了有力證據：

> 這是個冷雨過後的酷寒冬夜，但餐廳溫暖的用餐空間卻充滿能量與生機。一群主動報名、衣冠楚楚的芝加哥人正吃著橄欖、喝著紅酒、聊著禁令。我聽到某人表達出使壞的興奮感；還有人說他覺得「像個在派對上喝啤酒的年輕人」。第三個人告訴同桌人，他對這些主廚傾注的信念多過賣弄的市政委員。穿戴合身白襯衫與領帶的侍者將托盤端出廚房上菜。餐廳老闆的十二歲女兒身形嬌小，她穿著廚師帽與廚師袍，接過麥克風宣布今晚第一道菜是「棉布肥肝（Foie Gras Torchon）佐水果凍與三角土司」。幾分鐘後，

烹煮當晚餐點的另一位主廚從廚房走出來，大聲向現場饕客問道：「大家都吃了嗎？」饕客們歡呼回應：「吃了！」餐廳外頭，兩位員警監視著二十來名手持標語、高喊「肥貓吃肥肝！」、「殘酷絕非美味！」的抗議群眾。警官告訴運動人士，他們不能杵在人行道上，但可以繞著走。一同現身並與運動人士交談的還有一位《芝加哥讀者報》記者，以及當地電視台的兩人新聞小組。警官並未走進餐廳。

餐廳裡頭的人正在犯法，但警察關注的是在外頭和平抗議的人。儘管取締違反禁令是衛生部門的職責，但這些警察的舉動，正是該市對於執法時諸多矛盾感受的一例。

美食政治與「選擇」

如麗茲．寇恩（Liz Cohen）與梅格．雅各（Meg Jacobs）等文化史學家曾詳述，當一個好公民和當一個好消費者，是要到二十世紀才成為密不可分的概念，這有極大部分是因為政府計畫、以及意圖保護美國經濟的政策制定者在背後支持。[50]「公民」概念喚起一種普世主義範疇，建立在參與建制政治的每位個人之理性、判斷與集體歸屬感的假定之上。儘管許多由消費驅動的社會所創造的挑戰，本質上是大幅系統性的，「公民－消費者」的概念卻將社會變革的責任，交託給運作市場的個人以及他們的每次消費選擇。這個概念將社會責任個體化，並說服大眾相信，消費正確的產品能讓這世界有所改變。

這個理念認為，消費選擇就是「投票」。數十年來，這種修辭式的理念伴隨著美國人，他們發現手上的美元能買到政治施壓，就跟購買其他東西一樣，[51]並將自家美食政治的特色發揮到極致。這個核心概念認為，競爭市場會回應消費者需求，而消費者需求會再吸引新供應商投入市場。有了足量的「選票」，市場結構也會隨之演變。也就是說，大眾能藉著在市場的道德經濟中做出選擇，行使能動性與公民身分。[52]尤其在民調顯示美國人已逐漸不認為選舉或管制政治能做出任何改變，或是能對數十億美元規模的食品產業取得任何法律戰果時，個人用手上的美元或刀叉「投」的，便可算是另一種「票」。[53]

在這種思維底下，個人與社會認同，以及消費者運動，都能透過商品實現，也能藉由消費行為加強。這為選擇或拒絕特定食物的舉動增添了政治向度。這要求一般消費者謹慎、而且有意識地在特定場所（例如農夫市集）花錢、吃特定的食物，同時避免其他選項（像是速食店或持特定宗教立場的公司）。動物福利與權利倡議者同樣鼓勵大眾在肉食議題上「投票」（叫人拒吃）。然而，你只能以一個在企業提供的選項中做選擇的食用者身分進行「投票」。在建構市場時，消費者選擇之外的其他因素都會發揮作用。而誰有能力與資源「用刀叉投票」，仍是一個明顯的社會階級議題。[54]一般來說，這個類比肯定了個人選擇的自由主義修辭，但迴避掉個人選擇受他人與個人生活處境影響的無數可能。這是圍繞在芝加哥上演肥肝事件的美食政治模型，亦即將品味與選擇的語言和利害關係人的政治混雜在一起。

動物權運動人士在希望芝加哥的饕客能以拒食肥肝來「投票」之際，也認為法律禁令是道德正義與必然。如果肥肝確實是「極度殘忍的產品」，他們在倫理上便有義務做出更多行動，而不是交由消費者的興致來決定。同樣值得注意的是，芝加哥及全美主廚和餐廳對於肥肝的立場並不一致。舉例來說，在一場催生禁令的市議會健康委員會聽證會上，時任香檳餐酒館（Bistro Campagne）的主廚兼老闆、暨芝加哥當地食物運動的長期推手麥可・亞騰堡（Michael Altenberg），就描述了他看過「殘酷美食網」的影片，而且驚魂未定，於是將肥肝從菜單上去掉。[55]「eGullet」之類的主廚論壇上的討論既激憤又凝重，而且滿是對肥肝的社會與烹飪價值截然不同的見解。肥肝在美國各大城市都成為政治議題，當地精英與意見領袖的態度也同樣分歧。

我在芝加哥訪問過的主廚大致可分成三種立場：同意運動人士者、不論法令有誤或不公、都覺得有義務守法者，以及表達自己不滿者。有些主廚認為重點不在肥肝，他們主要反抗的是市議會竟然告訴他們什麼該煮、什麼不該。有些人稱禁肝令是「禁令主義者的胡言亂語」，禁令支持者是「食物警察」，而芝加哥是「在全市上床時間暗著來的保母市」。許多人對那些代表動物權團體來到芝加哥的專家所說的證詞大感懷疑。

如此一來，作為美食政治象徵的肥肝打從出現在芝加哥市議會的議程表上開始，其重要性便與日俱增，但不是朝運動人士期望的方向發展。禁令條文不精確、執行又馬虎，這讓人能以充滿創意的方式回擊。一種全新又無法與舊有共存的情境定義（Definition of the Situation）出現了。原本閃躲禁令的人開始以捍衛「選擇」來合理化自己的行動，而「選擇」很快變成主導框架，將一個邊緣議題轉化得煞有其事。「芝加哥自願為廚」這個團體堅決以此為名，正如其共同創辦人麥可・聽藤毫無誇大地告訴我：「我們要從對合法生產的本國產品做出個人道德義舉開始，保衛我們的選擇，以及餐廳老闆、零售商與供應商的利益。」他堅稱，是美國理想的核心價值才讓他甘冒如此風險。此舉是在文化上將「選擇」框架成一種富有美德、甚至神聖原則的肯定主張。當中的個人主義取向呼應著美國文化的自由、獨立與個人責任敘事。[56]《芝加哥論壇報》的餐飲評論家菲爾・魏托（Phil Vettel）也在禁令撤銷後提出類似觀點：「就算查禁你不喜歡的東西，你也擺脫不了它，因為你還得對它抽稅。」[57]

我訪問過的主廚大多小心翼翼地解釋，自己並不是在支持動物虐待。很多主廚和動物權提倡者一樣，也希望大家知道自己盤中的食物從何而來，對合乎倫理的永續飲食同樣懷抱熱忱。和運動人士類似的是，對於大眾如何以道德衡量食物的價值，許多主廚也抱持謹慎且批判的態度。但有別於運動人士的是，他們認為食用動物是可接受的。有些主廚表示運動人士認為肥肝「殘忍」的判斷有錯；他們在這一點上相信美法兩地製造商的專業。其他人則認為，芝加哥市政府打壓肥肝，不過是為了「得到曝光率」或「跟饕客行家過不去」，他們也批評當初通過這條法令的黑箱模式。這些主廚在跟我和同業的私下討論中，常提到工業化養殖、生產的雞肉、火雞肉、豬肉與牛肉對社會與環境的負面衝擊，以及這些牲畜所受的對待作為參照點。「我確定自己寧可當一隻肥肝鴨，也不要當『奶油球』（Butterball）養的火雞。」某位主廚這麼告訴我。對其他動物來說，道德勸說是就位了，但法律還沒。許多受訪者都說，肥肝是「假議題」。

對運動人士而言，這種修辭式的反駁觸動了開關、踩到了界限。許多人爭論「選擇」跟「假議題」的論點根本站不住腳。一位運動人士在某場抗議中直呼：「他們一直說『選擇自由』，但殘酷對待動物可不是一種選擇！那是制度包庇的殘忍行為，玷汙了整個社會，推動對所有弱勢族群的暴力。」這位人士認為自己是社會意識的催生者，而肥肝就是一場道德奮戰。[58]對她和其他運動人士而言，自己為法令的有效性而辯護、抗議藐視法令者，都是出於他們的公民責任與道德必要。雙方陣營對於肥肝道德價值的衡量，就是這麼被這些彼此爭議的品味過濾著。

城市舞台上的晚宴劇場

芝加哥肥肝禁令的發展軌跡是一連串的檢驗，有助我們了解肥肝的道德與法律地位引起的美食政治爭議如何在美國的脈絡下演變，以及這些爭議如何在販賣肥肝被「定罪」之後造成隨後的糾紛。就算肥肝確實是「假議題」，禁令的支持與反對兩方在芝加哥策劃的事件，顯示確實有許多人關心這項禁令代表的意義，關心到願意投身混戰。大眾接受這當中矛盾的定義，肥肝的意義也不只是單單一塊肝臟而已。

這些事件與其背景本身就是重要的象徵。作為「整頓文化戰場」的實體與象徵空間的餐廳，[59]在市場、社群與法律的裂隙之間運作著。芝加哥肥肝禁令的文本明白提及該市「傳奇的眾餐廳」提供「最佳用餐體驗」的重要性。政策制定者在意聲望，不僅為了尋求連任，也為了自身代表的地方與人給外界的觀感。芝加哥市方雖能暫時在餐廳的廚房與用餐區查禁肥肝，但在執行時卻未就此舉會對社會觀察者帶來什麼意義而擬出詳實計畫。我發現，投身這場爭議的人設法將「芝加哥」定位成一個承載意義的象徵物，藉以策劃行動。芝加哥是什麼樣的城市？芝加哥人是什麼樣的人？它應該成為什麼樣的城市？

最後，主導論述、終而影響禁令撤銷的關鍵，就是芝加哥意識到自己已淪為眾人笑柄。肥肝禁令被不表支持的芝加哥市長、社會菁英當成一則笑話來揶揄。禁令成為「喜劇中心」（Comedy Central）頻道節目《科拜爾報告》的笑料老梗。《經濟學人》的一篇文章估算該法令要耗費市府多少官司和上訴成本。[60] 芝加哥地標餐廳「哈利．凱瑞」的經理告訴《紐約時報》，他們在禁令生效當天加入販售肥肝的行列，因為「這條禁令讓芝加哥蒙羞」。[61] 全國德高望重的主廚，包括安東尼．波登、張錫鎬（David Chang）以及湯馬士．凱勒（Thomas Keller），都以令人蒙羞或恥辱的語言抨擊禁令。波登罵芝加哥是「蠢牛市」，而如同美食評論家魏托在禁令撤除後在《芝加哥論壇報》中提到：「一座有意主辦奧運的城市可不希望自己像一座蠢牛市。」[62]

前瞻、又有創見的法律或許能吸引追隨者，但也會危及名聲。最終說服了議員撤銷禁令、而非放任餐廳和難纏的吃貨遊走法律邊緣的因素，是芝加哥市議會察覺到外界的負面關注。全國動物權社群的正面回饋抵銷不了外界對於芝加哥的嘲諷，外界諷刺市方似乎「更關心鴨子」，而不是流浪漢、公立學校衰退、街頭暴力與失業等影響市民的問題。另外，動物權領導人指控市議會居然在虐待動物議題上「翻盤」，這也沒有正確反映事件的原委。市議會最初就沒有採取道德化標準：該法令並未在議場上經過公開討論；許多市政委員甚至承認，自己事後才意識到，肥肝禁令竟是包裹在二〇〇五年四月的綜合法案內。由此看來，市方並沒有真正投入時間與金錢去執行法案，法令會引起兩面情緒也就可想而知。

芝加哥「禁肝令」展現了肥肝這類物品的美食政治價值，其重點在於象徵性地利用肥肝的人物之間，所產生的交互作用。交織在這些特別的交互作用中的議題，又帶出了市府體制管轄範圍的問題，以及一個有道德的消費者意味著什麼，而個人又可擁有多少「選擇」。這條法令實際上以某些意義深遠的方式滿足了所有相關人物的利益。鬆散的執法與產品的唾手可得，不過為販售肥肝的主廚和想一嘗肥肝的消費者造成些許不便。在法令於二〇〇八年撤銷後，認識肥肝的市民更多了，此後幾乎各地都能點到肥肝。許多餐廳看到這股新需求，也開始將肥肝列進菜單。例如二〇一四年，儘管經濟危機與衰敗仍歷歷在目，芝加哥餐廳菜單上的肥肝可見度還是高於禁令推動前。[63] 對該市的動物權運動人士來說，這項法令也為自己的組織和支持的其他議題帶來公眾能見度。某些方面說來，這場活動也讓他們得以與有志一同、推動互補議題的人物組織產生連結。然而，這也招致意料之外的明顯後果：肥肝成為許多聲勢高漲、思想進步的主廚的分化議題；這些廚師原本能成為其他動物福利運動的盟友，後來卻視動物權運動人士為寇讎。

另外，這些爭議引發的象徵政治，也展現了「情緒」是絕佳的銷售手法，不論你賣的是故事、道德判斷或是開胃菜。一旦論及食物政治，此言格外真切。食物位居我們的身分認同、與居住地之連結、所歸屬之社群的核心，大眾對食物充滿激情。然而，二十一世紀的消費者就像泅泳在吃什麼食物是對的、什麼又是錯的資訊汪洋中。將食物政治化，就算是多數人不吃的食物，也能打到痛處。不像天書般的政策議題，食物辯論更容易將人拉進戰場。在芝加哥，肥肝現身餐盤上的概念與現實為它帶來急迫的切身性，讓不同團體為了取得文化權威與公眾同情，繼而相互競爭。

第五章

弔詭觀點

幾年前一個微風徐徐的春日，我開車從紐約前往上城，拜訪全美最大的肥肝生產商「哈德遜谷肥肝」（HVFG）。我從先前在法國西南部的經驗知道，肥肝生產設施形形色色，生產物流模式與製造商的脾氣也大不相同。我得知不同的農場會使用不同的灌食技術，也仰賴不同的銷售管道。我知道儘管各農場偶爾都有動物生病或夭折，但死亡率與患病率還是有大幅差異。我也知道目睹鴨子關在個別籠裡填肥，比關在團體欄裡更讓我感到噁心。無論如何，我在法國遇見的肥肝生產鏈當中的人士，大多都將肥肝形容成是法國飲食文化與國族認同的重要象徵，一種鑲嵌在文化歷史傳承中的物質產品。甚至，在那群法國製造商之中，有許多人在職涯選擇上受到家族因素與當地社群歷史所左右。法國西南省分這個肥肝主要產區，當地的綿延丘陵同樣也以其浸淫在古風中的獨特風景，吸引著法國消費者，而此地也需要保護，以免受到全球化的強風吹襲。

我非常想親眼見識美國最大的肥肝製造商有何不同？現場會是什麼情況？幾個月前，我曾在哈德遜谷肥肝共同持有人麥可．吉諾（Michael Ginor）位在長島的住處附近訪問過他。現在，我想親耳聽聽看實際負責農場營運的人怎麼說。哈德遜谷肥肝每年會生產大約三十五萬顆肥鴨肝，該公司最近發現自己引爆了美國人對其倫理問題的怒氣。肥肝合法性的爭論延燒全美各地，芝加哥在前一年禁止餐廳販售肥肝，而加州禁止生產與販售的規模更廣大，抗議與潛在的立法行動也登上其他城市的新聞頭條，包括附近的紐約市。

有別於無數個在過去十年間參訪哈德遜谷肥肝的記者，我此行的動機與目的並不在報導肥肝生產的倫理「真相」，[1]而是要更深入了解該企業的運作、應對未來市場與政治條件變遷的計畫，以及他們如何詮釋近期有關肥肝的猛烈爭論。更廣泛地來說，我希望這次參訪有助我了解，肥肝在美法兩國經歷的文化路徑為何如此不同。由於市場機構對法國肥肝文化來說其實是一股背後重要的隱形力量，我也好奇地想親身了解，在缺乏制度性支援與根深柢固的文化價值的狀況下，美國的肥肝生產商如何呈現他們的工作。

我按照農場另一位創辦人暨持有人，也就是總經理易吉．亞奈（Izzy Yanay）給我的地址，駛過卡茲奇山（Catskill Mountains）覆滿初夏嫩葉的綿延丘陵，來到一扇只貼出兩張小招牌的巨大金屬柵門前；這貼紙一張寫著公司名稱，另一張則標示「私人土地」。我開車進去，停在碎石地上其他的車子旁，並且環顧四周。這間農場跟周遭風景格格不入，看起來不怎麼宜人。現場的建築物低矮深長，屋頂滿是鐵鏽，金屬牆面破爛，毫無任何標示。[2]園區一側的水泥地基上有幾棟小木屋，看起來蓋得倉促。我後來得知，此處住著農場勞工與其家眷，共有一百五十人，全是墨西哥移民。（我後來也得知這間農場的勞檢情況。因為農場工作不受許多勞動法規管轄，包括加班費規定，所以容易剝削勞工、尤其是移工，但各家農場仍有相當大的差異[3]）。哈德遜谷肥肝跟我在法國見過的所有農場相比都有驚人差異，而且差異甚大。

易吉走出來，緊緊握了我的手，說他得先把筆記本放回辦公室，「在我們從頭到尾把鴨子看過一遍之前」。他直接切入正題。我們走向一間沒有標示的水泥建築，行經一條鋪著耐用地毯的走廊，走廊兩旁掛著裱了框的古董肥肝海報和國際知名餐廳的菜單，上頭還有主廚簽名；這些餐廳都在菜單上打出「哈德遜谷肥肝」招牌。易吉驕傲地指著一些簽名，評道：「不過，大家閒聊時問我做什麼工作，我都會說『養鴨人』；因為九成九的美國人根本不知道肥肝是什麼。」

放好筆記本後，我們坐上他的車，開往園區另一側。碎石地讓車裡的我們震個不停，我甚至還沒直接問起肥肝，易吉就立刻以宏亮而粗礪的以色列口音，伴隨著漫天飛舞的手勢開始辯解。

他憤憤不平地告訴我，他每週起碼會有兩、三個訪客——主廚、記者以及聽過運動人士的譴責、想親眼看看肥肝生產的人。他說，眾人最關鍵的提問點就是動物虐待的問題，並稱自己允許訪客參觀，是為了「盡量保持開放」，儘管這會占去他大量時間，「因為他們有很多錯誤觀念」。該週稍晚，一群聲望極高的餐廳老闆與主廚從紐約市前來參訪，易吉擔心他們「可能走上帕克的老路」。就在三個月前，現居加州的奧地利裔名廚沃夫岡．帕克（Wolfgang Puck），也是首位進入富比士百大名人榜的主廚，宣布他創新的烹飪哲學要捨棄肥肝：從快餐館到精緻餐廳，帕克手上的數家店面如今都在推廣有機蔬菜和肉品，而且禁用層疊籠（Battery-Caged）養雞蛋、母豬夾欄（Gestation-Crated）養的豬肉、木條隔欄（Confinement Crates）養的小牛肉，以及肥肝。不過，這計畫並非帕克的自發之舉，而是因為動物權團體「農場庇護所」與「美國人道協會」在網路與現實中，處處與帕克其人與他「不可容忍的作為」作對使然。

易吉口中「錯誤觀念」的說法，暗示他相信自己的立場是對的。他繼續解釋，他認為來農場參觀的人都偏向抱持懷疑立場：

> 每個來農場的人主要問的，全來自他們從動物權人士那邊聽得的資訊。像是，這些鴨子在受折磨嗎？牠們痛苦嗎？牠們在受酷刑嗎？你這樣問，那就看鴨子怎麼反應啊。你有看到鴨子掙扎嗎、有沒有聽到牠們尖叫。就算你不是科學家也能知道鴨子感覺如何、是不是受折磨。看就對了。

表面上，易吉和肥肝最頑固的敵人告訴我的都是同樣的事——只要觀察，任誰都能知道鴨子是否在受苦、灌食過程是否真的殘忍。這些鳥看起來有受驚嚇嗎？叫聲聽起來不開心嗎？看起來是否病懨懨？牠們可有抗拒金屬管或餵食者？你在觀察時，身體有因空間狹小、溫度、濕度與氣味而不適嗎？大家都認為，單純透過觀察與個人五感，就能解決對立的思維衝突，但如果兩方都大幅仰賴相同的「你自己看」跟「敵人最好有正確資訊」理念，那訴諸經驗的觀察怎麼能解決問題？[4] 那天早上，這種弔詭觀點在我驅車前往農場時盤據在我腦海：我，或這件事當中的其他人，要怎麼知道自己看到的是什麼？我們怎麼知道不舒服的鴨子看起來是什麼模樣？我從兩方陣營聽到的論點都訴諸個人、「自然」、感性的經驗，但雙方結論卻是完全相反。如果我們不該將疼痛或不適的表現擬人化，那麼也不該將平靜的表現擬人化。借用哲學家湯瑪士・內格爾（Thomas Nagel）常被引述的論題：我們怎麼知道「作為另一種動物是什麼樣子」？[5]

易吉與我抵達目的地。他打開門，兩千隻毛茸茸、黃澄澄、啾啾叫的雛鴨朝我們衝了過來；這些雛鴨當天早上才剛從和農場合作的魁北克孵化場運來。易吉講解，這些都是公鴨，因為公鴨肝更適合製成肥肝。[6] 我們走上一段樓梯，去看下一階段的養鴨程序。易吉打開一扇通往大房間的門，室內有好幾百碼長，當中滿是未成熟的灰鴨，鴨羽還沒完全變成黑白兩色。跟法國工業化肥肝設施相似的是，HVFG養的是騾鴨，一種混種、無法生育的鴨子，肝臟品質穩定、良好。大窗透進來的晨光將室內照得明亮，巨大的空調設備嗡嗡作響，以保持室內涼爽。寬闊的室內按固定間距設有飼料和飲水槽，地面覆滿稻草。鴨子彼此雖然靠得很近，但仍有活動空間，這是我所見過鴨子數量最多的一個空間。如此特殊的規模跟我在法國體驗過的完全不同，法國產業是垂直分工。儘管我拜訪過「胡吉耶」之類的養鴨設施也是巨型企業，每天加工數千顆肝臟，但飼養與灌食工作還是發包到法國各地數千個農場進行，但哈德遜谷肥肝是在同一地點一手包辦。

我們站在那裡，幾分鐘裡就只觀察年輕鴨子。牠們沒有跟雛鴨一樣朝我們跑來，但也沒有逃竄。我問起激進人士批評哈德遜谷肥肝的鴨子缺乏戶外活動一事。易吉帶著一絲戒心回應道，他們曾在溫暖的月分在室外圍欄放養鴨子，但鴨子在戶外很容易遭到掠食者攻擊，就連在圍欄裡亦然。他們的鴨子不久前才因為狐狸、狗、浣熊跟老鷹而折損許多。此外，紐約州環保署去年也建議在室內飼養，以免遭野鳥傳染禽流感。最後一個理由是為了回應州管制者的顧慮，也就是鴨糞對環境的衝擊。該農場才剛安裝一套價值六十萬美元的新系統，以處理鴨舍堆肥，但該系統無法在室外運作。出於這些原因，易吉和農場經理馬庫斯・亨利（Marcus Henley）目前仍決定限制鴨子的戶外活動。我們回到車上，前往易吉在我抵達時現身的那棟建築，去看填肥中的鴨子。開車途中，易吉講解了這裡的鴨子每天餵食三次，而非法國典型的兩次；如此能讓每次的飼料增幅小一點，讓鴨子更能適應填肥過程。易吉每次提到「餵食管」一詞，幾乎都會接著說「不殘酷的」。我在想，他將兩詞相接，是否是出於有意識的決定，或者這已成了他在應對穩定的訪客流量與媒體採訪時的第二天性。「但你別相信我，」他說了些我推測是固定話術的話：「而是要相信鴨子。」換言之，他邀我再次以肉眼判斷。

室內陰暗吵雜，好幾個男子正繞著一部故障的氣動式餵食機打轉，看似是法國工業化農場使用的那種。易吉問他們有何進展後對我講解，他們的鴨子是「用老派的祖母方法，以漏斗跟鑽管（Auger）」餵食，但他們現在也正「嘗試」用這部機器灌食數百隻

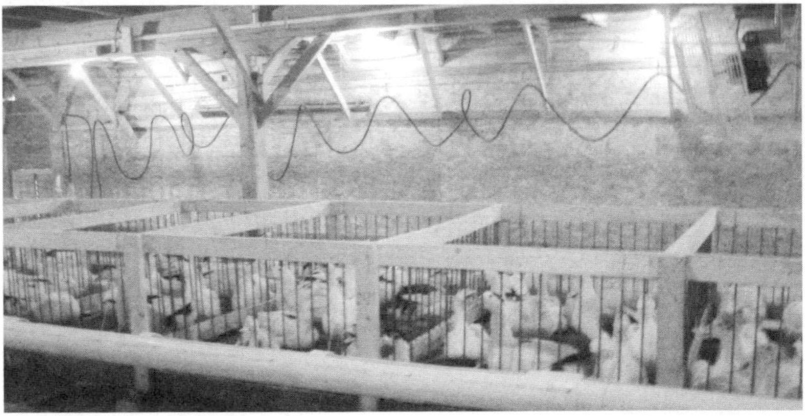

「哈德遜谷肥肝」的鴨子，二〇〇七年六月。

鴨，要看看肝臟會長成怎麼樣。（易吉沒提到，這機器其實就是反肥肝者、以及宣稱「手製傳統」讓肥肝更有價值的主廚與消費者猛烈批評的類型[7]）。

我們緩步走進一處狹長、有迴音的鴨舍，裡頭很暗，空氣聞起來有點動物味，但不是氨味（沒有氨味表示室內空氣流通、乾淨）。我看到非常大量的白鴨與黑鴨，大部分都無視我們的存在，既不靠過來，也沒躲開。這些鴨子已經填肥十八天（共需二十八天），關在一欄九隻、共三排的離地鳥欄中。牠們在我接近時並沒有逃走。易吉口中的「模範餵鴨人」布莉姬塔正坐在欄內一張凳子上餵鴨。她暫停手上工作，對我們匆匆點頭致意後挑出一隻鴨，將之夾在兩腿間，接著把掛在她左上方的漏斗從鴨嘴插進食道。

這些鴨子動也不動。她另一手將一量杯的穀粉（百分之八十九的玉米混合百分之十一的黃豆，外

近觀「哈德遜谷肥肝」的鴨子。

加維他命）倒進漏斗，對鴨脖子按摩一分鐘，將飼料往下推——這是易吉強調的「手工餵食」，而不是「強迫灌食」。隨後她將管子往上推，抽離鳥喙，再把鴨子移到左邊；鴨子晃一晃頭，接著就喝起鳥欄鐵杆間的槽中活水。

易吉帶我下樓到鴨舍其他角落，看一群才剛填肥兩天的鴨子。他對我描述那個場景，指示我注意那些鴨子「更緊張、恐慌」。他說：

> 填肥是一道過程。鴨子頭一天都嚇壞了，還不習慣被人抓住。妳得訓練鴨子，就像訓練狗牽繩散步。妳坐上馬背、重量壓在馬身上，難道就是在折磨馬？初期幾次的填肥會有點辛苦，但鴨子很快就會熟悉填肥過程。看看那些鴨子，跟樓上的比較一下……我這麼問不是希望妳同意我，而是真的要問。妳認為牠們的表現可有不同？

牠們的確不一樣。事實上，這些呱呱叫的鴨子爭相想擠進欄內離我們最遠的那一側。「那妳之前看到的呢？」易吉幾乎是用吼的：「在妳看來，牠們嚇壞了嗎？牠們遭受折磨了嗎？」他堅持。「鴨子看起來像巴格達中央監獄裡的伊拉克犯人嗎？」易吉影射了女演員羅瑞塔·斯威特（Loretta Swit）在芝加哥市議會上的證說。「在我看來，不像。」易吉在我這麼回答時興致勃勃地點著頭。雖然我忍不住想起我曾學到，無助的難民或戰犯儘管意志已被徹底擊潰，表面看起來卻仍然相當自得。

稍後回到易吉的辦公室時，我們的對話轉向關於反肥肝的聲浪。馬庫斯．亨利（Marcus Henley）此時加入對話，他是一個家禽畜牧業老手，說話輕聲細語。易吉開始發洩挫折，重拳甩在桌上說道：

> 科學證據非常明顯。這些證據完完全全、百分之百反對那些激進人士所言。所有科學家都同意，這些填肥過程無關殘忍。懂農業的人都知道，鳥兒並未受苦，但反對者的意見太多了。你看到了鴨子，你也看到這些鴨子並不害怕。所以我要問，如果實情就是你所見的這樣，那到底哪裡有問題？如果那些人明知我沒在折磨鴨子，那他們幹嘛那麼做？他們為何要造成我每年損失百萬美元？美國農業部的調查員天天都來，那些反對者是在說這些調查員都沒在工作嗎？我們也找來科學家、美國獸醫協會的人，還有跟我們去屠宰場看過鴨子食道的正直人士，大家都說：「我們沒看到哪裡不對勁。」[8]

易吉繼續說道，他和馬庫斯「隨時都在忙」，不是忙著養鴨，而是忙著處理農場官司。

動物權官司不是只拿虐待動物的法律理由對付「哈德遜谷肥肝」而已，更挑戰了這間農場許多次，無數法律糾紛中有幾項是：農場內未經核可的廢水池遭紐約州環保局開罰三萬美元；一樁遭駁回的HSUS官司聲稱農場販賣摻假、病態的產品；[9]二〇一〇年聯邦起訴他們違反淨水法。易吉解釋，有些控告、特別是關於土地狀況與修繕需求的案件的確有根據，可是他沒錢、也沒時間改善這些問題。

一旦這些控告定讞或被駁回，運動團體又會立刻發起另一項官司或法律申訴。在紐約州，只有某些情況才能回收駁回民事起訴的法律費用，這意味實際上無法彌補因訴訟而造成的財務損失。

這些人企圖要把我們活埋。我們每個月至少要花三萬美元打官司！律師、律師、函狀、律師。我們因此也沒錢改善設施或修補建築。接著就有更多違規。這是惡性循環。

易吉突然切換話題，從抽屜裡拿出一篇剪報，上面是沃夫岡・帕克簽署一份文件宣示其烹飪新哲學的照片。「然後，他們就將矛頭轉向主廚！你看，」他接續對話：

你可以看到他在冒汗。你可以看到那個「人道協會」來的傢伙就躲在桌子底下掐著沃夫岡的卵蛋。那他為什麼要簽那玩意兒？為什麼他決定遠離肥肝，還有小牛肉和其他食材？他是動物捍衛者，但他從來沒來過我或魏勒莫的農場看看。大概才一個月前吧，他原本還在四處推銷肥肝的！

毫無間斷地，易吉語氣莫可奈何地自問自答。「這在政治上對他有利。那些人攻擊他也好久了，他的顧客都是手無寸鐵之人。」

在易吉暫歇喘息時，馬庫斯很快補上：「農場不會喜歡傷害動物的。」他告訴我，他們幾年前曾試用在法國到處可見的個別拘束籠，但沒多久就停用了，因為鴨子「過得不怎麼好」，而且結果是「一場災難」；那些籠子也讓他感覺「相當不舒服」。馬庫斯後來也同意了易吉的看法，認為「美國人道協會」是「為了吸我們的血而來的，哪怕一次只吸一滴」。他講解獸醫研究支持他們的立場：漏斗跟管子是插進鴨喉嚨沒錯，而牠們的肝也肥大了，但農人進行灌食若是盡責，此舉就不是導致痛苦、損傷或殘酷的行為。[10] 如他強調，這些工法只是複製出野生鴨鵝在遷徙前會過量飲食，以囤積脂肪的行為。[11] 馬庫斯在隔週的一封電子郵件中告訴我，勞倫斯．巴索夫（Lawrence Bartholf）醫師（紐約獸醫協會前會長，其意見也被ＨＶＦＧ的網站大幅引用）陪同紐約上流社會的訪客參加了農場導覽，並從旁解釋填肥與肥肝生產背後的科學：水禽的食道因為沒有咽反射與感覺神經，所以才能吃下「一整條活魚，所以也不會因灌食管而受苦」；以及近期有關鴨子嫌惡行為的動物行為研究。馬庫斯寫道：

> 我們看到的是，很多鴨子大致上不太在意有人在旁邊。當然，鴨子有稍稍迴避七個大男人組成的導覽團……我們走進加工廠，剖開、肢解一隻鴨子，向導覽團展示從肥肝到鴨腿等生鮮與包裝產品。這讓巴索夫醫生有機會展示鴨子體內器官實際上是如何運作。很真實的一趟導覽。

相反地，同樣出於眼見為憑的理念，「鴨子是否受苦」這問題對反肥肝者來說，答案則是堅決的「是」。這帶出一個相關問題——對一隻注定會被人類吃掉的動物來說，什麼程度的不適，才是不可接受的殘忍？對於這些關於動物受苦的知識論問題，我無法給出非黑即白的答案。科學與人類感官的判斷都展現出特定的專業見解，但也都需要詮釋。我們從跨領域的龐大研究中得知，一個人所相信的，甚至是一個人看到、或宣稱親眼看到的，都與其社會定位（Social Location）、地位、政治、先前信念（Prior Belief）高度相關。[12]易吉與他的反對者（以及反對陣營各派系的支持者）都在從事某些學者稱之為「確認偏誤」（Confirmation Bias）或「推論證成」（Inferential Justification）的行為。也就是說，那些挑動情緒的議題，其中一方會對某些資訊片段吹毛求疵，而無視其他資訊，藉此鞏固自己的立場。[13]立場偏頗的報導人在表達對於肥肝倫理的情緒時，也會主觀地援引一些引人注意的證據，但略去其他部分，不確定性通常就會因此遭到忽視。

此外，大眾（在這例子中甚至包括專科獸醫與鳥類生物學家）都能對同樣的資訊做出根本南轅北轍的詮釋。[14]就算有力反證當前，教條主義者通常還是會堅信自己的立場正確。人對於誰可信與否的深層文化預設，也會影響自己否定對「事實」以及不利證據（可能是論述、科學數據、甚至是感官印象）的詮釋。[15]向立場偏頗的報導人提供糾正性資訊，偶爾甚至會導致某些政治科學家稱之為「逆火效應」（Backfire Effect）的現象，強化他們的誤識（Misperception），進而證明扭轉他們的想法是無效的（諸如對於兒童接種疫苗風險的信念）。[16]當然，肥肝絕非唯一有人對證據進行研究、詮釋，並以不協調、偏狹的方式將之融進道德話語的議題（關於但不限於食物領域的爭議議題）。舉例來說，動植物基因改造的當代全球爭論就是其中一例。

回到肥肝。易吉在回應他認為是動物權激進人士刻意放出、藉此博取公眾認可的誤導資訊時，這麼回答自己的提問：「他們幹嘛那樣做？」他語氣勃然大怒：「我們是很容易攻擊的標靶，脆弱得很。動物權人士一心想阻止畜牧業，而我們就是樹上最低的水果。我們就是門戶上的鑰匙。一旦他們剷除了肥肝，那麼，接著就會對其他東西下手。」

「最低的水果」這個譬喻在這裡相當貼切，不單是因為那種可食的意象。這是策略問題，為選擇肥肝作為攻擊目標的理由與後果帶來想法的策略問題。當然，在選擇標靶時，動物權運動人士不只會問「這殘忍嗎？」，也會問「這是展現立場的最佳場所嗎？」旁觀者或許會認為將焦點放在動物虐待是訴諸情緒，而聚焦於策略則是訴諸理性。但這是錯誤的二元對立，情緒才是特別可藉策略操作的要素。每道問題的答案都很可能會左右其他問題的答案。在影響現代食物系統的諸多重大議題中，為何要特別針對肥肝這個對美國的飲食或商業影響微乎其微的議題來動員，而不是針對雞肉、牛肉、豬肉或火雞肉（甚至是無家可歸者或罪犯）？而這種焦點又是如何從運動團體有意影響的議題當中浮現而生？

在肥肝的案例中，這答案取決於這些團體是誰、而他們的利益又在哪兒。這些問題揭示的，是在我們重視、或宣稱自己重視的事物，不同攻擊標靶的脆弱程度，以及身為個人及社會成員的你我願意挺身而戰的事物之間，那些錯綜複雜的關係。對挑戰肥肝合法性與存在的人來說，肥肝已成為一個既有實際效益、同時又是疑難問題的標靶。借用文化社會學的關鍵概念，意義與價值都是關係性與規範性的，[17]食物與品味政治被概念化，成了與什麼相關，本章呈現的正是這些食物與品味爭議如此被人理解，而這理解有時又是非常字面上的。對許多人而言，美食政治也涉及盟友與敵人的處境、觀點，以及他們道德化的品味。這種論點也關乎研究我們如何道德化地去分類和評價某些特定食物或實踐。

本章接下來要揭開將肥肝的當代美食政治定錨於美國的社會對立。[18]這些創造他我之間象徵界限的關係性脈絡及其激起的社會對立，不斷強烈地影響著當代的食物政治。

務實標靶

動物權運動人士與捍衛肥肝者若有共識，那麼，這個共識就是肥肝在美國是一個很容易得手的美食政治標靶。生產肥肝的小型產業資源有限，幾乎沒有政治資本，消費族群也小眾。此外，將金屬管插入動物喉嚨強迫灌食的念頭，會讓最堅定的肉食者也不禁緊繃神經。對那些熱衷將畜牧業妖魔化、在大眾與政治想像中為合乎倫理的動物權益設定議題的團體來說，這些事實都讓肥肝成為一面實際可攻擊的標靶。

從每個累積動員努力的社會運動都會面臨的目的、成本與限制角度來看，肥肝在最根本的層次上都是一道務實的標靶。大部分社會運動都有共同的目標：號召公眾支持，並改變政策、法律，以及施用這些政策法律的市場結構。於是，任何規模的勝利都能為該團體代表的利益帶來文化合理性。在某些情況下，象徵性的勝利可與直接影響實質利益的勝利一樣重要，尤其是當實際成本與成功帶來的影響相較之下微乎其微時。[19]西方國家的社會運動藉著策略性的行動，在那些涉及消費的政治與文化變革的新價值、信念與理想上，扮演了重要的角色。

從一九八〇年代開始，美國動物權團體在反皮草與反活體解剖（利用活體動物進行醫藥與消費品製造的實驗）之戰獲勝後，就開始轉而將注意力鎖定於農業與食物系統。[20]反對小牛肉就是一個典型範例。八〇年代末，有幾個動物權團體買下報紙版面與電視廣告，藉此散播關於飼養肉用犢牛怵目驚心的文字及影像，像是使用小型拘束籠，以精密地限制肌肉生長，養出更柔軟的牛肉。[21]小牛肉消費因此大幅下跌，當時美國國會為「保護肉用犢牛法案」（Veal Calf Protection Act）舉辦聽證會，消費者與餐廳對「放養」小牛肉的需求則逐漸增加。[22]由於肥肝生產方式引發的震驚，有時運動人士與記者也稱肥肝是「新的小牛肉」。

此後，全國性的動物權組織在成員與捐款快速增長之際，還將其組織結構專業化及官僚化。這些團體利用向立法者遊說，以及購入食品公司股權等戰術，為其降低或消除動物消費、改變對大型畜牧業「最佳手法」之輿論等目標，開創出新的空間與途徑。[23]美國在九〇年代有許多受運動催生、針對改善農用動物福利的州級公民表決提案與法院訴訟，常利用同情與憐憫的語言進行訴求，因為當時保護寵物免受殘酷對待的法規並不保護農場動物。[24]二十一世紀迄今，動物權運動組織諸如「美國人道協會」、「農場庇護所」、「善待動物組織」與「憐憫動物」，無不極力揭露現代工業化食物系統的運作真相，並就動物遭飼養、宰殺為食的處境，打造出堅實的辯論觀點。

他們宣稱這些動物的處境、感知能力、與生俱來的尊嚴、遭受的虐待，與公眾利益息息相關。大眾漸漸意識到政府在管制食品產業上的無能為力與失敗，對這些組織也有部分的推波助瀾之效。

不過，某些團體並沒有直接抹黑肉食者，而是接受更有限的目標，也就是提高畜牧方式的水準。儘管多數堅定的動物權運動人士與領袖本身是純素主義者（這意味對動物製品的零消費），但投身這些運動的人幾乎沒有人會說要禁絕培根。舉例來說，農場庇護所的領袖金恩・包爾（Gene Bauer）在二〇〇七年曾告訴《紐約時報》：「我們在學習以更委婉的方式呈現事物。我希望大家都變成純素主義者嗎？對。但我們希望自己是帶著敬意、而非批評而來。」[25]以改善動物福利水準為目標，這就許多層面而言都是更廣泛觸及群眾的合理推銷手法。學院與產業研究都顯示，擔憂或關注農場動物福祉的美國人與歐洲人數正在增長，[26]而支持動物的態度也不分年齡、種族、收入與教育水準，日漸普及。[27]

訴訟是這些行動採用的一項重要工具。新的法律限制往往能快速催化文化變革。法律也能傳達重要的象徵訊息，聲明作為一個社會的我們重視的是什麼。[28]現在，美國最大的動物權團體已自擁受聘律師，直接對州政府及個人公司發起訴訟，強迫他們改變行為。二〇〇八年，HSUS鼎力支持加州通過第二號提案，這是一次以得票率百分之六十三通過的公民表決提案，並成為該州的「預防農場動物虐待法案」（Prevention of Farm Animal Cruelty Act），是迄今最進步的美國動物福利法案之一。二〇一一年，該團體因為與美國蛋農聯合協會（United Egg Producers）達成協議，以支持改善蛋雞籠養條件的新聯邦管制規定，而獲新聞媒體讚揚。不過，這些行動是為了讓蛋雞能有更寬闊的生活空間，而不是要把蛋從早餐上抹除。

經驗老道的運動人士也擅長利用鏡頭來引發眾怒，[29]他們在網路上散布從巨型畜牧農場與屠宰場中蒐集來的虐待動物的噁心影像。看見這些團體以影片捕捉到的殘酷行為，觀者會坐立難安，社會運動學者詹姆斯・賈斯珀（James Jasper）稱之為「Moral Shock」（道德震驚）；或是某種會迫使大眾尋找自己在議題當中的利害位置、並敦促他們採取行動的事物。[30]這些揭發之舉的確趕跑了消費者，甚至引發過緝捕與大規模回收食物，例如加州在二〇〇八年就召回在「西地」肉品公司（Westland/Hallmark）廠房加工的一億四千三百萬磅牛肉（美國史上最大量）。為HSUS臥底的人拍攝到農場工人用腳踢、用機器推擠已病到無法走路的受傷、驚慌的牛隻。該影片在社群媒體上病毒式地瘋傳，而且登上主要時段新聞，影像因此直接送進全美家戶的客廳，引發大眾強烈不滿。

儘管震撼影像與成功揭發內幕上得了全國頭條，但引發的眾怒往往不過一時而已。儘管自認為素食者、純素主義者，或只消費永續肉品的美國人數不斷增長，這些數字在全國人口當中還是相對微小。（根據蓋洛普民調，二〇一二年美國成人中約有百分之五自認是素食者，純素主義者是百分之二[31]）。多數人並沒有因此從此不吃起司漢堡或炸雞。這些消費者對肉品的青睞是大幅社會性的，而且鑲嵌於文化當中。儘管很多人表示自己想為動物「做正確的事」，但他們通常同時也不願、或無法徹底改變自己或家人的烹飪品味與飲食習慣。這讓動物權運動人士要人打從內心改變吃肉與使用動物製品的想法，並與廠商對抗的任務變得更加艱難。

從結構性的觀點來看，向有政治根本的既存產業宣戰，只會激起強大的對抗反彈。大型肉商與加工商不會因此投降，甚至會直接無視批評，而且還會反擊。二〇〇八年，全國農商企業組織合力捐獻出一百萬美元，以迎戰加州第二號提案。大致來說，這些製造商與聯邦級和州級立法者之間的關係，點明了他們彼此依存且共享的利益。[32] 為了回應肉商對於動物權運動人士臥底戰術的顧慮，國會在二〇〇六年通過「動物資產恐怖主義法案」（Animal Enterprise Terrorism Act），使「投入妨礙動物資產經濟之行為」非法化。此後，有幾州都通過了被運動人士與進步媒體稱為「封口」（Ag-Gag）法的法案（讓假借從事農場或食品加工工作之名，實際上卻在為動物福利團體蒐集未獲核准的影像，以作為物證的行為成為非法之舉）。這些有政治根本的業者的確是動物權運動人士的死敵。

肥肝許諾了一種可達成、在象徵上又強大的勝利，因為它直抵有意廢除整個動物製品產業的企圖根源。不可否認，在廣袤的食物與肉食景觀中，抹除肥肝不過是狹隘的追求。但美國肥肝產業的規模之小，讓期待徹底消滅肥肝、而非僅只將之削弱或使其轉型成為可能。肥肝在美國食物系統中相對微不足道，只有每年四十萬隻鴨與四間規模相形較小的農場（直到二〇一二年「索諾馬肥肝」關門大吉以前）。[33] 美國農業部國家農業局估算：二〇〇六年，為供人類食用而宰殺的動物約近一百億頭（三千萬隻牛、一億隻豬、九十億隻雞，實際規模難以完整估算）。這表示，美國每分鐘就有九萬頭動物為了供人食用而遭宰殺。

美國的肥肝產業不只微小，也被規模較大的農業參與者在社會與政治上孤立，而這往往是刻意的。紐約的精緻肉品與野味經銷商「達太安」的老闆阿麗亞娜·達甘就發現，她先在加州、而後在芝加哥為肥肝法條籌款辯護時，就「處於兩難境地」。雖然大型肉品公司與農業貿易協會皆握有律師與遊說軍團等大量資源可協助他們，但達甘和伙伴並沒有把他們視為盟友。自認是小型特製手工食品龍頭的達甘告訴我：「他們不是我們的人。他們並不支持小農場。我們，主要是我，不想因為要得到他們的援手，而在我們的品質上妥協。」

美國肥肝商彼此之間也有點疏離。多數時候，加州的「索諾馬」與紐約的「哈德遜谷」這兩家美國主要製造商，都視彼此為市場的友好對手，而非政治盟友。索諾馬肥肝在對抗加州二〇〇四年通過的禁令時，哈德遜谷並沒有主動提供任何協助資源。當兩方試圖合作時，他們先是在「北美肥肝協會」（North American Foie Gras Association）的協助下與幾家魁北克農場合作，再來是參與「手工農人同盟」（Artisan Farmers Alliance），但當時加州跟芝加哥早已通過禁令。於是，運動團體藉著肥肝，向其成員和有志投入運動者展現了一次象徵意義上的強大勝利；相較於為對付更強大、而有政治根本的企業所耗的成本，這些運動人士為對付肥肝、成功挺進餐廳與議事廳內所付出的成本，不過是九牛一毛。

動物虐待的社會建構

我訪問過的運動人士，大都在某些方面上認同肥肝是個容易下手的標靶，但這並未沖淡他們的熱情，許多人都希望，反肥肝之戰的勝利能在消費者眼中及法律上「警醒群眾」，並成為近一步去對抗肉品消費與工業化動物製品業等更大型戰場的「墊腳石」。PETA網頁就宣稱，消費者「可透過拒吃肥肝或任何肉品，以表達立場」。運動人士誠心希望，一旦大眾在摘下枝上這顆最低的果實後感到充能賦權，他們就能為摘取更高的果子，而更去嘗試對付其他議題。例如，某位芝加哥草根運動人士就認為，將資源集中於打擊肥肝，不過是該社團朝推廣純素主義這終極目標前進的「一小步」。另一人也表示，她希望自己投入的反肥肝運動「能建構新的動物權益累積動能」。類似地，動物權團體所發的新聞稿，也都慶賀加州在二○○四年通過的肥肝禁令是「迄今為農場動物取得的最大勝利」，以及「世界各地的農場動物與為己發聲之人的一次凱旋」。由此看來，肥肝能成為激發大眾反思道德責任感的象徵，促使他們擔負為動物爭取權益的重任。

這種動能要如何累積？運動人士將焦點放在單一一種令人不適的行為（填肥）與單一一種令人不適的工法（極度增肥肝臟），如此做法能輕易符合意欲讓他人感到不適的廣泛策略。在這個框架中，肥肝不只是「壞」，還是你我所能想到最可憎、暴虐、非人道的飲食習俗。肥肝很殘忍，而位居幕後的人就是喪心病狂的劊子手。[34]

運動人士利用戲劇化的影像，描繪鳥兒喙間插著金屬管，骯髒、受傷、死亡。這些影像被人添上抗議標語，在網站上作為重點呈現，並寄給主廚與立法者，以激發大眾的強烈情緒（驚訝、憤怒，以及更重要的噁心感），好讓觀者第一眼在生理上就會產生反感。其中一張全美反肥肝團體廣泛使用的圖片，就呈現出一雙看不見身體的人一手抓著鴨頸，一手握著餵食管，暗示灌食過程的不人道，並將進行此等酷刑之人的表情留待觀者自行想像。我曾在紐約問過一位激進人士，要如何提升大眾對這種他們所知不多的議題的意識。他答道：「給他們看看動物被虐待的畫面就行。」

利用駭人影像吸引關注，以改變大眾對議題的觀感，就社會運動戰術來說，這並非什麼不尋常的手段。例如反墮胎運動就會以肢解胚胎的放大圖片，來引發觀者震驚與反感，反戰運動則是利用人民受傷的照片。他們希望能引發觀者在生理的不快，甚至嘔吐感。利用這種影像的目的，是要引出不滿情緒，激起對錯誤行為的指控，行為經濟學家稱之為「聯想性連貫」（Associative Coherence），也就是人類心智會從一幅影像的片段資訊中快速建構出完整故事。[35]影像因此為新手運動人士壯了膽，並借題渲染道德分析與判斷，動員了同情者。換句話說，影像協助了運動人士與媒體成員，他們必須仔細衡量大眾的利害何在，並告訴受眾他們為何應該關心。

更甚之，影像中的受害者，鴨子，身為可愛與友善的野生動物及童年無邪的象徵，更是能引發美國受眾的共鳴。我們會帶小孩在池塘邊餵鴨、在小孩洗澡時給他們玩橡膠鴨、朗讀經典的鴨子故事給他們聽，諸如麥羅斯基（Robert McCloskey）的《讓路給小鴨》（*Make Way for Ducklings*）。迪士尼的唐老鴨也常被反肥肝人士挪用來支持肥肝禁令；發起加州禁令的州參議員約翰·波頓（John Burton）就曾對《舊金山紀事報》（*San Francisco Chronicle*）表示：「你不需要把食物塞進唐老鴨的喉嚨。」[36]正反兩方陣營都認同這種描繪的力量。比如某位芝加哥主廚就解釋了他的假說：大家會支持鴨子，是因為「可愛因素」。在這裡，「可愛」把鴨子從食物改成如同人類的生物，需要我們的善心與保護。我訪談的動物權運動人士也強調鴨子的可愛、聰明、友善。將金屬管插進「我們長著羽毛的朋友」喉間深處的影像，挾藏一記情緒重擊，讓這些鴨子完美地代表著人類畜牧業的冷漠與殘酷。[37]

這些聯想為反肥肝人士帶來更重大的道德追求感。「任何有心肝的人若看到這支影片，怎麼還會認為這是好事？」在一場對芝加哥餐廳的抗議中，某位激進人士堅定地向群聚現場的團體如此問道。在另一場抗議裡，我觀察到運動人士手持顯示死鴨圖片的大型看板，向現場的饕客喊道：「你們的心肝何在？」我問他們為何在此集結，一個男人回答：「為了道德。壞人就在那裡面。這議題不是真的有正反兩面，他們不過是毫不在乎的惡人。」在這些抗議中和我談話的運動人士，多數都沒有親眼看過肥肝製造過程，但許多人都說，光是看照片和影片就足以激怒他們起身抗議。這些影像傳達出的殘酷行為與虐待動物的訊息，與他們對動物的情感及這社會對於剝削動物的冷漠態度等概念緊密相繫。他們強烈地覺得，肥肝在動物虐待行為中是相當不可接受的例子。在某次訪談中，一位運動人士斷然告訴我：「這不是神屬意讓動物承受的對待。」[38]

在這裡，「動物虐待」的範疇被加上無比的重量。將肥肝以如此手法呈現，就產生了道德二分的邏輯，「邪惡」與「折磨」的語言在此將價值連結到特定的人事物身上，依此打造出人們想從複雜而混亂的現實中創造出俐落、連貫範疇的企圖。網路謾罵讓運動人士的態度更熱切，擁護肥肝者在試圖提出理性觀點時，往往會得到「我會去找你，把餵食管插進你喉嚨，看你喜不喜歡」之類的威脅，以及被「希望你這種噁心的人投胎成受苦的被虐動物」之類的聲明給打斷。這些謾罵與美國肥肝消費族群的其他特徵有直接關聯。

批判肥肝消費族群

肥肝不容於道德的語言可連結到對美國肥肝消費族群的批判，而這個族群就是「富人」。在二十世紀，美國精英普遍認為法國美食便是飲饌品味的至佳典範，而肥肝正是其中之一。[39]打從美國最早在一九九〇年代初可取得生鮮肥肝以來，某些最著名的餐廳就因肥肝而增色不少。《紐約時報》在一九九九至二〇〇〇年幾乎只靠餐廳評論、「美好飲食」專題以及國際旅遊專欄，就讓提及肥肝的頻率達到巔峰。[40]肥肝如此成功，有賴烹飪專家的三寸不爛之舌。他們說服了饕客，相信這種許多人先前未曾耳聞的食物，是一種浸染於正統法國烹飪傳統中的獨特食材。[41]隨後十年，由於幾位美國名廚發揮創造力，肥肝便從上流老派的「白桌巾」餐廳，走向「正式休閒」（Smart Casual）的餐酒館、高級漢堡店及農場直送概念餐廳，這些正是美國飲食評論偏好推薦的餐廳類型。[42]這些餐廳也在「良食運動」（Good Food Movement）中扮演要角，良食運動是美國料理界近期一股巨大的潮流，將美味、愉悅、消費替代系統食品等概念，與對食物運動人士以「農工食物情結」稱之的文化、政治不安感受相連。[43]

如此一來，肥肝在主廚及吃貨界（吃貨視吃為一種熱情、一種娛樂、一種自我表達的特殊形式；甚至對有錢有閒、有意拚搏的人來說，吃還是一項競技運動），以及「良食」支持者之間，就搏得了一席之地。在這片食物新大陸上，餐廳是對話中的固定主題，農人與主廚可成為媒體寵兒，而帶有「該吃什麼」、「真實食物」、「為食物辯護」書名的出版品則登上暢銷榜。吃貨文化高舉的價值是異國、罕見與頹廢、反量產，以及對某些人而言是禁忌或古怪的品味。從許多方面看來，肥肝都擁有吃貨食材的精髓（極度油膩、帶有放蕩的滋味與獨特質地，而且因為高價與難取得，因而相對難親近）。[44]就像其他在二〇〇〇年早期在良食與土食（即Locavore，本土膳食主義）餐廳之間流行的「從鼻到尾」烹飪風格中，會出現豬頰、牛心之類的可食元素，「肥肝」也在文化上可欲與不可欲的動物部位間拉鋸，玩弄著「好品味」的界限。對紐約與舊金山這兩個吃貨及「良食」重鎮的餐廳而言，肥肝在他們認知裡也是一種在地的小農產品。

紐約、舊金山、芝加哥等地的超級主廚與餐廳，益發成為今日食物政治舞台上的居中要角，甚至文化偶像。[45]大衛・伯里斯（David Beriss）與大衛・E・薩頓（David E. Sutton）寫道，專業與名聲雙重加身的主廚如今「是藝術家，為用餐體驗帶來品質認證；也是工匠，其技藝與知識讓他們得以成為食材的正當詮釋者，以及品味開拓之旅的專業嚮導」。[46]站在經營餐廳與研發高級新菜色的苦工堆疊而成的頂峰，許多頂級主廚也會被人要求成為公眾知識分子，評論從國家農業政策到生物多樣性與開採頁岩油等一切事物。[47]

有些人自認是議題領袖或教育家，投身慈善組織、都市農業倡議，以及健康飲食行動等，食物研究學者希涅・盧梭（Signe Rousseau）稱此為「日常干預政治」[48]。這也讓能見度與聲望皆高的主廚，成為對食物愈來愈在意的受眾的文化中介者或掮客。主廚們也因此成為一道道很好攻擊的標靶。他們在社會審查下感到自己容易遭人攻擊，就如一位紐約主廚暨食譜作者所言，因為在一個「買賣猛烈、還會傷人」的產業裡，「名聲很重要」。[49]

鎖定肥肝作為攻擊標靶，也善用了法國料理等於高級料理的俗成見解。對一般消費者來說，「法國料理」通常是指我們應該對其抱有高度評價的烹飪玩意。而在美國，「法國」長久以來也是高傲自大的他異性的替換詞。[50]由於其悠久的美食學歷史及各種媒體的形象塑造，肥肝同時占據著上述兩種象徵定位。「Foie Gras」難以發音、未經翻譯的法文名讓它聽起來既古怪又裝腔作勢。你也不可能說消滅了肥肝會導致大眾饑荒。於是，貶抑肥肝就成了一種能同時挫挫行家、文青與權貴銳氣的手段。

在以收入逐漸不平等為特色的時代裡，這種充滿階級色彩的批判尤其切身。《肥肝：一種熱情》的共同作者暨詹姆士・比爾德基金會（James Beard Foundation，一個紐約市的廚藝組織）副會長米契爾・戴維斯告訴我，他認為動物權組織施展了「絕妙策略」，因為「只要你能將某樣與階級相關的東西妖魔化，就一定會打中痛處」。例如芝加哥的肥肝政治裡就充斥著「美食動物虐待」這樣的民粹修辭。前一章翻拍圖片內的HSUS滿版報紙廣告正是眾多範例之一；它將推翻肥肝禁令與傲慢精英的品味連結在一起，問道：「除了為一群有錢肥貓復興一種不人道的浮誇美食外，達利市長難道沒有別的重要事情可做？」

這種在社會階級、消費，以及「好品味」的文化建構之間的關係，是社會學家一向熟悉的主題。早從托斯丹．范伯倫（Thorstein Veblen）在十九世紀末批判炫耀式消費以來，社會學家與社會評論家都點明，對於特定食物與料理（還有藝術、音樂、時尚）的品味，會大幅傳達出藉消費展現個人身分認同和追求地位的能力。[51]在這個框架中，什麼食物或烹飪潮流該受到社會尊敬，會有某種程度上的共識。然而，我們也知道，反精英情緒會影響消費的社會感知，這些消費品味可以是特異而有彈性的，而生產者與消費者也都不是會盲目追隨由他人為其設下的文化潮流的人偶。[52]

此外，一旦事情涉及將某種食物貼上標籤，認定那是一種必須透過法律與集體行動解決的社會問題，肥肝就展現出一種有趣的弔詭。歷來，會因為飲食習俗與選擇而遭人汙名化的，一向是下層階級或中上階級的偏差者。事實上，當前圍繞著速食與肥胖率的話語，以及近期禁止連鎖餐廳使用反式脂肪和出現「超大份量」廣告的政治措施，真正懲罰到的往往是低收入人口的消費習慣。[53]在此意義下，為反肥肝立法而動員，可反向視為是在支持禁奢法。[54]這裡的主要問題是，反肥肝人士要從他們根本打從內心無法苟同其飲食習慣的勞工與中產階級博得支持，顯然相當困難。

因此，肥肝是有錢人食物絕非這道方程式中的唯一變數。我們可沒看到高價牛排館或一磅索價四十美元的手工乳酪曾引發同樣的敵意。魚子醬，亦即鹽漬魚卵，最有名的是白鱘（Beluga Sturgeon），也因為高價與不易取得（因為數十年來的過度漁撈）同樣代表奢侈與富饒美味，但大眾批評魚子醬是因為它威脅了物種存續，而非出於人道理由。[55]肥肝鮮少因為類似的理由引起爭議。

此外，肥肝擁護者與反對者雙方的出身背景非常類似。我在芝加哥進行田野工作時，驚訝地發現，兩邊有些人幾乎可說一模一樣。例如，我曾在同一天進行兩場長時間的訪談，一場是與華麗一英里（Magnificent Mile）街上某家高級餐廳的執行副主廚，一場是和當地的動物權領袖。這兩人都是身形削瘦、身上有大量刺青、年近三十的白種男子。兩人都在政治自由派的中下階級郊區家庭中長大，在校時也都受成績、酒精與自律問題困擾。兩人住在同一個仕紳化社區，一個與妻子同住，一個則和交往許久的女友同居，兩人都有心愛的寵物，也都清楚駕馭社群媒體新工具對個人事業的助益。這兩人舉止風度同樣真誠謙遜，徹底討人喜歡。只不過，其中一人是純素主義運動人士，先前參與過闖進實驗室的行動，並「傾向動物解放」；而另一人則驕傲地向我展示大型冷藏室，當中掛滿全隻鵪鶉及滿滿一面當天早上才送達的豬肉。他們的背景類似，品味政治觀卻南轅北轍；對了解在階級與文化背景之外的因素如何形塑出個人生活風格、職涯與對食物所做的道德選擇來說，這相當重要。

教育大衆

肥肝也因為在美國飲食者之間缺乏嵌入性，才成為運動人士眼中的務實標靶。首先，肥肝是內臟，也就是眾多美國人在飲食上避之唯恐不及的東西。其次，公眾意見調查顯示，多數美國人從沒聽過、也沒吃過肥肝（雖然肥肝的知名度因為在新聞和《頂尖主廚大對決》之類的電視節目上曝光而成長）。此外，「Fois Gras」一詞在網路留言板上常被人拼錯，在正反雙方的媒體報導上往往也被唸錯。它也常被說成「鵝肝」，但這在美國其實是不對的，因為四家肥肝商養的都是鴨子。最後，要讓大眾迴避早就冷漠以對的事物，遠比要他們放棄重視的事物來得容易。對肉食者而言，主動棄絕肥肝是自己大可表現關懷動物、又無需犧牲口腹之欲的一種方式。

此外，不只肥肝，就連鴨子在美國烹飪界也都是邊緣角色。某些餐廳菜單上當然會有鴨肉，但鴨肉不是一般大眾會在家烹煮或經常食用的肉類。根據USDA，美國人一人年平均會吃掉八十七磅雞肉、六十六磅牛肉、五十一磅豬肉，以及十七磅火雞肉，但二〇〇七年的鴨肉消費量只有〇點三四磅，而且是從一九八六年的〇點四四磅一路下跌，[56]鵝肉消費量甚至還更低；USDA經濟研究局甚至沒有像其他禽肉市場一樣去追蹤鴨鵝肉製品。[57]

美國人不常吃鴨或鵝，甚至沒聽過肥肝，這對期待集結人群的反肥肝團體來說既是限制，也是機會。在這裡要鄭重思考的是，受眾是如何了解一道社會議題，尤其當自己對眼前問題所知不多時。動物權運動人士極力詮釋肥肝，將之塑造成一個可供不甚了解的消費者與立法者識讀的符號，以便進一步用運動人士自己的語言與意象來教育他們，進而引導他們產生預期的情緒與行為。

正如預料，不同的動物權運動團體會用不同戰術，喚起公眾意識、引發憤怒、推廣議題。一位紐約「農場庇護所」的激進人士就在一場純素餐廳的午餐上，向我描述該團體的取徑：

我們的目標相同，但手段互異。例如PETA就比較直接挑釁，像街頭劇場、吶喊之類的。但「農場庇護所」就不走這種風格，我們更傾向對大眾揭露事實、教育他們，並將問題留給他們的良心自己回答。說實在地，這才是對待其他有感覺生物該有的文明方式。如此一來，有很多人會說不，而且樂於將倫理的高度置於味蕾享樂之上。

這些戰術可延伸到運動人士自己的宣傳素材和網站之外，例如運動人士與報導肥肝的記者常會引用知名市調公司「佐格比國際」（Zogby International）在二〇〇四年所做的一次民調（並在〇五、〇六年於選定的州重複進行）。民調單位發現，百分之七十五至八十的應答者都支持禁令。芝加哥市議會在二〇〇六年宣布的法令就援引了這場民調作為公眾意見。

然而，佐格比的民調之所以得出如此結果，是因為提問方式主動利用了美國人對於肥肝的陌生感。毫不意外，一千名應試者在回答第一題「你多常吃肥肝？」時，有百分之三十五到四十的人回答「從未」，而百分之四到五的人回答「少於一年一次」；另外還有百分之五十到五十二的人「從沒聽過」。調查員接著就向答說「從未吃過」或「從沒聽過」的人這麼形容肥肝的製造過程：

肥肝是一種某些高級餐廳會供應的昂貴食品。它是以對鴨鵝強迫灌食大量食物、致使其肝臟腫脹到較正常尺寸大上十二倍而製成。金屬長管每天會插進動物食道數次，此過程常會導致動物內部臟器破裂。目前許多歐洲國家已禁制這種手法，並視之為動物虐待。您是否同意美國（或後來兩次調查所在的特定州分）應立法禁止強迫灌食鴨鵝？

由於問題偏重指控一種約有九成應答者都沒吃過、甚至沒聽過的食品是殘酷、非法、精英主義，也無怪乎二〇〇四年一月的第一次民調中，有百分之七十七的應答者都「同意」美國應該禁止肥肝生產的強迫灌食過程（回答「不同意」的有百分之十六，而百分之七回答「不確定」）。佐格比在選定州分進行的民調也得到類似數據，雖然宣稱「從沒聽過」肥肝的人數已隨時間減少。

在《肥肝戰爭》中，馬克・卡羅聯繫上佐格比的傳播總監弗里茲・溫策爾（Fritz Wenzel），問他是誰設計了這些問題。溫策爾告知，是動物權團體「農場庇護所」帶著這個想法來到他們公司，但由該公司負責讓用字「在研究立場上站得住腳」。溫策爾強調，「熟悉該主題的人非常少」是這項調查的一大挑戰。「要讓大眾對一無所知的話題做出回應，唯一方式就是提供他們一點資訊，」他說，「我們不過是向受試者展現事實，評估他們的回應。」作為反派角色，卡羅為溫策爾重擬訪題如下：

肥肝是許多世界頂尖主廚會料理的美食，可在許多國家的頂級餐廳當中享用。這是一種根據數千年前的傳統方式製作的美食。科學研究證實，為了此製品而飼養的鴨鵝並不會承受高度壓力。由於美國農場能讓人取得更新鮮的肥肝，因此肥肝在美國也愈來愈受歡迎。您是否同意肥肝生產應受禁止？

「這確實有點主觀。」溫策爾承認。「客戶希望評量大眾對這道程序的想法，所以我們才那樣擬定訪題。」他沒有承認農場庇護所在潤飾這段文字時帶有特定目的，但補充道：「食品製造是一個滿麻煩的領域，美國人要是知道食物在送上餐盤前發生過什麼，大家肯定會少吃很多。」[58]

如同這兩段陳述的對比所強調的，「如何製造肥肝」乃取決於那些有意將肥肝描繪成社會議題的文字，並從中獲得、或失去什麼的人，以及這些人如何暗示該議題的道德色彩。語言能分門別類、創造典型、做出定義。語言能巧妙地為其建構的客觀事實夾進一絲主觀。[59]設計問卷對研究公眾意見來說甚為重要，但佐格比設計粗糙的問卷數據仍持續被運動人士、媒體報導與立法者引用，以證明美國人禁絕肥肝的民意。

對政治人物而言，做出同情鴨子的表面功夫，是處理肥肝議題手段的重要一環。傑克．凱利（Jack Kelly）曾在芝加哥通過禁令後，在費城主導過一次未竟的全城禁令，這位粗魯的共和黨市議員就在記者聯訪時，詳述了某些運動人士的指控。「這些可憐的東西，」他說：「牠們受虐了好幾個星期、好幾個月，這樣是不對的。」[60] 在芝加哥二〇〇八年五月撤銷該市肥肝禁令的那場市政會議上，某位委員在投票前告訴我：「我準備投票履行委員會職責，[61] 但我還是認為，這對動物而言很殘忍，所以我不打算贊成撤銷。我是個動物愛好者；如果灌食管是插進我的喉嚨……」他邊做鬼臉邊掐住自己脖子。這些感情豐富的反應顯示出，對公務員來說，運動人士強調道德訊號的框架與技巧非常具有說服力。

對有心禁絕肥肝的公僕來說，肥肝支持者提出生產手法的實證聲明，這反駁或許仍不夠有力。例如二〇〇四年讓加州禁止肥肝產售的州議會聽政會上，為反對法案證說的州參議員麥可．馬查多（Michael Machado）就告訴同僚，他個人曾參訪「索諾馬肥肝」，發現激進人士的描述「實際上無能佐證」。馬查多宣稱，魏勒莫．龔札雷茲的設施在他自己當農夫時所見過的諸多家禽養殖場中，可算是非常「優秀」。二〇〇八年，在芝加哥法令撤銷後一個月，紐約市市議會的皇后區代表東尼．艾維拉（Tony Avella）提議，該市應決議禁止紐約州生產肥肝。[62]在全國公共廣播電台（National Public Radio）的辯論廣播節目《布萊恩·萊雷秀》（The Brian Lehrer Show）中，承認自己從未親眼看過肥肝生產過程的艾維拉，在和哈德遜谷肥肝的持有人麥可·吉諾對談時，重申了自己的動物權觀點：

強迫灌食鴨鵝，藉此製造肥肝，是全然殘忍且不人道的手段。你擺明就是將食物吹進禽鳥胃裡，用人工方式增肥其肝臟。這對動物而言極度痛苦，而且根本就是虐待動物。這個產業應該以自己為恥。

吉諾則反咬艾維拉是妄自驟下判斷。他引述道，美國獸醫協會與美國鳥類病理學家協會都已確認，肥肝並非動物虐待的產物，試圖藉此駁倒艾維拉對填餵工法的了解：

很不幸地，議員剛才所言有許多都只是話術，而且實際上大錯特錯……。我歡迎他抽空蒞臨本農場參觀。他說，灌食過程是「吹」的，實則不然。世界上有些設施在灌食過程中會使用氣壓式系統餵食，但我們不是。所以「吹」這個措辭在紐約州並不正確。我只希望大家在做出這種激烈的經濟改革、奪走紐約州一間公司底下兩百名員工生計的言論之前，在一窩蜂趕上熱潮之前，自己能先做點最起碼的研究。

在早前的訪談中，吉諾描述自己初次看到肥肝製造的過程。「我沒被嚇到，但也不覺得那很稀鬆平常。我是因為熱愛肥肝才去看那過程。原本我什麼都不知道，強迫灌食、填肥，這些全都不知道，所以我第一次看到填肥，眼光算是非常天真。」他鼓勵我帶著開放心態去拜訪農場。但他說，我也得知道：

就算我們做過所有測試、請來所有獸醫到農場檢查死前、死後的鴨子、送了所有鳥兒去實驗室，我還是可能碰上任何指出這些鳥類承受了各式折磨、指證歷歷的醫學證據。我們農場的死亡率比養火雞場或養雞場都低。對，我們是把漏斗插進鴨子喉嚨，但問題是，這會讓鴨子受傷嗎？會痛嗎？會造成壓力嗎？不會，很多證據都說不會。牠們有鈣化的食道，天生就能狼吞虎嚥把肝養肥。所以要我們說自己是別人口中形容的那種怪獸，很難。

這場激辯的雙方，都無法在捍衛自己對現實的詮釋之際，也去考慮反方的觀點，這也就描繪出食物象徵政治可能採行的極端形式。兩方擁護者都自認理性，而對手都是意識形態。由於這種形式讓我們從「好食物、壞食物」的剛性道德角度去思考消費的方式得以明朗，而且描繪出飲食的未來這本已複雜的問題，如何因這種思考方式而更趨兩極，因而意義深遠。在中立的旁觀者看來，激辯的雙方都很輕率。就我所知，在各州各城支持肥肝禁令的立法者，無人曾在提案前參觀過肥肝農場，僅有少數幾位在提案後曾去過。當然，立法者倡議表決一個自己所知不多、或沒有研究過的議題並不是什麼不尋常的事。但在取得立法良機之際，又能強烈譴責像是動物虐待之類的事物，這就有助讓肥肝成為食物政治裡的一道標靶。

問題標靶

然而，這個標靶卻比動物權運動人士預期的還難擊落。他們號召主廚、立法者與消費者揚棄肥肝的努力雖有部分斬獲，但也遭遇到超乎預料的阻礙。肥肝這個標靶在許多方面其實都問題重重。有時，到頭來，樹上最低的果子未必那麼開胃。

許多因素旋即為議題帶來節奏與張力，而且引起反動。[63] 激進的反肥肝者不但沒有找到同情與狂熱的受眾，反而遭遇許多重大反彈。反肥肝的道德論述實則模糊，大多沒有運動人士費力刻劃的那麼清楚。儘管厭惡與熱愛肥肝的兩方都對肥肝所是、與所象徵的有堅實的理解，但對其他人來說，這個食物引發的問題更為細膩複雜。最重要的或許是，正反兩方派系奮力博取支持的對象，是同一群相對小眾的消費者，他們教養良好、相當富有、關懷食物又相信自己是擁有廣博食物知識的人。

反對動物權人士在肥肝議題上所持觀點的有幾種發展形式。首先，公眾在得以了解肥肝生產手法當中的細節後，就有更多人質疑反方聲稱虐待動物的真實性。肥肝商與餐飲界名人當中的肥肝支持者，試圖劃清使用動物與虐待動物的不同，沖淡媒體的負面關注。他們的主要論點是，製作肥肝並非酷刑，動物權人士卻偏差地將鴨子擬人化，將人類的性格與情感套用在鴨子身上，完全不認清人體與水禽之間顯著的生理差異。從這角度看來，製造商是在使用動物，而非虐待動物。當然，參觀肥肝農場的訪客都沒有見到運動人士宣稱「強迫灌食是不會讓人錯認的虐待行為」的事實。

對於運動人士與立法者的指控，美國肥肝商最有意義的回應方式，或許就是打開鴨舍大門讓人來看。「哈德遜谷肥肝」跟「索諾馬肥肝」對自己的正直深具信心，都樂於讓有意的記者、學者、主廚與立法者來參觀。對於好奇，或是尚未決定自己倫理立場的人，廠商這種透明大方的態度就會讓這個原本好下手的標靶成為難題，許多愛好鑽研而開始檢驗的第三方，就會因此不同意運動人士口中「可見受苦」的說法。例如馬克・卡羅寫到他觀看「索諾馬肥肝」的餵食場面：「牠們看起來對即將開始的灌食感到快樂嗎？不。看起來特別害怕或激動嗎？也沒有。牠們看起來就是鴨子，大隻的鴨子。」[64]關於參訪「哈德遜谷肥肝」，他寫道：

灌食過的鴨子跟還在等著餵食的鴨子之間，沒有可察覺的差異。我所見的跟荷莉・契佛（身為獸醫暨堅定的肥肝反對者）相反；她告訴加州參議委員會，自己在「哈德遜谷肥肝」觀察到與鴨子的「恐懼」有關的現象。[65]

《村聲》寫手莎拉・迪葛雷戈里奧（Sarah DiGregorio）為了一篇題為〈肥肝是酷刑嗎？〉的文章，也在和契佛及知名動物福利專家葛蘭汀（Temple Grandin）談過後，親自走訪了「哈德遜谷肥肝」農場。契佛先為她在行前打了心理預防針，說她可能「會看到一場策劃縝密的詐欺，因為他們『可以預先把病得離譜的鴨子挑掉』」。以個人自閉症經驗了解動物行為，研究成果引領美國半數屠宰場重新設計的葛蘭汀，並未親身參訪過肥肝農場，但她鼓勵迪葛雷戈里奧去看看鴨子是否不良於行，或是會迴避餵食者。在造訪農場、並在生產過程各階段看過「上千隻鴨子」後，這位記者總結道，反肥肝運動人士的影像與修辭「並無法反映本國最大肥肝農場的實情」。[66]

先前推動紐約州肥肝禁令的眾議員麥可．班傑明（Michael Benjamin），也是哈德遜谷在這段期間的諸多訪客之一。在參觀過農場設施後，班傑明撤回了法案。「我改變心意了。就我所知，沒有鴨子看起來不舒服或遭受虐待。」他在一場記者會上如是告訴記者：「我們不該將動物擬人化，在我們看來感覺痛苦的事，對牠們而言並不然。」[67]至此地步，反肥肝者已無力回天。在網路諸多對於撤銷法案的回應中，有一則這麼說：「也許班傑明先生應該親身試試這個餵法，看看自己會有什麼感覺。」[68]就繼續以填餵一定會損傷人類食道的說法，加深偏頗的指控。

肥肝製造商也以經濟價值與高級產品之間的關聯為理由，回應敵方對「顯而易見的痛苦與殘忍」的指控，他們指出，虐待動物是製造不出這類產品的。製造商宣稱，讓鳥兒過度痛苦或緊張，就「養不出好肝」，會導致肝臟「太小」或「太多筋」，因此不具經濟價值。[69]還有人反問我：「誰會故意那麼做來傷害自己的生意？」紐約的精緻食品經銷商「達太安」的阿麗亞娜．達甘對此尤其光火。她這麼描述「好」肥肝製造過程的重要性：

你得找一絲不苟的小規模農家來照顧動物。你在農場裡養的鴨子得健康快樂。所以，態度散漫的人在這個行業是待不久的。因為這就跟你人生裡所有要是沒做對就會一敗塗地的事情一樣。特別是鴨子，如果你對待鴨子的方式不對，牠們就會死給你看；如果牠們死給你看，你可就沒生意可做。

肥肝製造商之間有一個不太成功的戰術，就是強調「好製造商」跟「壞製造商」之別，是後者壞了前者的名聲。社會學家稱這種認同工作的反動類型為「防衛性他異化」（Defensive Othering）。[70]美國與法國各式各樣的製造商都告訴我他們是「好」的那種，這或許毫不意外。該戰術的挑戰是：這等於承認強迫灌食可以是殘忍的，也打開了進一步審視的大門。

這讓我與其他關注的人不禁想問，能否不靠強迫灌食生產肥肝？非填肥肥肝的可能性相當吸引人，然而，這仍是懸而未決的問題，這也是生產者最常被人問到的問題。有少數人表示，確實有可能不靠強迫灌食而製造肥肝，一位名叫愛德華多·梭沙（Eduardo Sousa）的西班牙農人就宣稱自己已成功辦到。「梭沙莊園」（La Patería de Sousa）養了少量的鵝，數畝地上提供了橄欖、榛果與無花果樹，供鵝漫步覓食。這些鳥多數時間生活得宛若野生動物，交配、孵蛋、飲食都不受人類干擾。在深秋野鵝增肥並準備遷徙之際，梭沙說，他的鵝會「自然地貪婪起來」，開始大吃大喝，[71]此外還會額外被餵食用有機栽種的玉米所製成的飼料。[72]梭沙的「倫理肥肝」於二〇〇六年在巴黎國際食物沙龍上贏得創新獎後名聲大噪。然而，該獎項在法國肥肝公會CIFOG的批評下被撤銷，因為依法國的法律定義，肥肝必須來自以強迫灌食法增肥的鴨鵝。

雖然梭沙的飼養方法令人讚賞，所產的肥肝也甚受追捧，但事實證明，這種方法既無法複製，也不適合商業。南達科塔州的養鵝人吉姆·許立茲（Jim Schlitz）在製造「天然肥鵝肝」上也小有斬獲，但大小與品質穩定性都不如填肥手法所產。[73]梭沙也提供了一小段紀錄片供上門求教的人參考，CIFOG成員及「哈德遜谷肥肝」的易吉·亞奈都曾前來求教。紐約市正北方一間名為「石倉藍嶺」（Blue Hill at Stone Barns）的農場直送餐廳的得獎主廚丹·巴伯（Dan Barber）[74]也感興趣，於是開始和梭沙往來。巴伯在收看者眾的TED演講[75]、NPR《美國生活》（This American Life）廣播節目[76]，以及全美各地的演講中，都討論過梭沙造訪「石倉」、他自己造訪西班牙西北部，以及嘗試複製梭沙的技巧卻失敗的過程。巴伯開玩笑地將自己「失敗的肥肝」歸因於無法完美複製出梭沙農場的生態條件。[77]他認為「倫理肥肝」是有市場的，而且在訪談中說，他相信只要有人願意為某種東西掏錢，某個地方的某個人終究會想出可行的辦法。

當然，多數美國人都沒有參訪過、也不會參訪肥肝農場或任何工業化的畜牧設施。一位準備為二〇〇七年《美食雜誌》（*Gourmet Magazine*）撰文談養雞產業專題的記者就寫道：「前五大公司的發言人都拒絕讓我參觀旗下供應商養出你盤中雞肉的農場。他們拒絕展示屠宰場，執行人員甚至不願跟我談他們如何飼養、宰殺雞隻。」[78]這在極大程度上是刻意為之的。如今，就算王老先生本人應該也認不出絕大多數的田地了。在加斯康尼長大、現居曼哈頓的阿麗亞娜·達甘呼應其他人，告訴我她相信這裡的問題更概括地來說，是因為美國人對現代的農場「太過疏離」。她強調，農場就是生意，當中養的可不是寵物。她以ＰＥＴＡ代稱所有的動物權團體，說道：「現實農場不好看。它聞起來就像動物跟堆肥。你偶爾會看到角落有死雞，下雨時欄舍裡還會漏水，狀況百出……。所以ＰＥＴＡ可以只秀出一張照片，然後我就得提出一整頁的解釋。」

換句話說，不論承認與否，多數美國人因為在地理與認知上對當代畜牧設施的疏離，使得他們得仰賴他人轉譯。ＰＥＴＡ跟其他動物權團體有意成為這些轉譯者。在法國，肥肝和其他類型的農場比較容易接觸，這種動物權團體所採的策略就無法奏效，或起碼效果不彰。[79]「哈德遜谷肥肝」十分歡迎訪客，這有重要意義（即使激進人士還是會說那些參訪都是套好招的）。鴨舍敞開大門也因其關係脈落，成為極具說服力的美食政治工具，但生產多數美國人食用肉品的其他農場可就不會這麼做。

下注單一議題的前景與陷阱

肥肝是一場特定議題之爭。針對特定議題或物種，是動物權利與福利運動（還有動物權運動人士視為先驅的環境及女權運動）長久以來的戰術。集中努力不僅能在法律或政策上產生正面結果，團體領袖也期望，只要能迎合會關注特定議題的人士，就能將眾人帶往更廣大的戰場。感性訴求可能會讓陌生人變成同仇敵愾的同志，一個常用的例子，就是利用大眾對寵物貓狗的感情，帶領他們展開有關動物實驗與純素主義的對話，期待大眾能對更宏觀的動物權運動產生同情。[80]由於能讓捐款者自覺掌握了捐款流向，議題導向的運動也是有用的募資工具。[81]某些原本的肥肝食用者的確因為議題導向的反肥肝運動，因而改變了心意，有些甚至還首度為動物相關議題捐款或參與抗議。部分主廚主動從菜單上撤下肥肝，有些甚至還在網路或聽證會上挺身直言。若從這些例子來看，反肥肝運動確實奏效。

從以高級餐飲聞名，到不熟悉肥肝的地方，全美各地都有規模小、但狂熱的反肥肝團體成立。過去十年來，從奧斯丁到巴爾的摩，匹茲堡到明尼亞波里斯，還有波特蘭、緬因、檀香山等地，都有反肥肝運動在當地深根。這些團體早年的低階戰術，就是叫支持者預訂餐廳但不去吃（讓餐廳損失原本能賺的錢）。另一種則是在網路對餐廳留下假負評。在二〇一二年七月禁令生效，到二〇一五年一月撤回這段期間，加州有些走法律路線的運動團體便合力檢舉了幾間仍在販售肥肝的餐廳，也讓此議題仍受新聞關注。

然而運動人士將砲火集中攻擊肥肝，也為自己帶來問題。不像八〇年代的反小牛肉運動導致小牛肉消費量在美國明顯下降，肥肝爭議反而適得其反。人們（尤其是美國人）通常會想要別人說不能有的東西。[82]反肥肝人士因為引起消費者注意到這個食物，反而創造出了新的一批肥肝愛好者。從緬因州到德州，現在肥肝開始出現在菜單上，而且固定在美食部落格和全國業餘廚師的廚房中登場。二〇〇六年，「哈德遜谷肥肝」的麥可．吉諾告訴《紐約時報》：「動物權運動若是以拯救鴨子為目標，那是不會成功的。打從他們有動作以來，這市場至少成長了兩成，這群人到頭來反而拉抬了肥肝的人氣。」[83]我在二〇〇七年造訪時，易吉．亞奈也說他們的銷售額較前一年成長了百分之七。為什麼會這樣？大眾為何會刻意去追尋、供應或選擇吃一道可能涉及動物虐待的料理？

在我與芝加哥、紐約和加州餐廳業者，以及其他食品產業人物的訪談與非正式對話中，我發現這問題的答案有一大部分是因為「是誰在對抗反肥肝運動」，以及他們主張代表的人事物。許多積極投入更宏觀的在地、永續、小規模食物生產的「良食」運動人士認為，查禁肥肝實為心胸狹隘的虛偽之舉。雖然肥肝製作過程可能為主廚反對畜牧業以非人道方式對待動物的「良食」老調帶來破綻，但許多人仍認為，在一個對人類與動物影響較肥肝更甚、而且問題重重的食物系統中，自己是一道錯誤的標靶。

這並不是說主廚們不計倫理代價、執意為饕客提供美食。我發現，事實剛好相反。但對廚師這個群體而言，成為合乎倫理的飲食者的意義，與動物權團體的認知大相逕庭。有些人說，他們曾拜訪過美國或法國的肥肝農場（這有時是廚藝學校訓練的一環）。沒拜訪過的人則解釋，他們更相信同行理解的肥肝製造方法，而不是動物權運動人士或立法者所說那套。他們自稱是支持替代性農業，以及對飼養動物展現關懷與尊敬的小型獨立製造商。舉例來說，紐約主廚暨「美食頻道」明星艾莉克斯·葛娜絲麗（Alex Guarnaschelli）就告訴我：

> 有很多東西我不煮。我不必列張清單貼在門上，每個主廚自有界線。我不喜歡供應遭

> 人撈捕過度的魚類，這在我的清單上很重要。我喜歡供應滿身塵土的農人努力種出的在地蔬菜，那才是我的工作。

不少積極提倡「良食」的主廚認為，在這種道德框架中，肥肝不但是可接受的，甚至還是出類拔萃的。這些人將肥肝歸到與「手工」、「舊大陸」食物傳統有關的珍貴「正統」食材範疇中，而不在有違個人烹飪哲學的大量生產、工業化農商企業領域內。這樣的判斷依據的是一種美食政治階序，在這個階序中，特定的食物生產模式要比其他模式優越。此處的洞見是，作為這場廚藝認同運動中重要一環的文字或範疇符碼，能夠、也確實左右了行動。[84] 使用這些語言似乎有助於主廚捍衛自己具備倫理思維的「好」食物公民與道德企業家身分。一位主廚稱這種哲學能「向好食材致上它們應得的敬意」（如此的宣稱修辭式地將「烹煮」轉譯為「尊敬」、將「動物」轉譯成「食材」）。對消費者來說，選擇在這些餐廳吃飯便是一種形式上的認同，也是展現對此框架和「好品味」象徵政治的承諾。

於是，產業規模小、缺乏政治影響力、消費者整體對其認知不高，這些特徵雖讓運動人士認為肥肝議題容易下手，卻也讓一群社經地位高、熱衷政治、熟稔媒體操作的廚藝意見領袖認為這些人選錯了目標。雖然更巨大的社會弊病未必會消弭打擊小議題的成就，但就連始終繞著肥肝倫理問題打轉的人也說，要打著消弭動物虐待或改善食物系統的旗號將肥肝入罪化，根本就像是拿OK繃去貼一隻斷臂。二〇一四年，《頂尖主廚大師賽》（Top Chef Masters）的前參賽者詹・路易（Jenn Louis）在《赫芬頓郵報》（*The Huffington Post*）執筆專欄，鼓勵消費者去比較美國人平均每年吃掉的〇點〇〇二六五磅肥肝和八十幾磅雞肉，並且「選一場能造成更大改變的戰役」。[85]主廚丹・巴伯也告訴我，雖然他相信「任何能讓人多思考與自己食物有關的議題都是好事……，但肥肝製造並不影響土地運用，也跟農業社群的逐漸萎縮無關」。

甚至連麥可・波倫（Michael Pollan）這位在地食物運動的非官方領導人，也在二〇〇六年於《紐約時報》就芝加哥肥肝禁令發表了一篇摻雜嘲諷的社論。文中揶揄了芝加哥政治人物挑了像肥肝一般低掛樹上的軟柿子，表面雖承諾會改善動物福利，但沒有著手改變可影響多數美國人天天食用的動物的畜牧方式。[86]二〇一二年，波倫在回應關於執行在即的加州禁令問題時告訴《紐約時報》記者：「我想，那真的是一種讓人覺得他們有在做事、又不必真的動手做任何事的方式。更嚴重的問題那麼多，我們都沒在對付了。」[87]從波倫的觀點來看，反肥肝勢力從改革整體系統與現代美國飲食上奪走了政治動能，而肥肝不過是一個強調道德訊號的例子，實際上沒有多少效益。

人身攻擊

對爭議如此激烈的議題來說，當雙方互相質疑，要找到和對手共同的對話起點就更加困難了。人身攻擊取代了理性對話，某些行動可說過度極端。激進人士將受人景仰的名廚塑造成「壞人」，特別能讓自己保有戲劇張力，而且吸引媒體關注。這些攻擊無論公允與否，都讓原本還有可能在許多議題上結為盟友的人，反而變成堅定的敵人。

騷擾、擅闖土地、破壞財產，甚至暗示暴力威脅，儘管這些只是反肥肝運動整體中的一小部分，卻對餐廚社群造成實際的問題。許多主廚都反應過曾收到以「邪惡」、「劊子手」或其他更糟糕的字眼辱罵他們的仇恨信。我細讀過幾位主廚收到的信件與列印出來的電郵，當中文字從由衷請求、不雅粗話，乃至對主廚與其員工、家人施暴的威脅都有。有些主廚在網路上表達，他們擔心某些反肥肝人士可能會忘記虛張聲勢和真槍實彈之間的差異。

有些主廚與餐廳老闆投降了：根據我上次計算，美國有逾七百五十家餐廳正式保證不再供應肥肝（雖然許多餐廳在這場紛擾之前就已不供應肥肝，或只是在運動人士偶然攀談下就簽字保證），但也有餐廳並未屈服。有些主廚對激進的反肥肝人士那針對個人、又極度狂熱的戰術甚為憤怒，乾脆以販售更多肥肝來回應。其他主廚則告訴記者，他們雖然有意這麼跟進，但不想冒著「窗戶被打破」及門鎖「被灌強力膠」的風險。[88]

他們的恐懼並非毫無緣由。二〇〇七年夏天，德州奧斯丁有數間供應肥肝的餐廳門面被人噴上粗俗字句。一個名叫「中央德州動物防線」的團體每週兩次到一間拒絕停售肥肝的餐廳「耶洗別」外頭抗議。餐廳主電源斷路器遭人切斷，主窗被人以酸劑蝕刻出「吐出來」的字樣。「耶洗別」的老闆告訴當地報紙，儘管有這些紛擾，店裡生意卻成長了三倍，「連平常不點肥肝的人都點了」。[89] 九月，警方從監視錄影帶辨識出犯案者，將之逮捕後以兩萬美元交保，並以毀壞財物罪起訴，一年後，此人被判七個月的州立監獄徒刑。二〇〇九年，馬里蘭州一間哥倫比亞餐廳同樣遭人破壞，在店門前的人行道被噴上「擺脫肥肝」字句後，店老闆告訴《巴爾的摩太陽報》（*The Baltimore Sun*）：「我們打算再賣更多肥肝，舉辦肥肝之夜，以一場進步的肥肝慈善晚宴來回應。」[90]

費城許多餐廳與主廚的住家都被一個起初名為「抱抱小狗」、後來改名為「費城人道聯盟」（Humane League of Philadelphia）的帶有高度攻擊性的反肥肝團體鎖定。「抱抱」成員十分仰賴公開的抗議展演。每隔幾週，他們會帶著大聲公、廣告看板、播放強迫灌食影像的螢幕站在選定的餐廳外。[91] 示威者會恐嚇員工，大聲騷擾走進店內用餐的客人，說他們很醜、還會死於癌症，高喊：「為了動物，我們戰鬥！我們知道你晚上睡在哪兒！」並透過大聲公高喊餐廳老闆是「殺手」跟「鴨子強暴犯」。[92] 謾罵也會帶來反效果。有些關於「抱抱小狗」的網路文章的回應，會罵該團體成員是「愛好恐怖主義的極端分子」，以及「沒用的白痴」，並叫他們去「過正常日子」。

供應牛排佐肥肝醬的費城餐廳「倫敦燒烤」（London Grill）老闆，一狀將「抱抱」告上法庭，提起的限制令副本也詳載了該團體的其他行為。其中包括鎖定餐廳員工住家、在員工所居社區發放印有該人住址、並控訴其虐待動物的傳單，還穿著忍者裝在老闆住家附近嚇他的小孩。另一位知名的費城主廚暨餐廳老闆、後來成為美食頻道（Food Network）其中一位「鐵廚」（Iron Chef）的荷西・嘉爾斯（Jose Garces）告訴馬克・卡羅：「一旦他們侵門踏戶，這件事就變得更涉及私人。我有兩個孩子，他們會聽到那些人喊著我的名字，說我是個殺手之類的……」就像其他被「抱抱」成員鎖定的費城主廚，嘉爾斯不甘願地將肥肝從菜單撤下，但廚房裡還留了一些，以備不時之需。[93]

對某些主廚來說，特別將肥肝擺進菜單，就是對激進人士要求撤掉肥肝的回應。「肥肝」開始代表著主廚的文化權威、廚藝專業，以及個人道德感性正遭受的考驗。[94] 主廚、飲食作家及其支持者，無不盡力影響那些會視他們為「良食」運動道德領袖的群眾的意見。或許，對於希望認同自己的飲食合乎道德，卻又不確定該怎麼做的人來說，這些人物起身捍衛肥肝、挑戰動物權運動人士主張的作為，正是一盞明燈。

加倍賭注

這些反應可沒讓動物權運動領袖有什麼好感覺。根據最有力的美國反肥肝組織「動物保護與營救聯盟」（APRL）的領導人布萊恩・皮斯（Bryan Pease）所說，一個行業自稱關懷食物倫理，卻還繼續供應肥肝，這「幾乎比糟糕還更糟」。但他們把籌碼加倍押在「好人」身上的作法，卻又讓局外人看得困惑。例如APRL於二〇一〇年宣告，他們要在曼哈頓最大的土食餐廳「泰勒潘」（Telepan）外頭抗議時，頗受歡迎的食物網站「寒士街」（Grubstreet）問道：「等等，是比爾・泰勒潘（Bill Telepan）的餐廳嗎？那個試著以無荷爾蒙牛奶改善學校午餐的主廚嗎？那個改用草飼牛做漢堡，得到動物福利認證獎章的主廚嗎？」[95]

泰勒潘在這些事件前幾年所做的訪談中說，他在選擇食材來源上「極度小心」，他也很驕傲自家餐廳是紐約名列人道認證（Certified Humane）的十七間餐廳之一。他造訪過「哈德遜谷肥肝」數次，也和麥可與易吉相識多年。他說，他選擇「哈德遜谷」的肥肝，是因為他相信「他們的產品很有誠信」，不像「圈養的雞豬牛，讓動物睡在自己的屎上吃自己的屎」。APRL到他餐廳門外抗議後，他寄電子郵件告訴我，他非常意外自己竟被鎖定。泰勒潘後來並沒有把肥肝從菜單上撤掉。

瞄準肥肝的攻擊舉動，最終引來了公共領域更廣泛的討論：食物與烹飪選擇的法律界限可以、又應該劃在哪裡？誰可以劃出那條線？從肉用犢牛與妊娠母豬的拘束方式，到使用攪碎機或安樂死篩除甫出生的小公雞，動物福利與權利團體對這些爭議農牧方法的砲轟沒有少過。由於動物權團體表示，肥肝是打進這些更大議題的叩門磚，消費者與食品產業都以喚起大眾對於「滑坡」與「保母國家」的恐懼作為回應，藉此表達他們對政府過度干預消費市場和人民生活的恐懼（不論是否合理）。[96]我在二〇〇四到〇九年間蒐集到的多數網路回應與飲食部落格文章都顯示，隨著時間進行，這種帶有自由主義色彩的觀念益發流行。社群媒體上充滿預兆式的擔憂，以及對這種動搖社會的「防洪閘門效應」（Floodgate Effect）的嘲諷：「下一個會是誰？小牛肉？雞肉？所有的肉？」儘管所有肉類全數被禁的可能微乎其微，但這種懷疑與價值衡量的修辭，卻是肥肝爭議的反應中最常見的一項特徵。

時任PETA副會長、現任「農場庇護所」資深理事布魯斯．斐德利希（Bruce Friedrich）

在芝加哥禁令通過後告訴《紐約時報》：「將九隻母雞塞進一個十八乘二十英吋的金屬網籠之類的作法認定為違法，只是遲早的問題。」[97]某團體之所以將肥肝視為第一張骨牌，其主要動機就是相信如果能說服大眾認為肥肝很噁心，就更有機會讓大眾支持可輕易用於其他議題的道德理念。借引另一位運動人士的話，「我們希望能讓人說：『喔，好，那是壞事。嗯，也許全都是壞事。』」而從這個角度看來，爭議不管如何滋長，都是進步之必須。

但將肥肝的動物福利議題當成大眾道德觀議題來討論，如此的策略是否打開了通往其他議題的大門？這仍是難解的問題。孰是孰非該由誰來論斷？更嚴重的問題是否排除了攻克小問題的效益？反肥肝運動能否以肉類工業系統的惡劣來連結人心是一回事，但禁絕肥肝是否解決了食物系統現有的問題又是另一回事。此外，無論立法者是否同意肥肝是應當被推倒的第一張骨牌，光是讓立法者涉足其中，就已激起熱烈爭議，讓人公開在報紙社論或網路，或私下在餐桌上辯論，什麼才是政府在人民的食物選擇中該扮演的角色？以及若有必要，又該在何時將禁酒主義式的市場管制正當化。引領肥肝禁令的立法者遭到新聞媒體批評，甚至嘲笑，似乎是因為他們竟將關注焦點和資源從其他議題轉移到肥肝。然而，就連考慮過禁令的各個司法管轄區，也沒有將禁止肥肝視為邁向純素世界的「第一步」。事實上，地方政治人物甚至將肥肝當成能一勞永逸安撫口無遮攔的選民的方式。如果雞肉在城市或州層級、甚至全國層級遭禁，或即使是立法決議只能飼養、消費放養的肉雞，許多公司與個人都會因此不高興。[98]儘管「給動物更好的對待」是許多人宣稱支持的概念，但藉國家的力量從人民日常飲食選項中剔除肉食的想法，通常可就不受人青睞了。如此一來，肥肝可能更像是代罪羔羊，而非轉移注意力的東西。

人如其食

對於號稱關心食物的人來說，肥肝是一顆文化風向球，它關乎身分認同、觀點與道德品味的衝突。就像被偏激分子採用或挑戰的其他煽動性象徵，肥肝綑綁著各種議題，而且它本身也被人拿來當成一項事實上分化的議題，進一步刺激眾人投身其中的盛大爭議。如果我們就像俗話說的那樣，「人如其食」（You are what you eat），那麼，你我對於飲食的想法也表示我們是什麼樣的人。這突顯了大眾的觀點如何引導人們去強調或削弱一項爭議的不同面向，甚至是以迥異的方式去感知相同的經驗。這裡特別有趣的是文化權威主張的分散特質；高尚的品味可不是那麼容易就結成一群的。

光是肥肝製造過程的單純事實，並不足以解釋動物權人士的行動，或是對其行動的反應。有不少好理由可解釋肥肝為何能在正反雙方都引爆出這麼情緒化的能量，以及雙方為何都這麼頑強地抵抗對方的觀點。伴隨觀點而來的是解釋、判斷，甚至評價。物件或理念可以各種方式「閱讀」，傳達出團體或網絡珍視什麼價值。在象徵政治傳統中的學者或許會表示，詮釋與制度化這些「閱讀」的鬥爭（也就是企圖在公共領域占有這兩者的鬥爭），無可避免地會造成社會影響。[99] 這些影響尤其會出現在鬥爭反應出某議題的雙方願意付出多少努力之際。我們能輕易在像是旗幟、槍枝、健保、結婚證書等文化物件引發的當代美國激烈衝突中看出這點。伴隨這些物品與理念而來的話語彈藥庫，可作為標記社會融合與排除的工具，也能作為激發他人同情或蔑視的手段。[100]

不過，肥肝的例子也讓一件事變得明朗：我們根本難以知道哪種倫理衡量才是對的（假如真有對的一方）。有一套感官論據說明應該禁止製造肥肝，但也有另一套感官論據表示反對。這條分界線究竟該劃在哪些點上，取決於每次觀察機會造成的不同感知及非預期的後果如何發揮作用，還有當中參與者的聲望起落。參與者對肥肝這個有力象徵物的態度，肯定是受到其個人的團體認同所影響。所以，觀點（Perspectives）既然就是結構化的感知（Perception），那麼觀點也就容易被他人定義問題的方式所影響。大家傾向從「肥肝殘忍嗎？」、「肥肝是否合乎倫理？」這樣的問題中看到自己想看到、或認為應該要看到的答案。這在極大的程度上也就是肥肝會被人以挾帶特定目的、藉特定手法作為政治象徵去操弄的因素。

對許多人而言，這段肥肝故事相當短暫，相形之下又無足輕重。此處的弔詭是，大眾經常討論、記得的，往往是我們認為瑣碎的事物，而這些話題能驅策我們展開更深入的檢視，揭露其他在日常生活當下的焦慮。[101]有時，一小群人的努力能為更宏觀的議題帶來新關注，影響主流的公眾意見。對餐廳內的用餐者叫囂辱罵，此舉傳達不滿的成分可能多過對明確政策改革的支持，但此舉也可充當行動或羞辱的理由。區域性的戰線有時會向外延伸。肥肝帶起的動員努力，只是近期那些小型而頑強的相關團體付出的無數努力之一。要記得的是，由於肥肝議題在美國帶有階級色彩，動物權運動人士在階級上也相對權貴，肥肝之戰因此是一個優秀少數在一個相對受控的文化競技場上互相較勁的故事。

法國的例子則是相當不同；在這當中，法國國家數十年來致力拓展、拯救肥肝產業，確實創造出了對肥肝產生同情、更廣大的消費者族群，也催生出更深刻的廚藝嵌入感。在美法兩國，這些議題及許多飲食概念都透過轉譯者，向更廣大的公眾形成條理，而這些轉譯者就包括廚師、記者、評論家、運動人士、產業成員，甚至學者。轉譯者中介資訊，帶著利害關係推廣特定目標，成為專家與大眾的接觸點。[102]就連一個人眼中所見也都受到轉譯者影響。尤其是媒體會和這些意見領袖共同編寫故事，為特定觀點發聲，並為那些有意向他人推銷，或強迫推銷其認知的人開闢戰場。[103]

不論一個人的飲食實踐為何，這些轉譯者捍衛的道德與文化規範，有助我們思考價值觀和菜單如何、又為何改變。理解這些改變並非是在理解個人如何改變心意，而更像是在理解組織消費者與烹飪文化的利益基礎變遷。「美德」與「敗德」一旦涉及食物、品味與消費政治，那就成了積極協商的領域。那麼，理解運動人士的作為，以及他們如何與必須敏銳察覺其不滿的團體產生關聯，就顯得相當有用。大眾在判斷新資訊的可信度時，有部分會評估傳遞該資訊的信使是否可信。任何一種飲食與農牧方式如今都能引發動物權與福利團體的砲轟（更別說永續食物運動人士），而且會在從地方到全球層次的政策上受到討論。哪種風俗會「帶壞」大眾尚未可知，但有如此能耐的議題必然會被安插出現在社會運動、市場與國家交會處，那些猶如賽局、象徵主控權的協商與鏖鬥中。

如同本章所呈現，肥肝「問題」本身就是不同團體的品味在爭奪特定道德立足點時的人為產物。這就影響了我們如何思考美食政治，也就是品味的道德與倫理界限如何劃下、抹除、巡守，以及這些界限產生的效果。值得一提的是，我發現肥肝引發的爭辯處於兩種更宏觀的話語中，而兩種都展現出使用「觀點」作為解釋工具所帶來的弔詭與矛盾：第一，什麼是對肉用動物的合理對待，以及分界線應該劃在何處；第二，消費市場中的文化權威。觀點就像品味，能解釋大眾為何強調或弱化肥肝議題的不同面向，並將這些爭論與在消費的社會組織中、更廣泛且未解的緊張局勢相連結。

第六章

結論

二〇一二年七月一日，以肥肝之名廣為人知的「為增大肝臟而強迫灌食鳥類所生產之肝臟製品」禁令在加州生效（該法令於七年半前通過）。[1]幾個月前，在「金門餐廳協會」（Golden Gate Restaurant Association）的協助動員下，有一百多名該州最知名的廚師試圖阻止禁令實行。他們的團體名為「人道和倫理農業標準聯盟」（Coalition for Humane and Ethical Farming Standards，縮寫就是CHEFS），向州政府連署請願，並撰寫報紙社論、臉書動態與網路貼文，主張建立全新改革的生產標準，以維護肥肝的合法性，並讓該州唯一的肥肝農場繼續經營。由於該團體太晚踏進戰場，批評者沒把這群人當一回事，因為他們向國家請願時，禁令幾乎已勢在必行。[2]讓CHEFS懊惱的是，該禁令仍按計劃實施，使得「索諾馬肥肝」關門大吉，也讓販售肥肝在該州成為非法。

隔天，「哈德遜谷肥肝」、位在加拿大魁北克的某個肥肝協會，以及一家洛杉磯餐廳集團聯合向加州提出禁制令，要求陪審團聲明該禁令在美國貿易條款之下無效。該禁制令主張，肥肝禁令「極度困擾」州際貿易，因為在其他地方製造肥肝仍是合法的。他們還主張，禁令本文的含糊不清違反了美國憲法的正當法律程序條款（Due Process Clause）。

兩週後，一位法官暫時拒絕擋下法律，但允許訴訟繼續。兩個月後，加州檢察長辦公室提出動議，不予受理。在這段期間，加州的主廚們紛紛使用幾年前由芝加哥主廚們鑽出的漏洞，例如主辦半地下肥肝晚宴，或是買一片二十美元的麵包免費附送肥肝醬等手法。[3]一家名為「要塞社交俱樂部」（Presidio Social Club）的餐廳，甚至聲稱找到了規避禁令的方法：由於餐廳位在聯邦土地上的要塞國家公園（Presidio National Park），因此在技術上免於該州管轄（儘管要塞信託〔Presidio Trust〕仍要求餐廳將肥肝從菜單中撤下）。[4]從芝加哥禁令中汲取教訓的動物權團體在不守規定的名餐廳外抗議，並主動提出多起訴訟，而非坐等州政府官員執法。翌年夏季，美國第九巡迴上訴法院的三人法官小組維持禁令判決，從根本上駁回美加肥肝聯盟提出的訴訟，[5]而全國動物權團體無不歡慶這場勝利。[6]

但這勝利只是一時的。二〇一五年一月，一位加州中區的聯邦地區法官宣布該禁令失效。此判決之所以支持上述原告聯盟，是因為法官發現，賦予聯邦政府管制權、禁止各州強制推行食品販售和流通規定的聯邦肉禽產品檢驗法（Poultry Products Inspections Act），位階高過加州的肥肝銷售禁令，因此予以取代。[7]當然，「索諾馬肥肝」此時已遭勒令停業，但各餐廳可再次合法向其他地區製造商購入肥肝食材。反應來得相當迅速。動物權發言人紛紛對此決議表示悲嘆，[8]某些主廚則相當開心，答應會盡快將肥肝納入菜單。八卦網站高克（Gawke）宣稱這是一個「好消息，對混帳來說」。[9]翌月，該州司法部長對本書仍在撰寫時尚未塵埃落定的這個裁決提出上訴，這意味肥肝的法律地位可能又要再度翻身。

加州「禽鳥飼養法」於二〇一二年生效的隔天，太平洋彼端推動了另一項食品禁令。這道禁令涉及另一種奢侈品：魚翅。[10] 二〇一二年七月二日，中國國家政府機構推行了一道新管制，禁止官方國宴提供這種傳統美食。[11] 雖然這不是一道國家禁令，但卻是一個極富象徵性、意義重大的措施，能作為出於道德理由的社會判斷工具。

魚翅的政治和爭議往往與肥肝相提並論。兩者的物質性質及製造方式，都位居其象徵地位所引發的爭議核心中。就像肥肝，魚翅也被中國社會列為具備文化價值的節慶料理，充滿「傳統」和「國家歸屬」的象徵權力。魚翅湯一向是中國人在重要場合中的象徵性料理，常作為婚宴和社交的必備菜色。魚翅代表男子氣概和權力，顯示主人的地位與慷慨好客。魚翅湯過去僅限於精英階級食用，但隨著中國中產階級收入上升，這些中國人在本國與全球唐人街的餐廳裡，對這道昂貴料理的胃口也隨之大開。「沒喝魚翅湯，人就顯得低賤。」舊金山唐人街某位海鮮經銷商這麼告訴《紐約時報》。[12]

魚翅也在道德與生態上被貼上令人厭惡的標籤。許多人認為割取魚翅的方法相當殘忍：鯊魚遭捕，鰭遭切下，接著將魚體丟回水中，任其流血致死。但反魚翅者主要是將割取魚翅之舉包裝成是稀少生物的生態危機，而不是對人性的倫理道德威脅。海洋科學家估計，全球的鯊魚數量在過去幾十年下降了百分之九十，許多人認為，如此銳減主要肇因於中國人對魚翅的需求增加。自然保育學家如今已將逾百種的鯊魚列為受威脅或瀕危物種；這不僅對鯊魚是一種有害的變化，對海洋生態系統亦然。過去十年，反魚翅運動就像國際反肥肝運動一樣，已在全球迅速累積能量。截至二〇一三年，包含美國和歐盟在內的二十七個國家，都已在法律中禁止魚翅。然而這些政體通常沒有針對進口、銷售、持有或消費的配套法條，此外也沒有任何機構負責管制國際水域。二〇〇六年，一個名為「鯊魚同盟」（Shark Alliance）的組織成立，與保護環境和海洋領域的非政府組織合作，試圖填補歐盟魚翅禁令的立法漏洞。美國的加州、華盛頓州、俄勒岡州、夏威夷州與伊利諾伊州，在過去幾年也都通過禁止銷售和持有魚翅的法令，進而使魚翅湯變成非法。加拿大原本有兩個城市通過類似的禁令，但都在加拿大的中國企業社群的反對和對管轄權限的顧慮下遭到推翻。

就連在中國，全球反魚翅運動也進展迅速。一些備受尊敬的中國名人和職業運動員開始代言反魚翅運動，消費率下降，中國也通過禁止進口魚翅的禁令。由於全國人民代表大會上有立法者指出割取魚翅造成的環境衝擊、中國國務院也觀察到刪減支出的需求，於是，魚翅湯在二〇一三年十二月被拒於國宴門外，比預定時間提前了兩年。[13]

就跟肥肝一樣，將魚翅這樣的東西貼上應受道德譴責的標籤，此舉不僅反映出現實，更是一股影響現實的力量。然而，這種藉美食政治框架劃下的道德標記，意味某些食物可能別具爭議，因而更加脆弱。為什麼反對魚翅者能博得這麼正面的公眾與制度支持，尤其是在中國和全球魚翅貿易中心的香港，但法國的反對肥肝者卻不能？因為「某些鯊魚瀕臨絕種」、「生物多樣性」、「消失中的國家資源」、「受擾亂的海洋生態系」這類的修辭，大大完勝「傳統」的修辭。這對烹飪習俗中的其他野生物種也帶來更廣泛的意義。相形之下，為得到肥肝而飼養的鴨鵝就是農場動物，是馴化的農產品，其生產和使用應受人類控制。

圃鵐（Ortolan）的例子則能進一步佐證，保育生態或自然資源可能成為強大美食政治的動機。圃鵐是一種小型鳴禽，傳統上是捕來野鳥並加以養肥，將其用雅馬邑白蘭地溺死，燒烤後整隻連骨吃掉。據說，這道料理美味到你必須把餐巾蓋在自己頭上才能吃，以免上帝看見你的貪婪。法國人形容圃鵐是「法國廚藝的靈魂」，也上了法國總統密特朗傳奇的「最後一餐」餐桌（肥肝也在當中）。[14] 一九九九年，根據歐盟指令，法國在濫捕圃鵐、造成牠成為受官方保護的瀕危物種後，通過了禁止捕殺圃鵐的禁令。雖然此後有些法國廚藝領袖表示，獵捕圃鵐是文化遺產的一部分，但自然和生物多樣性（或受物種滅絕威脅的生態系）這種修辭在社會和法律上有更優先的地位。[15]

其他因為有道德問題，激起社會政治憤怒的動物或烹飪習俗，包括部分歐洲地區會吃馬肉；加拿大、斯堪的納維亞半島和日本會獵捕海豹和鯨魚；亞洲部分地區會吃狗肉。這些案例唯有在變成其他行為與問題圍繞的軸心，才具有批判分析的價值。各議題帶來的質疑與顧慮都不只單純與動物虐待有關，也關乎權利與責任：選擇食物的權利、舉止合乎倫理的責任、動物不受疼痛和煎熬生活的權利、政府保護公民及市場和物質環境的責任、禁止某些在其他地方為合法的事物的權利。

作為這些料理引發爭辯之特色的象徵政治，取決於受人深信、但並非無可動搖的信念與價值優先。對魚翅湯來說，政府和跨國機構對環保主義者的可見支持關係重大。中國年輕一代的中產階級不在婚宴上提供魚翅，正演變為常規。有趣的是，在中國與各地唐人街取代了魚翅湯，既能象徵地位、富裕、慷慨好客，又能拿來比較的，是高價的法國紅酒。[16] 考量我們對這類烹飪象徵產生的概念與情感，就能了解在你我與每年專為人類消費而出生、飼養、遭獵捕的數十億動物之間，有著可想而知的複雜關係。在一個極端上，人類只要看到合適的動物就會認為那是物質資源。在另一個極端上，你我卻又認為動物是有感覺的生物，值得同情，以人道對待。[17] 雖然宣示「傳統」企圖將正面的社會價值注入這類食物當中，但它們在全球商業、文化和政治日益緊密相繫的世界裡，並非一向能與動物福利或環保主義的意識形態相容。當某群體以「傳統」稱之的某樣東西或習俗讓他人感到憤怒，或在道德上感到噁心，作為「文化遺產」的食物就顯得格外刺眼。反對者有時會宣稱，應該打破傳統。

如此一來，某些食物可能較其他食物更易遭受打擊，而據有它們的特定地方之政治環境，以及用來挑戰它們存在的修辭，則可能會緩和它們的脆弱性。我們知道，國家料理的界限絕非固定不變，而確立「正統」也代表某地的烹飪精神或特色（以及誰可包含在這種精神當中）絕非直接的過程。[18]老實說，像是美國跟法國的現代消費社會認定的「國家」料理，極可能就是對諸如食品產業專家、廣告商與政治人物等打算從中得利的人來說不可或缺的那些料理。

我們或許能推想，處於像中國那樣正經歷快速現代化的政治環境中的文化遺產和傳統話語，其價值並不如在法國之類的西方國家。這能解釋中國精英為何普遍以西方的經典地位象徵馬首是瞻，例如法國紅酒或肥肝（中國目前正發展本土的肥肝養殖產業，以滿足亞洲都會區的名廚餐廳需求）。我們比較容易想像美國某城的立法者支持一道不太可能成真、但又大獲成功的食品禁令，但較難期待同樣的事情會出現在較為集權的政治體系中（如法國）；即使美國人傾向將「個人選擇」當成一種「自由」。[19]廚藝遺產和傳統在道德修辭上面臨的那些挑戰，常會使用包含人道與殘忍、健康與純淨、以及生物多樣性等話語。每一種對「現實」概念的挑戰，都帶有一套對食品倫理的顧慮，也標誌出當今食品生產者和消費者在身分認同的象徵界限。

因此，這些問題的政治戰鬥，就是關於規則、價值和文化邏輯的戰鬥，也就是說，哪些、誰的價值和品味應受普世宣揚，而誰又握有知識和權力，以挾帶特定目的和鞏固特定歷史意義去定義情境。對於人和食物的實踐，遵從或爭論這些規則和邏輯，都會將食物轉化出更多諸如公民身分的關鍵因素、政策談判的理由、人性的指標、有賴政治解決的社會問題等諸多意義。

美食政治與瞬息萬變的道德觀

不可否認地，食物是政治性的。食物和料理（以及生產者和消費者、他們使用的資源與代表的品味，或者推動他們的市場）所產生的信念，絕非人畜無害。就如其他類型的政治，食物政治也關乎權力、控制和衝突。美食政治會浮現在社會權力施加於食品或烹飪方式的特定時空中，將食物與烹飪方式塑造成道德、文化或政治意義的容器。這使得食物道德觀瞬息萬變，讓社會和政治環境對有形的可食物件造成影響波動。美食政治闡明了人、社群、市場和國家之間的關係，帶來實際效果。美食政治也展現你我在面對自己與他人的食物選擇時，絕不可能只是心存「人我共榮」。美食政治觀點迫使我們探問：是誰制定規則、合理化了政策決定？挑選哪些戰場、由誰設定議程？誰能從中得利？透過美食政治觀點檢驗爭議品味，有助我們更加重視那些造成某些食物議題被視為道德風險，[20]並成為文化爭論、正義憤慨或政治辯論試金石的時空條件。

食物政治界目前幾乎沒有其他題材比肥肝更令人擔憂。即使在超過十年的論辯之後，肥肝爭議依然上得了全球各地的新聞頭條。二〇一四年，印度外貿總局在動物權團體施壓後，出乎意料地將國家進口肥肝政策從「自由」改為「禁止」。二〇一五年六月，南美洲的美食中心、巴西聖保羅市禁止肥肝製造（象徵性的禁令）與餐廳銷售（實質禁令）。在一群當地餐廳老闆和烹飪專家為期數週的激烈反對後，聖保羅一名法官裁定中止該禁令。最後的結果在本書撰寫之際仍然懸而未決。不過，毋庸置疑的是，肥肝仍是一種爭議的美味，是有些人喜歡、但有些人痛恨的食物。

動物權運動人士譴責肥肝是酷刑，有些人甚至竭力抹黑肥肝及其支持者，而其他人則說運動人士資訊不足，而且焦點錯誤。有些人稱肥肝是值得作為法國民族文化遺產而保護的傳統，其他人則認為那是不合時宜的文化陳跡。有些人說，立下禁令很荒謬，其他人則認為那有其道德必要。當然，這答案取決於你問的是誰。正如本書所表明的，重要的不僅是你問了誰，還有這當中牽涉到誰的利害關係、誰具備回答的權威、誰有權力以常識鞏固答案。倫理必須權衡成本：可得性對上永續性、欲望對上需求，舌尖滋味及胃袋中的飽足感對上內心的信念，而美食政治則將這些關於私人的道德、品味和歸屬的問題，置於其特定文化地域的脈絡當中。

這些考量傳達了社會運動與國家的行動者，為了左右將物品從產地帶往零售端的商品供應鏈，試圖在市場取向的消費世界中占據道德權威的努力。國家根據社會需求而管制市場，而運動團體則是企圖利用市場作為社會文化變革的載具，在消費者品味的沙盤上，劃下全新的分界線。

例如，消費者抵制食品能在公民社會中創造出關注社群，並讓大眾在身體和認知上都感受到疏遠的食品生產所引發的不滿，好似燃眉之急。十八世紀末，英國有成千上百名反奴隸運動人士拒絕在茶裡加糖，以抗議殖民糖廠的奴隸制。[21]將近兩個世紀後，「聯合農工」（United Farm Workers）也以類似手法，透過地方抵制委員會推廣全國抵制葡萄和生菜，因而得到數百萬名中產階級和城市消費者的支持，進而重組農業勞動法規、改善勞工工作條件，並給予農場工人集體談判權。[22]

但是，雖然消費者抵制或「倡購」（Buycott，鼓勵購買特定商品，而非拒買[23]）也許能表達個人或團體的道德立場，並對製造商略施壓力，但這種行動對零售業績與消費習慣的具體影響，往往難以證實。正如社會運動學者詹姆士．賈斯珀（James Jasper）所寫：「在超市擁擠的走道上兀自做下無聲的選擇，是一種維持不公義感和憤慨感的不良方式。」[24]點菜同樣是一種只能讓與你同桌者和餐廳員工（有時是社群媒體）看見的決定。一個人選擇在某家、而非另一家餐廳用餐，選擇沙拉而非牛排，選擇走進沃爾瑪而非全食超市，或是在地方超市購買蘋果而非葡萄，這些行為都可能出於種種理由。此外，社會科學領域的學者近年也強調了這種消費者—公民的版本包含的限制。用鈔票或刀叉「投票」不太可能解決得了諸如環境退化、勞權和人權侵害、食品安全和汙染風險，以及企業權力在跨國農商領域內日益集中等，屬於糧食系統中的結構性與系統性問題。[25]

儘管肥肝這類相對無關緊要之物的政治，或許無法解決糧食系統的品質、公平、透明度或永續性等重要的切身問題，許多人仍視之為往這些議題長驅直入的關鍵開端。雖然某些旁觀者對立法者、大眾媒體、烹飪精英、部落格等大量、多方的關注不屑一顧，但這種集中的意識卻也展現了主張或反對某些分化人心的烹飪實踐，能在個人信念的微觀層次，乃至國家的宏觀層次上引發共鳴。

我們對可見於槍枝、疫苗、國旗、石油管線等物品及實踐爭論中的差異政治極度敏銳，但又誤以為這種爭論不適用於食物。食物，它安全、單純、和善，能滿足身心，以肉身化的方式帶人齊聚一堂「領聖體」（Breaking Bread），並藉由共享餐食強化社會聯繫。每個人都會以某種方式穩定參與這些行為。食物，它也是笑料。每當食品引發的問題、恐慌或爭議登上新聞頭條時，標題跟導言通常會以可愛的雙關語呈現，含糊地將議題降級到更輕鬆、不嚴肅的地位。這使得食物政治新聞被置於與邦聯旗（Confederate Flag）的地位截然不同的概念孤島上。然而，話語分析家認為，幽默讓我們有了可一窺社會規範力量的視野，表述出社會價值觀網絡引起的緊張情緒。[26] 美食政治觀點則提醒我們，食物政治的世界不僅激情高漲，而且不可能免於「真實」政治。

肥肝與象徵權力

肥肝及其倫理帶出的激烈問題，橫跨從國際機構（如歐盟）和跨國社會運動，到國家和市鎮對於轄下的市場的管制，乃至運動人士、主廚、媒體人物與消費者間的個人搏鬥。比較各層次的象徵性力量，更突顯出大眾在持續變化的世界觀中混搭善惡概念的混亂方式。

因此，肥肝引起的問題不僅關乎虐待動物或烹飪樂趣，也關乎你我對自己食用的東西知道些什麼、食物怎麼被選來代表整體文化，以及爭議市場最終如何創造出某類型消費者的方式；肥肝也關乎品味分類向度之一的「噁心」，是如何蘊含在維持不同食品、料理和品味等象徵界限的努力當中。

吃肥肝代表民族驕傲嗎？還是個人自由？殘忍？成為頂級饕客？最糟吃貨？對於人類生產肥肝的勞動，應該加以讚揚還是辱罵？肥肝是被描繪成一道精心調製的主秀大菜，還是貪食者眼中的小小配角？

肥肝的象徵政治示範了二十一世紀的食物市場如何成為消費會產生道德衝突的複雜場所。雖然歷史觀點告訴我們，工業化的食品生產讓其他階級得以分享曾是富人專屬的品味，[27]但認為現代糧食系統功能失調的看法，正逐漸博得主流意見的支持。專業的中產階級（受過高等教育、相對年輕且多到不成比例的白人）拒絕大眾市場的工業化食品，繼而轉尋替代品，從食品雜貨企業轉向城市屋頂菜園和後院放養雞小農，這種現象早已稀鬆平常。美國各地的餐廳也在將非工業化量產的食物品味，例如在地、當季、草飼、採集、慢食，當成精緻餐飲的藍圖推廣。[28]在肥肝大戰中選邊站，就不免要問到廚藝意見領袖和變革推手所選策略、可得資源與行動能力的問題。

就持續上演的肥肝生產倫理辯論而言，「殘忍」的定義爭論激烈，而道德原則不同、世界觀互異的社會行動者紛紛主張自己的立場才是道德正確，也就不足為奇。就概念來說，核心問題的方向就從呼籲人道對待特定動物，轉向了如何合理定義人道對待，以及該由誰來定義的平行討論。誰擁有，或應該擁有能定義何謂動物虐待的專業知識和權威：手工肥肝農？產業專業人士？運動人士？鳥類生物學家？主廚？政治家？我們對爭議食物賦予的價值，正是在此脈絡中成為道德品味。這同時左右了大眾媒體對於肥肝的描繪，進而影響了握有立法權力者的理解。

對肥肝大戰中的各方而言，某些甚受珍視的價值也遭受嚴重威脅。法國雖非萬眾一心地珍惜肥肝，但肥肝的正面道德價值乃取決於它身為共有國族認同標誌的功能，因此能無視產業變遷、法國主權在地方與全球政治受到的牽制，以及移民議題。法國的肥肝生產者和消費者藉由國族價值情操，先對肥肝貼上獨特、正統「遺產」的標籤，再藉由法律將該標籤實質化，並且反過來進一步刺激市場成長，我稱此為美食國族主義。不論其規模大小，法國肥肝產業的成員都將他們對於肥肝的美食國族主義，刻劃成法國作為在當代世界中一種「品牌」的精髓。[29] 然而，其他歐盟國家認為肥肝製造有違倫理，因此希望能停產。於是，在法國人的思維中，威脅肥肝就可解釋成是在威脅法國本身。[30] 從動物權運動人士和歐盟官員手中拯救肥肝製造業，隱喻上來說，就類似於保護國家紀念碑與歷史遺址，或是拯救瀕臨滅絕的語言與物種。然而得到國家背書的肥肝「正統性」仍是棘手話題，因為這些精心刻劃的「傳統」主張，掩飾了該產業資本密集的現代化和集團化現況，道德品味的全新詮釋可能也就應運而生。

在全國只有四間（如今是三間）小型肥肝農場的美國，精明、頑強的動物權運動人士成功將肥肝抹黑成關鍵公眾和立法者眼中的「殘酷美食」。「這真的值得嗎？」一位紐約「農場庇護所」的運動人士問我：「為一種奢侈品造成那麼多痛苦，值得嗎？」城市與國家禁止產銷肥肝的潛在禁令，都被當成是在禁止一項威脅當地倫理聲望的事物，並且向選民推銷。此後，肥肝的反對者與支持者都找出一套可解釋已發生或未發生事件的方法，以及讓台面上的矛盾證據產生道理的手段。

但要詳細說明肥肝實際上危害了什麼，絕非一項直接了當的任務。相較於可能虐待數十億頭動物的美國工業化糧食系統的規模相比，肥肝不過是汪洋一粟。此外，任何專供人類消費而飼養的動植物，無不在這些過程中受到某種程度的人為操作。肥肝捍衛者也表達權利受到威脅：我們選擇食物的自由、主廚與餐廳業者對菜單的自主權、民主政府禁止某些在別地合法的事物的權利。例如，某主廚在被法院指控他違反加州法律、「免費」發送肥肝時，他姿態張揚地辯解：「可以這麼說，送肥肝給顧客品嘗就是我把茶葉倒進港口的方式。」[31]這裡的恐懼，是害怕少數群體的食物道德觀念可能會被強加於大多數人的身上（即使這種恐懼毫無根據，因為肥肝消費族群本身就是少數），而對烹飪、飲食和商業的干擾有可能就迫在眉睫。雖然運動人士希望廚師與消費者會因此拒絕供應、拒吃肥肝，但在美國，爭議反而提高了肥肝的能見度，弔詭地創造出新的一批肥肝愛好者。

如此一來，對肥肝日新月異的臆測，或看似威脅的宣稱，就緊密地織入這場激辯。法美兩國的肥肝辯護者和對手面臨的是一種文化挑戰，也就是在充滿雜音的文化景觀中的象徵控制權。那也是對市場運作及對公眾理解社會問題的合法影響之一。重要的是，大多數涉入肥肝政治的人會如此選擇，是因為他們視肥肝為一道象徵，代表著食物的文化變革可能帶來的情況，不論是更好或更糟。這未必是負面的，它反而讓你我對不同的社會行動者在運用各種符號與故事，藉此生產、利用、爭辯社會問題的理想「解決方案」時，變得更加敏感。

但到頭來，我猜實際上很少會有人因此改變心意。廚師可能會自願或非自願地將肥肝從菜單上刪去，但依然供應肉食，而之前不吃肉的人還是不吃。肥肝饕客繼續在個人的美食部落格上滔滔不絕地講述肥肝的詩意，或親自走訪法國鄉村的手工肥肝農場。養殖工廠繼續把數十億隻豬、雞和乳牛，塞進擁擠的飼養場和拘束空間裡。美國被強迫灌食的鴨子比較少，但全世界還有更多鴨子正接受灌食。[32]動物權運動繼續挑戰他們認定的虐待機構，人類社會繼續操縱、管控這世界的生物，以反映孰是孰非的規範理念，反映什麼是「自然的」、什麼又是可憎的。肥肝不論受人憎恨或熱愛，它依然深陷在動盪難平的分類鬥爭中。這種鬥爭清楚地呈現出情感、政治與市場文化的關係有多密切。

正如歷史學家和人類學家提醒的，飲食向來不單純。然而，隨著糧食系統和背後推動的利益不斷擴張和全球化，選擇食物在社會學上變得前所未見的複雜。美國和法國的消費者既被鼓勵、也常被告誡要考量自己口中食物的道德與政治後果。消費者若是反思消費選擇中的倫理涵義，就許多方面而言，這都是好事。但為肥肝而戰的一個主要問題是，這場戰役辯論的是特定食物實踐是否應該存在，而不是為了檢驗在人類嶄新的食物世界中，那些更宏觀的政治論述，以及可能的替代方案。

於是，一個有文化根據、關於美食政治如何反映、並形塑道德選擇的理論所展現的是，要把食物想清楚可能很困難。這樣的理論需要解析社群和市場變遷之間的深層關係，以及同時作為物質和象徵物件的食物。當然，食物是一個可拿來擺出道德姿態的攻擊對象。你我當中有許多人都希望自己吃得符合倫理（只要我們能弄懂「吃得符合倫理」涉及什麼）。每個人都有一套關於吃什麼好或不好的理念，而每個人也都得決定「好」代表著什麼（起碼關懷食物的人會希望其他人也能花點時間來決定）。關懷食物者將藉由「該吃什麼」，以及塑造食物和品味的權力及社會影響的迫切性，發起持續不斷、而且充滿爭議的辯論，以盡最大的努力重新定義什麼是「好」、或應該算是「好」。無論如何，有一件事情很好預測：那就是全球肥肝大戰的終戰之日依然遙遙無期。

致謝

我要感謝許多人對此書的貢獻，而我最該感謝的，是在法國與美國兩地參與我的研究的那些人。萬分感謝引我入門，又對我分享他們的知識、經歷與觀點的主廚、運動人士、農人、政治人物、記者等人。雖然他們可能會在我的分析中找到一些可反駁之處，但希望我對這過去十年的肥肝論戰的描繪能被視為公允，而我對當中每位參與者的敬意都是很明白的。西北大學（Northwestern University）的社會學系是孕育這項計畫、並使之成型之處，也是讓我能以社會學家的身分在此成長之處。Gary Alan Fine的激勵催促我的分析能力更上一層樓，他的貢獻與工作倫理持續鼓勵著我。我也感謝Wendy Griswold、Bruce Carruthers、Nicola Beisel與Laura Beth Nielsen自博士論文審查期間以來的建設性批評與鼓勵。已故的Allan Schnaiberg教導我成為一位富有關懷又投入的學者與教育者，值得由衷感謝。西北大學的文化工作坊、民族誌工作坊、管理與組織學系、法律研究中心是格外值得感謝的知識活水。

西北大學的研究生營造了一個精彩的知識環境，持續為走完這過程提供所需的同志情誼。感謝Heather Schoenfeld、Gabrielle Ferrales、Lynn Gazley、Corey Fields、Kerry Dobransky、Erin McDonnell、Terry McDonnell、Jo-Ellen Pozner、Elisabeth Anderson、Berit Vannebo、Geoff Harkness、Ashlee Humphreys、Michelle Naffziger、Simona Giorgi、Marina

Zaloznaya、Sara Soderstrom、與Nicole Van Cleve。特別感謝Ellen Berrey在這過去幾年充當我的讀書夥伴，引導我完成這項計畫。因為我由衷的欣賞與感激之情，應該格外提起Elise Lipkowitz。她是我的旅伴、飯友、參謀、讀者、編輯、分析師與道德支柱。沒有她，我就寫不出這本書。

在普林斯頓大學社會學系與社會組織研究中心從事博士後研究的這美好兩年，此計畫蒙受許多學者指導建議。Paul DiMaggio對我工作的興趣與鼓勵依舊。與Viviana Zelizer、Martin Ruef、Bob Wuthnow、Kim Scheppele、Mitch Duneier、Miguel Centeno、Amin Ghaziani以及Sophie Meunier的對話，在諸多正向方面塑造了這個計畫。我有幸與Sarah Thébaud和Adam Slez共享研究室，他們閱讀、評論我的提案、筆記、以及前面章節的草稿，也成為我的摯友。我也受惠於Miranda Waggoner、Liz Chiarello，以及我的寫作小組成員Janet Vertesi、Grace Yukich、Kathryn Gin Lum、Manu Radhakrishnan和Annie Blazer的洞見與支持。尤其是Sarah與Miranda在我們分道揚鑣之後還持續供我諮詢。我在北卡羅萊納大學完成定稿，那裡聰明美好的同仁們提供的新鮮觀點，讓我的眼光能夠超越初始成果的邊界。特別要感謝Michael Schwalbe與Sarah Bowen以建設性的批判眼光，協助我在接獲審稿意見後修改定稿。

其他朋友與同僚在這一路上也給了我無價的建議與回饋。寫作實在是一種集體勞作。本書由於我從Kim Ebert、Sinikka Elliott、Jeff Leiter、Tom Shriver、David Schleifer、Liz Cherry、Colter Ellis、Isabelle Téchoueyres、Rich Ocejo、Brendan Nyhan、Lauren Rivera、Christopher Bail、David Meyer、Daphne Demetry、Jordan Colosi、Alice Julier、Krishnendu Ray、Rachel Laudan、Anne McBride、Christy Shields-Argèles、Robin Wagner-Pacifici、Andy Perrin、Josée Johnston、Joslyn Brenton、Diana Mincyte、Rhys Williams、Ken Albala、Warren Belasco、Cathy Kaufman、Robin Dodsworth、Kate Keleman、Klaus Weber、Kate Heinze、Paul Hirsch、Brayden King等人那裡學習到的，因而變得更好。我希望這最終成果能代表我對他們的作品展現的敬意。

若沒有馬克・卡羅（Mark Caro），本書中的某些研究就不可能發生。我在二〇〇七年的一場食物研討會上認識馬克，或許是因為我們是芝加哥最耽溺於肥肝的兩名寫手，彼此很快就明白通力合作會帶來的好處。他在芝加哥與法國都是令人愉快的研究夥伴，而他對自己作品所做的研究，對我無與倫比地受用。他對把卡進鄉間小路溝裡的Volvos給推出來也相當在行。

我不可能為這本書找到一個比普林斯頓大學出版社更好的家。在那裡，我相當幸運擁有兩位傑出的編輯。Eric Schwartz看到本書的潛力，並在建構初版的過程中指引我，而且在這過程中成為我的朋友與編輯。他為我的稿件找來兩位審稿者，兩位都仔細讀過，而我的書也因為他們的詳評與質詢而改善。當他離開出版社時，我有點擔憂，不過Meagan Levinson很快就消除了我的恐慌。她是每個菜鳥作者都夢寐以求的編輯，因為她聰明、幽默、洞見銳利、對我的稿件花了許多時間，同時又有看見細節與大局的真功夫。Ryan Mulligan也是共事時的樂趣。我同時也是Ellen Foos的產品管理、Katherine Harper的編輯校訂、Jan Williams編纂索引等人傑出工作表現的受益者。

發自內心充滿愛的感謝，也要獻給陪伴我走過整個漫長計畫的家人與好友。首先是我的父母Carolyn與Bob DeSoucey，以及我的兄弟David、姊妹Arielle。我已故的外祖父母，Milton和Matilda Block鼓勵我，讓這一切成真。Anya Freiman Goldey與Valerie Lisner Smith一直是我的好姊妹，我很感謝能有他們真摯的友誼，也將他們的家庭視為我自己的。我也感謝Abby與Bob Millhauser夫婦歡迎我住進他們家，為我剪報、在旅行時拍攝菜單，增添我的收藏。而我位於Kinnikinnick Farm寄宿家庭的David與Susan Cleverdon夫婦、Erin與Kevin Grace夫婦、Staci與Tim Oien夫婦，一直為我提供滋養身心而安全的避風港。

最後，若非John Millhauser（我最喜歡的同事、做一切事情的夥伴），此書便難以問世。他是鼓勵、智慧、建議、啟發與愛的穩定來源。他的影響在書中每一頁都顯然易見。我們的兒子，Jasper Millhauser，是我的生命之光。他搞笑、聰明、美麗，帶給我無盡喜悅。他知道我在寫一本書中會出現他名字的書時也相當興奮，讓我最為感激的正是這兩位姓Millhauser的男孩。

殺蟲劑。這兩種恐懼都沒有錯，但兩者都不是嚴格遵循理性。在兩個例子中，風險，以及了解這些風險的能力，都是由文化本身建構的。

21 Hochschild, 2006.

22 Friedland and Thomas, 1974.

23 Friedman, 1996. 24. Jasper, 1997, 264.

24

25 Guthman, 2011; Besky, 2014; Bowen, 2015.

26 Gusfield, 1981; Baumgartner and Morris, 2008.

27 Laudan, 2013.

28 Kamp, 2006; Pearlman, 2013.

29 Aronczyk, 2013.

30 二〇一四年五月，歐洲各國舉行了歐洲議會席次選舉。法國跟許多國家一樣，由尚－馬利・勒龐（Jean-Marie Le Pen）的女兒馬琳・勒龐領導的右翼政治團體「國民聯盟」得票率出乎意料地高。這次選舉與肥肝爭議的關係充其量是間接的，但這代表歐盟政客禁止法國任何生產肥肝的舉動，都無法在不引發重大爭戰的前提下成功。

31 報導於 Kerana Todorov, "Judge Rejects Request to Dismiss Foie Gras Lawsuit," *Napa Valley Register*, July 10, 2013.

32 反肥肝運動如果最終藉著法律，成功讓美國少數製造商關門大吉，那麼，經銷商將從加拿大製造商（其中幾家是法國公司的子公司）購入肥肝，而這些製造商使用個別籠進行填肥；或來自中國，因為中國正快速成為不斷成長的亞洲市場的大型肥肝供應商。因此，從美國市場消除肥肝製造商，可能會對為美國消費而養的鴨子之整體福利造成負面影響。

Legal Defense Fund）和其他幾個動物權組織在美國加州中區地方法院對美國農業部（USDA）提起訴訟。企圖宣布肥肝為「摻假產品」和「病理疾患」，因此「不適合人類攝取」——這是美國農業部有權管制的東西。這不是新論點，也不是一個特別新的法律動作。二〇〇九年，美國農業部駁回同一群原告在兩年前提出的類似請願。在此，「動物立法保護基金」聲稱駁回前兩頁「理由不充分」，因為它「沒有引用」研究來支持其初步裁定，而且「未能解釋」該裁決。新的訴訟也並未成功。

7 Association des Éleveurs de Canards et d'Oies du Quebec, HVFG LLC, and Hot's Restaurant Group v. Kamala D. Harris, Attorney General. Case No. 2:12-cv-5735-SVW-RZ. Filed January 7, 2015.

8 Kurtis Alexander and Paolo Lucchesi, "California Foie Gras Ban Struck down by Judge, Delighting Chefs," *San Francisco Chronicle*, January 7, 2015.

9 http://gawker.com/foie-gras-is-for-assholes-1678213499.

10 例如，2012年，PETA向《米其林指南》的出版商寫了一封公開信，要求該組織停止對供應這兩種菜的餐廳評等星級。

11 Bettina Wassener, "China Says No More Shark Fin Soup at State Banquets," *New York Times*, July 3, 2012.

12 Patricia Leigh Brown, "Soup Without Fins? Some Californians Simmer," *New York Times*, March 5, 2011.

13 Michael Evans, "Shark Fin Soup Sales Plunge in China," Al Jazeera English, April 10, 2014.

14 Michael Paterniti, The Last Meal," Esquire, May 1998; http://www.esquire.com/news-politics/a4642/the-last-meal-0598/.

15 批評者說，這項禁令一直受到藐視、執法不力。然而我在法國這段時間，從未見過圃鵐上桌或販賣。當我問起這道菜，多數人都說此傳統已死。Kim Willsher, "Ortolan's Slaughter Ignored by French Authorities, Claim Conservationists," *The Guardian*, September 9, 2013.

16 Bonnie Tsui, "Souring on Shark Fin Soup," *New York Times*, June 29, 2013.

17 Arluke and Sanders, 1996.

18 Counihan and Van Esterik, 2013; Wilk, 1999.

19 Boltanski and Thévenot. 2006; Lakoff, 2006.

20 例如Douglas and Wildavsky（1982）寫道，各種文化中的人都必須害怕某些事物。對某些人來說是神和怪物，對其他人來說則是空氣汙染跟

article/0,8599,1669732,00.html.

93 Caro, 2009, 185.

94 在此有個引人入勝的比較：被反活體解剖團體鎖定的科學家與醫學研究者，對於其專業、權威與合法性的主張。

95 http://www.grubstreet.com/2010/03/ducking_controversy_telepan_re.html.

96 當然，這不限於肥肝，也不只影響美國。二〇一四年五月，世界貿易組織贊成禁止歐洲進口海豹毛皮、脂肪與肉，原本是為了維護「公共道德」而強制推行。批評禁令的聲音來自獵海豹國家，也就是加拿大與挪威，它們馬上試圖給出一道滑坡論點：禁令可能會成為一道不受歡迎的先例，往後會依此禁絕其他有飼養條件不人道爭議的動物製品。

97 Burros. "Organizing for an Indelicate Fight."

98 加州正因為新的州立雞蛋生產標準，引起必須遵循此標準、才可在加州販賣的其他州蛋農反彈。見www.nytimes.com/2014/03/09/opinion/sunday/californias-smart-egg-rules.html.

99 Gusfield, 1996; Nelson, 1984.

100 Lamont, 1992.

101 Bearman and Parigi, 2004.

102 Miller, 2006.

103 Koopmans, 2004.

第六章

1 Sections §25980–§25984 of the Health & Safety Code (the "Bird Feeding Law").

2 Jesse McKinley, "California Chefs to Wield Their Spatulas in Fight over Foie Gras Ban," New York Times, April 30, 2012.

3 http://www.eater.com/2012/7/10/6566489/california-restaurants-find-loopholes-in-foie-gras-ban.

4 http://sfist.com/2012/07/26/presidio_social_club_pulls_foie_gra.php.

5 Maura Dolan, "California's Foie Gras Ban is Upheld by Appeals Court," Los Angeles Times, August 30, 2013.

6 兩個月前，即使該禁令正在準備執行，「動物立法保護基金」（Animal

73 Juliet Glass, "Foie Gras Makers Struggle to Please Critics and Chefs," *New York Times*, April 25, 2007.

74 我在為此書進行研究時發現一項奇怪巧合，丹・巴伯的父親與道葛・宋的父親是大學室友，他們兩人成長過程中知道彼此存在。

75 http://www.ted.com/talks/dan_barber_s_surprising_foie_gras_parable.html.

76 http://www.thisamericanlife.org/radio-archives/episode/452/poultry-slam-2011.

77 Anna Lipin, "The Gras is Always Greener," *Lucky Peach* 16 (2015), 18–19.

78 Daniel Zwerdling, "A View to a Kill." *Gourmet Magazine* June 2007, http://www.gourmet.com/magazine/2000s/2007/06/aviewtoakill.html.

79 當時，全法國只有零散幾家麥當勞，這或許是法國對抗麥當勞的行動一開始如此反動，而且現在看起來很可笑的原因。其實，法國在二〇一一年是麥當勞第二大市場，僅次於美國。

80 Jasper and Nelkin, 1992; Jasper, 1999.

81 Francione and Garner, 2010.

82 社會心理學家稱之為「抗拒」。

83 Marian Burros, "Organizing for an Indelicate Fight," *New York Times*, May 3, 2006.

84 Rao, Monin, and Durand, 2003.

85 Jenn Louis, "Foie Gras vs. Factory-Farmed Chicken: Which Will Make a Greater Difference?," *Huffington Post*, February 27, 2014.

86 Michael Pollan, "Profiles in Courage on Animal Welfare," *New York Times*, May 29, 2006.

87 Jesse McKinley, "Waddling Into the Sunset," *New York Times*, June 4, 2012.

88 Mackenzie Carpenter, "Foie Gras Controversy Ruffles Local Chefs' Feathers," *Pittsburgh Post-Gazette*, June 22, 2006.

89 Amy Smith, "Foie Gras Foe Foiled!," *Austin Chronicle*, September 14. 2007.

90 Don Markus, "In a Lather over Liver," *Baltimore Sun*, March 24, 2009.

91 美國抗議場合上播放的多數影片都是在法國拍攝的。這相當明顯，因為影片拍到個別籠中的鴨子，但美國所有農場都使用團體欄。

92 http://articles.philly.com/2007–07–13/news/24995117_1_foie-gras-bastille-day-puppies. 參見Lisa McLaughlin, "Fight for Your Right to Pâté," Time Magazine, October 9, 2007; http://content.time.com/time/arts/

吃掉——讓牠們瀕臨絕種。

55 Fletcher, 2010.

56 United States Department of Agriculture 2007 Census of Agriculture.

57 額外資訊見農業營銷資源中心（Agricultural Marketing Resource Center）網頁www.agmrc.org。

58 Caro, 2009, 115–16.

59 Bourdieu and Thompson, 1991.

60 見Caro, 2009。完整引述參見Lindsay Hicks, "Stuck on Duck," *Philadelphia City Paper*, June 1–7, 2006.

61 一條法令要被撤銷，首先必須從法規委員會移除，並帶進議場表決。這是「履行」（discharge）一詞的意思。

62 立法程序會停止進展，一部分是原本提起禁止肥肝製造法案的紐約州眾議員麥可・班傑明，在艾維拉提案前一年撤出該提案。《彭博新聞》當時引述班傑明說，在參訪哈德遜谷肥肝親眼看到製造過程之後，他已「改變心意」。

63 這與政治機會結構的社會運動學術研究有關，該領域展現政治同盟的在場與否、以及政治權力平衡轉移之類的因素，在形塑社會運動上有顯著意義。見Gamson and Meyer, 1996.

64 Caro, 2009, 91.

65 Caro, 2009, 103–04.

66 Sarah DiGregorio, "Is Foie Gras Torture?" *The Village Voice*, February 17, 2009.

67 Henry Goldman, "Sponsor of New York Foie Gras Ban Changes His Mind," Bloomberg.com, June 11, 2008.

68 http://www.brownstoner.com/brownstoner/archives/2008/06/wednesday_food_78.php.

69 肝臟被評等為A、B、C三級銷售，A級價格最高。哈德遜谷肥肝在每次灌食週期，都會依養出A級肝臟的相對數量，給予餵食者獎金。

70 Schwalbe, Holden, Schrock, Godwin, Thompson, and Wolkomir, 2000.

71 Jasper Copping and Graham Keeley, "'Ethical' Foie Gras from Naturally Greedy Geese," *The Telegraph*, February 18, 2007.

72 http://www.gourmettraveller.com.au/recipes/food-news-features/2010/7/a-good-feed-ethical-foie-gras/.

表示同情的運動分析家將之定義為「任何導致動物疼痛或死亡，或威脅其福利的行為。」（Agnew, 1998, 179）其他則認為多數動物並非因為蓄意虐待而受苦，而是由於食物、時尚與科學產業的常態活動。見Rollin, 1981.

35 Kahneman, 2011.

36 John Hubbell, "Foie Gras Flap Spreads—Bill Would Ban Duck Dish," *San Francisco Chronicle*, February 10, 2004.

37 其他範例參見Chapter 2, "The Importance of Being Cute," of Herzog, 2010.

38 當我問運動人士，他們認為是否有任何人道方式生產雞肉，每個人都回說沒有。

39 Kuh, 2001.

40 http://chronicle.nytlabs.com/?keyword=foie%20gras.

41 Daguin and de Ravel, 1988; Ginor, Davis, Coe and Ziegelman, 1999.

42 Kamp, 2006, xv.

43 Schlosser, 2001; Pollan, 2006; Kingsolver, Hopp, and Kingsolver, 2007; Foer, 2009.

44 參見B. R. Myers's diatribe against gourmet food culture, "The Moral Crusade Against Foodies," *The Atlantic*, March 2011.

45 Johnston and Goodman, 2015.

46 Beriss and Sutton, 2007.

47 Ruhlman, 2007; Rousseau, 2012. See also Mario Batali and Bill Telepan, "Fracking vs. Food: N.Y.'s Choice," *New York Daily News*, May 30, 2013.

48 Rousseau, 2012. See also Hollows and Jones, 2010.

49 廚師都多金是一種流行的謬見。多數餐廳廚師都收入微薄，而且工時長、壓力大、還須犧牲個人時間，是相當考驗身體的工作。見Fine, 1996.

50 Shields-Argeles, 2004.

51 Veblen, 1899; Schor, 1998.

52 Benzecry, 2011.

53 Saguy, 2013.

54 其中一個對照，是法國一九九九年禁止食用圃鵐（Ortolan）的禁令。圃鵐是一種小型鳴禽，其於美食家之間的流行——通常將牠們用雅馬邑白蘭地溺死，拔毛，燒烤，食用者拿餐巾蓋住自己頭部，將之整隻

對照法國並非本章重點，我還是指出幾個我認為會讓這些弔詭更具說服力之處。

19 Gusfield, 1986.

20 Rollin, 1990.

21 Jasper and Nelkin, 1992.

22 Marian Burros, "Veal to Love, without the Guilt," *New York Times*, April 18, 2007.

23 PETA從一九九八年開始購買麥當勞股份，且參加股東會議。HSUS現持有Tyson chicken、Wal-Mart、麥當勞與Smithfield's足夠的股份以召開股東決議。

24 Garner, 2005.

25 Kim Severson, "Bringing Moos and Oinks into the Food Debate," *New York Times*, July 25, 2007.

26 參見如Bennett, Anderson, and Blaney, 2002; Harper and Makatouni, 2002; *Consumer Attitudes About Animal Welfare: 2004 National Public Opinion Survey*. Boston: Market Directions, 2004.

27 Franklin, Tranter, and White, 2001.

28 Saguy and Stuart, 2008.

29 攝影機製造商，像是SONY或Panasonic，在一九九五年首度推出數位攝影機產品線。這些攝影機成為低預算製片、行動主義與公民記者的標準配備。

30 Jasper, 1998.

31 http://www.gallup.com/poll/156215/consider-themselves-vegetarians.aspx.

32 Robert Kenner, Elise Pearlstein, Kim Roberts, Eric Schlosser, Michael Pollan, and Mark Adler, *Food, Inc.* (Los Angeles: Magnolia Home Entertainment, 2009).

33 紐約州一份經濟發展報告估計，肥肝產業在二〇〇四年值一千七百五十萬美元，在數十億的食品產業當中相當微薄。見Shepstone Management Company, "The Economic Importance of the New York State Foie Gras Industry," prepared for Sullivan County Foie Gras Producers, 2004.

34 根據阿希翁（Ascione, 1993, 228），動物虐待是「社會無法接受，蓄意導致動物不必要的身心痛苦、或／並導致動物死亡的行為。」另 位里達，在當地當作肉鴨飼養。他說訪客最常問到這個問題。這和動物權人士聲稱母雛鴨會被安樂死的說法矛盾（那其實是法國孵化廠會做的事）。

7 不論那台機器是否修好了，據我了解，在撰寫此書的二〇一五年時，HFFG仍持續使用更「手工」的方式，而非氣壓餵食機。

8 看似客觀的美國獸醫協會拒絕表明對肥肝的立場，使得兩方科學證立的想法都出現問題。這種不選邊站的態度，或許是顧慮可能會為任何反農業立場背書。然而製造商將該協會的決定詮釋成是對自己有利。

9 美國法律辯護基金會（American Legal Defense Fund）於二〇一二年向美國農業部提起類似訴訟，要求宣布鵝肝是一種對消費者健康有害的摻假病態食品。二〇一三年，加州聯邦法官駁回這起訴訟，二〇一四年的紐約上訴庭也維持此判決。

10 肥肝用鴨承受的壓力，可藉由測量一種叫皮質酮（Corticosterone）的腎上腺素來評估。一份常被肥肝商引用、關於填肥造成生理影響的法國研究表示，育幼的野鴨承受的壓力比填肥中的鴨子大；而鴨子只要熟悉了餵食者，壓力就開始降低。這是哈德遜谷肥肝與其他農場只指派一名餵食者在整段填肥期間負責一批鴨子的主因。Guémené and Guy, 2004; Guémené, Guy, Noirault, Garreau-Mills, Gouraud, and Faure, 2001.

11 據知有些獵人曾找到「野生肥肝」，也就是野鴨與野鵝偶爾長出的較大、較肥肝臟。見http://www.theatlantic.com/health/archive/2010/11/ethical-foie-gras-no-force-feeding-necessary/66261/

12 參見Mannheim, 1985; Haraway, 1988.

13 Prasad, Perrin, Bezila, Hoffman, Kindleberger, Manturuk, and Smith Powers, 2009.

14 美國對肥肝的生物研究相當有限；絕大多數美國農場動物研究處理的是牛、豬、羊、雞與火雞——沒有鴨也沒有鵝。在法國，農業研究是由法國國家農業研究院主導，拯救法國肥肝市場是該機構的必要利益，因此也被法國動物權團體「停止填肥」（更名為「L214」）稱為「產業幫凶」。

15 Prasad et al. 2009; Nyhan, Reifler, Richey, and Freed, 2014.

16 Nyhan and Reifler, 2010.

17 Griswold, 1994; Emirbayer, 1997.

18 大致說來，這種框架在法國會施加重大影響，在美國也是。雖然詳細

——而且整個州都應該處理——更大規模的議題，像是整個工廠化農場，還有在鴨子跟肥肝之外那些動物所受的不人道對待。」他後來告訴我，這「不是在作秀」，而是表現他「真正的感覺。」

56 Callero, 2009.

57 Vettel, "Foie Gras Ban, We Hardly Knew Ye."

58 Gusfield, 1986.

59 Douglas and Isherwood, 1979, 37.

60 "Fat Geese, Fatter Lawyers," *The Economist*, May 20, 2006, 37.

61 Monica Davey, "Defying Law, a Foie Gras Feast in Chicago," *New York Times*, August 23, 2006.

62 Vettel, "Foie Gras Ban, We Hardly Knew Ye."

63 二〇一三年八月，評論網站「Yelp.com」提到芝加哥一百二十二間有網站用戶曾在那吃過肥肝的餐廳（不包括郊區）。然而，對發酵料理、採集料理、從鼻到尾（Snout-to-Tail）冷肉有興趣的前衛吃貨與廚師來說，肥肝早已過時。社會學思想家蓋歐格．齊美爾（Georg Simmel）早已解釋過，精英會排斥已被大眾採納的時尚，轉而尋求新潮流；而風格與時髦的進化就是這樣生生不息。

第五章

1 參見如Sarah DiGregorio, "Is Foie Gras Torture?" *The Village Voice*, February 17, 2009; J. Kenji López-Alt, "The Physiology of Foie Gras: Why Foie Gras is Not Unethical," Serious Eats, http://www.seriouseats.com/2010/12/the-physiology-of-foie-why-foie-gras-is-not-u.html, December 16, 2010.

2 該地原為養雞場；HVFG還沒完全將部分建築翻新。

3 見Gray, 2013, 49–50; Bob Herbert, "State of Shame," *New York Times*, June 8, 2009; Steven Greenhouse, "No Days Off at Foie Gras Farm; Workers Complain, but Owner Cites Stress on Ducks," *New York Times*, April 2, 2001.

4 這種建議中的相似性，也帶出近十年來行為心理學家提出的發人深省觀點。他們認為，我們的道德判斷來自直覺的往往多過來自精密推理，不然也是兩者等量。見Haidt, 2001; Greene, 2013.

5 Nagel, 1974.

6 易吉告訴我，哈德遜谷的母雛鴨在分揀性別後會被運往他國，通常是千

35 唐尼自己就是餐廳老闆（該市的「安・沙瑟」（Ann Sather）連鎖店），也是該市市議會兩位出櫃的市政委員之一。

36 二〇〇七年，在議會最資深有力的市政委員愛德・柏客（Ed Burke）帶領的一次費解的議事程序，也對健康委員會作過一樣提議。

37 Vettel, "Foie Gras Ban, We Hardly Knew Ye"; Fran Spielman, "City Repeals Foie Gras Ban," *Chicago Sun-Times*, May 15, 2008.

38 Phil Vettel, "Foie Gras Ban 'Victim' Doug Sohn Happy the 'Absurd' Law is History," *Chicago Tribune*, May 14, 2008.

39 Rohlinger, 2002.

40 Lakoff, 2006.

41 Kamp, 2006; Naccarato and LeBesco. 2012.

42 Wilde, 2004.

43 政府各層級的政治人物與管制者隨時都在限制消費者選擇；若無制度與標準，消費會帶有高度風險，甚至有潛在危害。

44 當然，許多保守派政治人物都捍衛去管制化，以滿足消費者利益。

45 很重要、且必須指出的是，整體美國安全管制的協調與執行——在國家、州與地方層級——都在食物系統各階段缺席，從發照、認證到管理健康、衛生、勞動檢查。見Nestle，2010。

46 Lavin, 2013.

47 Bourdieu, 1984.

48 Veblen, 1899; Goody, 1982; Warde, 1997; Belasco and Scranton, 2002.

49 Beisel, 1993.

50 Cohen, 2003; Jacobs, 2005.

51 例如社會責任投資（Socially responsible investing）現在就是一門數兆美元的生意。

52 Johnston，2008。某些學者如茱莉・古斯曼（Julie Guthman，2011）就指出，「有機」與「公平交易」之類的標籤其實有害，因為這使得監督企業與農業技法成了消費者的責任，而不是政府的。在成長的永續研究領域中，分析者多認為，強調消費者責任是一條太過軟弱的途徑，以至於無法產生有意義的影響或改革。

53 Nestle, 2010.

54 Guthman, 2011; Biltekoff, 2013.

55 亞騰堡在市議會健康委員會前侃侃作證時，也不斷呼籲議會要「處理

20 一位市政委員最後倒戈，讓最終比數為四十八對一。

21 Zukin，1995。實際上，時髦新餐廳區常常都位在先前的市郊工業區裡，像是曼哈頓肉庫（meatpacking）區、達蘭（Durham）菸草倉庫、北卡羅萊納與芝加哥新西區。

22 Phil Vettel, "Foie Gras Ban, We Hardly Knew Ye," *Chicago Tribune*, May 16, 2008.

23 Beisel, 1993.

24 同樣地，獨立餐廳「娜哈」（Naha）的主廚凱莉·娜哈貝迪安（Carrie Nahabedian）在芝加哥健康委員會前作證時說，她知道有「為數不少的主廚」反對這條禁令，但「害怕他們的感覺、觀點、意見，會對企業旗下餐廳帶來惡果。」她也懇請委員會進行更多研究，並問，「你們怎麼對所知不足的議題進行明智的投票呢？」

25 Monica Davey, "Psst, Want Some Foie Gras?" *New York Times*, August 23, 2006.

26 其中一位不合作的餐廳老闆說，他在當天甚至招呼過整桌身穿制服的員警。

27 Illinois Restaurant Association, et al. v. City of Chicago, No. 07–2605 2006. 該禁令合憲性的比較法學回顧，參見Grant, 2009, and Harrington, 2007.

28 Merry, 1998.

29 沒有證據能顯示，賄賂具備影響力的公務員有得到該州豁免，一如其他非法市場的案例。

30 Matza and Sykes, 1961.

31 Don Babwin, "Chefs Duck Ban on Foie Gras in Chicago," syndicated Associated Press story, January 14, 2007.

32 一年後，這位運動人士遭判在州立監獄服刑七個月。耶洗別的老闆向當地報紙表示，當時儘管抗議持續進行，他的業績其實增長三倍，而「就連平常不點肥肝的人也都點起來了。」見Amy Smith, "Foie Gras Foe Foiled!" *Austin Chronicle*, September 14, 2007. 二〇一〇年七月，該餐廳在清晨遭到縱火破壞，損失二十萬美元。（無人受傷，檢調人員也無從判定成因。）

33 Reported in Mick Dumke, "Council Follies: When Activists Attack," *Chicago Reader*, June 22, 2007.

34 Vettel, "Foie Gras Ban, We Hardly Knew Ye."

是，綽特在二〇一三年十一月過世，年僅五十四歲。他的無數豐功偉業與對現代美國高級廚藝的影響，可從《芝加哥論壇報》上的訃文窺見一二：馬克・卡羅，〈查理・綽特，一九五九—二〇一三：芝加哥的革命性主廚〉，《芝加哥論壇報》，二〇一三年十一月五日。

13 "The Chef 's Table: Someone's in the Kitchen with the Cooks," *New York Times*, October 27, 1993.

14 阿莉安娜・達甘給自己的任務，是找出哪間農場給綽特這種印象。儘管在自家餐廳中用的是哈德遜谷肥肝，綽特還是婉拒了麥可・吉諾（Michael Ginor）與易吉・亞奈的每次邀約。綽特在一九九〇年代初曾造訪索諾瑪肥肝。他在食譜《肉與遊戲》（*Meat & Game*）中所用的照片，是在一間加拿大肥肝農場拍攝的。綽特告訴馬克・卡羅，他最後一間造訪的農場使用個別囚禁籠，這表示那可能是加拿大或法國農場，因為沒有一間美國農場使用那種鳥籠系統。

15 特拉蒙托在得知綽特的回應後，一開始是一陣震驚的沉默，然後說「查理的名字在我的禱告裡——你們可以把這個放進我的回應。」見《肥肝戰爭》（2009）第一章，以進一步了解這位名人主廚反擊的詳細資訊，以及卡羅二〇一二年在《芝加哥論壇報》上五篇關於綽特的傳記連載。綽特不回應我的電話與採訪邀約，但我跟特拉蒙托說上話，最後也與其他曾跟兩位主廚工作過的人晤談。

16 Mark Caro, "Trotter Won't Turn Down the Heat in Foie Gras Flap," *Chicago Tribune*, April 7, 2005.

17 長期以來，摩爾在市議會中都以擁護進步計畫聞名，包括二〇〇三年反對美國預先襲擊伊拉克的法令。他的選區羅傑斯公園（Rogers Park）以居民多樣性為傲，儘管社區長久以來都在和犯罪和貧窮奮戰。

18 這個緊跟在後、禁止在餐廳與酒吧吸菸的市禁令，也由健康委員會通過。

19 禁令撤銷後，綽特告訴《芝加哥論壇報》的美食編輯，「我打從一開始就不支持禁令。當喬・摩爾告訴我，他決定把我的名字列在提倡者名單上時我嚇壞了。他希望我出來支持這個禁令。我不上這道菜有我自己的原因，但別找我去淌他的渾水。）（菲爾・魏托二〇〇八年報導）他向作者馬克・卡羅提到推動禁令的動物權人士，「這些人是白痴。了解一下我的立場：我跟那種團體沒有關係。」（Caro，2009，12）

第四章

1 出於純粹的有趣巧合，道葛是在拜訪本書第三章開頭那間波爾多餐廳時，得到用鴨油炸薯條的靈感。

2 「熱葛店」也承諾，將店商標刺在身上的死忠顧客，可終生免費享用熱狗。

3 在禁令撤銷後一陣子的二〇一〇年，道葛與喬．摩爾有了一次和解會面，現場還有一位伊利諾州參議員。大家簽署一份文件，表明「一度帶著威嚇的斧頭」如今「鋒芒已鈍，而且永遠埋葬。」

4 Johnston and Baumann, 2010.

5 讓粉絲驚而不喜的是，道葛．宋在二〇一四年秋天關掉了「熱葛店」，好如他所說「休養生息」。之後，他舉辦了一些快閃餐廳活動，並在二〇一四年與凱特．德維沃（Kate DeVivo）合著一本精裝畫冊《熱葛店之書》（*Hot Doug's: The Book*）。

6 Weber, Heinze, and DeSoucey, 2008.

7 Bob, 2002; Berry and Sobieraj, 2013.

8 Kristine Hansen, "And the Ban Goes On: California Still Says No to Foie Gras," *FSR Magazine*, January 28, 2013.

9 Heath and Meneley, 2010.

10 二〇〇四年通過的加州禁令在二〇一二年生效，並於二〇一五年一月被聯邦地區法院撤銷，三個月前最高法院才決定不複審第九審不推翻禁令的決定。幾個境內沒有肥肝製造商的州先前也通過禁止生產肥肝的法令——但不是禁止消費。

11 這篇文章其實晚了數週發表，因為當時佛州的植物人泰麗．夏沃（Terri Schiavo）拔除維生系統的法律糾紛仍是報導焦點。根據馬克．卡羅所說，他的編輯希望在讀者心中把兩篇有關餵食管的故事分開。

12 二〇一二年夏天，芝加哥主廚查理．綽特在經營了二十五年後，關閉自己的知名餐廳。關店公告幾個月前發布，全國媒體報導得苦樂參半，但並非非全然驚訝。綽特雖然定義了新美國料理，又讓芝加哥人關心食物，還是有很多人日認為綽特並未趕上前沿廚藝世界的步調。或許這就是無常：許多目前還很有名的芝加哥主廚與競爭對手，都曾在綽特的廚房工作。無論如何，很少有高級餐廳能在這麼快速變遷又競爭的行業中撐過二十五年，而且榮耀一身。接著讓廚藝社群震驚的

57 見 Mintz, 2003, 27.

58 Winter, 2008; Laachir, 2007.

59 製作清真肥肝的鴨鵝要依伊斯蘭戒律屠宰，頭要朝向麥加。法國穆斯林社群估計約有六、七百萬人，已被消費品製造商視為崛起中、而有利可圖的市場人口。

60 http://www.actionsita.com/article-14096886.html.

61 http://www.occidentalis.com/blog/index.php/foie-gras-hallal-labeyrie-non-merci.

62 http://www.al-kanz.org/2010/12/06/labeyrie-halal-communique/; http://www.al-kanz.org/2007/11/24/foies-gras-halal-ce-quaffirme-labeyrie/.

63 http://www.actionsita.com/article-14096886.html.

64 很難說這些抵制、或揚言抵制的威脅究竟是否對拉貝希的銷售造成顯著影響，不小程度上是因為該公司的規模、新的股權結構和多重品牌使然。

65 http://resistancerepublicaine.eu/2013/foie-gras-labeyrie-halal-sinon-rien-par-daniel/.

66 http://www.theguardian.com/world/2010/apr/05/france-muslims-halal-boom.

67 http://www.theweek.co.uk/17471/france-today-tale-halal-foie-gras-and-burkas; http://islamineurope.blogspot.com/2010/01/france-halal-foie-gras-hit.html.

68 http://www.guardian.co.uk/world/2011/jul/19/france-outrage-germany-foie-gras-ban.

69 http://www.just-food.com/news/le-maire-threatens-anuga-boycott-over-foie-gras-ban_id115995.aspx.

70 Bruno Le Maire, letter to Ilse Aigner, Ministry of Agriculture, July 11, 2011.

71 被引用於Cécile Boutelet and Laetitia Van Eeckhout, "Le foie gras français 'non grata' en Allemagne," *Le Monde*, July 16, 2011.

72 Henry Samuel, "Foie Gras Diplomatic Spat between France and Germany Intensifies," *The Telegraph*, July 28, 2011.

73 Antoine Comiti, letter to Reinhard Schäfers, Ambassador of Germany, Bron Cedex, France, July 11, 2011.

40 Heller, 1999.

41 與法國人類學家依莎貝爾・泰修艾爾的私人訪問，二〇〇七年十一月。

42 Trubek, 2007.

43 Aurier, Fort, and Sirieux, 2005.

44 MacCannell, 1973; Smith, 2006.

45 Kirshenblatt-Gimblett, 1998.

46 一九九一年，法國文化部將「烹飪遺產」登錄至《法國文化紀念物清冊》（L'Inventaire des monuments de la France）當中，給予它和教堂和城堡一樣的認可等級，並委派國家烹飪藝術委員會（一九八九年創立，由五個部門代表組成——文化、農業、教育、觀光、健康）監護。在進行了「烹飪遺產」的前測研究後，國家烹飪藝術理事會選出了一百個「建構法國美食史」的「美味景點」（Sites of Taste）以刺激觀光，讓大眾得以接觸這些地方。

47 Wherry, 2008.

48 觀察宰殺分切會是一種令人嚮往的假日活動，這在美國人看來確實有點奇怪。

49 Heath and Meneley, 2010.

50 Barham, 2003.

51 Bowen and De Master, 2011.

52 Potter, 2010.

53 這個詞其實是諧音雙關。去參加這種早市，字面上就是一個「肥油早晨」，但這樣也就玩弄了法文慣用語「faire la grasse matinée」，這個慣用語的意思是偷懶賴床。

54 像是二〇一一年，動物權團體聲稱只有百分之十五的法國肥肝製造商實施新規。完全撤除個別籠的新期限，在製造商向CIFOG連署要求更漸進的實施方式之後，當時延至二〇一五年。

55 見Meunier，2005。在我停留法國期間，有一個很受歡迎的喜劇小品電視節目，主打兩隻扮演小布希與洛基（Rocky Balboa）的手偶之間的「對話」。

56 我無法追溯「美國人將法國紅酒灑在街上」的敘述參照的起源。我受過專業訓練的猜測是，一個甚受歡迎的法國晚間新聞播送了某些人這麼做的畫面，以代表美國人對法國政府決定撤軍伊拉克的憤慨回應。

工。外帶餐廳增值稅率是百分之五點五，相較於供座位「美食」餐廳的百分之十九點六，使得外帶餐廳廣受學生、津貼族與其他低收入顧客歡迎。如二〇〇七年，法國是麥當勞獲利第二高的市場，僅次於美國。見Steinberger，2010。

28 Hewison, 1987.

29 「傳統的發明」在此並非意味這個產業創造出來的新意義與新價值不合理，也不是說它們並非真實的文化與政治工作。

30 http://agriculture.gouv.fr/signes-de-qualite-le-label-rouge. 家禽見 http://www.volaillelabelrouge.com/en/home.

31 西南部的手工與工業肥肝製造商皆可申請PGI標章。

32 Eurobarometer 2014. 可見於 http://ec.europa.eu/agriculture/survey/index_en.htm. 在法國及美國，對社會與環境存續性的顧慮，也促進手工食品市場發展。見Dubuisson-Quellier，2009。

33 可參見 Terrio, 2000; Boisard, 2003; Paxson, 2012.

34 Shields-Argelès, 2004.

35 較大型的肥肝製造商也利用「風土」與「傳統」這樣的語言，去行銷產品。但在使用幾百到幾千間農場所產的肝臟時，他們需要品牌有獨特、但穩定不變的味道。

36 在該受訪者未察覺的情況下，這段宣言聽起來很像一九九八年的國家烹飪藝術委員會主席拉札列夫（Alexandre Lazareff）所寫的一段文字：「在法國，我們以許久不再只為維生而進食；我們的餐盤有一部分是保留給靈魂的。」

37 這種文化遺產話語某種程度上是自相矛盾的，因為法國是國際大規模農產食品貿易的主要參與者，也是歐盟的共同農業政策（Agricultural Policy，CAP）農業補助金的主要受惠者。某些世上最大的食品連鎖公司總部就位於法國。

38 Bessiere, 1996; Long, 2003.

39 在二十世紀早期，聲譽良好的新聞報刊開始刊載地方菜餚的美食清單，以及出版讚揚法國地方食物與餐廳的指南書。輪胎公司米其林也製作了這類指南，很快就因其餐廳與旅館評分系統而走紅，並為他們營造出延續至今的聲望。就像費格森適切的筆記，這些文本拓寬了法國美食學公眾的人數，或「品味社群」，並讓法國廚藝場域搖身一變，成為世界聞名的文化場域。

14 舉例來說，一九九四年法國文化部長賈克・杜彭（Jacques Toubon）就稱電影《侏儸紀公園》——前一年在法國境內近四分之一的戲院播映——是「對法國身分認同的威脅」。

15 一位熱爾地區農場的填肥人半開玩笑地稱鴨糞是「熱爾的石油」，因為他們每年會數度將鴨糞當成肥料，撒在田裡。

16 農舍客棧是官方對於供餐、供宿或兩者兼備的營業農場之分類。我抵達時，若馬爾農舍客棧在週末提供下午餐點，但未提供付費過夜住處。

17 然而，「手工」一詞的使用正朝商業、甚至是荒謬的方向發展而去。此字為國內外販售商品的行銷及各式餐廳的菜單生色不少。手工食物顧問集團應運而生。它的意義被延伸到一種令人大翻白眼的程度。達美樂披薩現在推出手工披薩系列。星巴克用這個詞包裝早餐三明治，連鎖麵包店潘娜拉（Panela）也如此行銷麵包。

18 Trubek, 2008.

19 人類學家麥可・赫茲費德（Michael Herzfeld，2004）批判，手工作為國家「傳統」——或說「價值的全球階序」中的商品化民俗——同時具備邊緣性與模範性，這對手工職人的每日生活與職業抱負而言是一把兩面刃。

20 參見Guy（2003）對這件事如何類似地發生在二十世紀早期香檳的精湛分析。參見Sahlins, 1989.

21 希斯與梅內利（2007）把這些方法區分為「新手工」（Neo-Artisanal）或「技藝」（Techne），定義為身體化的手藝技術；以及他們稱之為「技術科學」（Technoscience）的工業化生產。

22 Herzfeld, 2004.

23 兩部此類電影是《男人的野心》（*Jean de Florette*）與《瑪儂的復仇》（*Manon des Sources*），皆由克勞德・貝里（Claude Berri）於一九八六年製作。

24 Held and McGrew, 2007.

25 Bishop, 1996.

26 自此，農民聯盟就在後工業化的國際舞台上代表著小農利益，並在歐洲反基改運動中特別活躍。見Heller，2013。

27 此行動也促使麥當勞修改運作方針，並重新包裝，迎合法國大眾。法國麥當勞大部分使用法國產的食材，並在各管理階層主要聘用法國員場的劇場氛圍的研究中，法國社會學家Michelle de la Pradelle（2006）認為，建立在風土主張上的當代虛構故事，就是販售時的行銷手段。

100 Wagner-Pacifici and Schwartz, 1991.

101 Kowalski, 2011.

102 Nora, 1996.

103 Sutton, 2007.

104 在近年經濟危機、歐盟降低歐債策略的辯論、以及對特定國家強制執行撙節計畫的脈絡中，這個陳述尤其真切。二〇一四年五月的歐洲議會席位選舉提供了額外佐證，幾個國家的極右派政治團體都見證了勝利。

第三章

1 Lamont, 1992.

2 Appadurai, 1986.

3 Ferguson, 2004.

4 我在二〇〇八至〇九年經濟危機開始登上新聞頭條前，進行此研究。此後，歐洲國內與跨國政治重整了歐洲問題的優先順序。儘管如此，這故事依然有參考價值，因為食物與農業依然有經濟與政治上的重要性，也因為食物政治還在象徵上影響致力劃出界限邊線的團體。例如二〇一二年的法國大選，就帶出其他幾個食物被用以標示歸屬與他異的案例——也就是右翼政治團體「國民聯盟」成員與支持者在清真肉品（適合穆斯林食用的肉）上所做的文章。

5 我使用非隨機、滾雪球式的採樣法。

6 Barham, 2003; DeSoucey 2010.

7 Pilcher, 1998.

8 Bowen, 2015.世貿組織對TRIPS條款的解釋見https://www.wto.org/english/tratop_e/trips_e/gi_background_e.htm。

9 Goody, 1982.

10 Leitch, 2003.

11 Terrio, 2000.

12 Serventi, 2005.

13 Mennell, 1985; Ferguson, 2004.

「肥肝醬」（Pâté de Foie Gras）與「肥肝製品」（Produits au Foie Gras）等產品（全肝含量較多的價格更貴）。

85 職業協會與各行各業專業工作者的行會（Filière）網絡，在法國有著複雜多變的歷史，其中以農業行會在歷史上最顯著。法國也是西歐公會組織最不盛行的地區。Schmidt, 1996.

86 過去數十年來，法國批准或簽署了許多（但非全部）有關動物虐待與殘酷行為的跨國公約，包括歐盟層級的動物保護公約。法國也有大量動物福利組織與慈善機構，包括成立一百五十年的「動物保護協會」（Société Protectrice des Animaux）。

87 宗教豁免是為了淨食（Kosher）或清真（Halal）屠宰習慣所訂。

88 See DeSoucey, 2010.

89 由索弗瑞（一間法國民調組織）主導、並由《世界報》（*Le Monde*）報導的民調。《經濟學人》（*The Economist*）觀察到該年「法國政治人物排隊等著支持文化保護主義的權利」（"France and World Trade: Except Us," *The Economist*, October 16, 1999, 53）。

90 Téchoucyres, 2007.

91 Benedict XVI and Seewald, 2002, 79.

92 馬克．卡羅在《肥肝戰爭》一書中提到，某些以色列製造商遷移到匈牙利，現在已將肥肝出口回以色列。他引用哈德遜谷肥肝的以色列籍共有人易吉．亞奈對此事實的抨擊：「誰在撈好處？就是跟以前一樣的那批老闆，還有匈牙利勞工。這些人他媽的才沒救過半隻鴨或鵝！」（2009, 38–39）

93 Gille, 2011.

94 這迫使運動人士聚焦在不同的目標上，亦即零售市場。舉例來說，其他國家的商店與餐廳都已在動物權支持者直接施壓下將肥肝下架。

95 由拜恩（Byrne）先生二〇〇一年九月十八日代表委員會對成文問題E-2284/01、E-2285/01、E-2286/01所作的聯合回答。載於二〇〇二年五月十六日《歐盟社群公報》（*Official Journal of the European Communities*）。

96 Calhoun, 2007.

97 Lévi-Strauss, 1966.

98 Somers, 1994; Holt, 2004.

99 在一篇引人入勝、對於普羅望斯小鎮卡潘塔斯（Carpentras）露天菜市

Maïs），法國二〇〇八年生產約一千五百萬噸玉米，當中百分之四十都種在西南部。就像在美國，其主要用途是作為動物飼料。玉米最早是在中美洲被馴化，十五世紀末或十六世紀初才首度傳進歐洲，也就是說，玉米不可能是鴨子的「自然」飲食。

77 這兩種填肥法，我在二〇〇六與二〇〇七年的田野調查中都曾觀察到。

78 這些數字也顯示「工業化」是一個相對概念。一次八百到兩千隻鴨，這數字跟紐約上洲的哈德遜谷肥肝相比，仍小得多；後者透過垂直整合流程，一次可生產兩萬顆肝臟。但填肥人在法國也被視為是「工業」鏈一環，因為這些勞工也在產業鏈中被區隔、分散。

79 歐洲保護公約常任委員會（Standing Committee of the European Convention）一九九九年之〈對於豢養家鴨之建議〉，英文全文見https://wcd.coe.int/wcd/ViewDoc.jsp?id=261425，法文全文見https://wcd.coe.int/wcd/ViewDoc.jsp?id=261543

80 根據CIFOG報告，一九九六年的世界產量分別為：法國，百分之八十；匈牙利，百分之十二；保加利亞，百分之四；以色列，百分之一；波蘭，百分之一；其他，百分之二。二〇〇五年，法國占世界總產量為百分之七十八點五，二〇〇九年下滑至百分之七十五。

81 這個比例在一九六〇年代從百分之六十五上漲到七十，並且持續增長中。此外，法國消費需求也超越了國內生產。加工商、批發商與餐廳都仰賴東歐農場供應。數間製造商已開始在中國建立或投資肥肝農場，以滿足亞洲市場的新需求。

82 旗下擁有胡吉耶、比札（Bizac）、蒙佛（Montfort）三個品牌的「優萊利斯」，是法國最大的肥肝與奢侈食品公司集團（見www.euralis.fr）。它也擁有帕美（Palmex）這間魁北克肥肝農場，同時是開始在中國投入肥肝農場的企業之一。

83 例如，據傳西南部的製造公司會進口價格跟品質都較低的東歐肝臟，當作自己產品出售；或者製造商也會將豬油當作比較廉價的添加物混進肥肝醬內（作者訪談）。

84 這些管制讓未含超過百分之九十六的增肥鴨肝或鵝肝的產品，不能僅以「肥肝」稱呼。（其他百分之四可以是調味與辛香料。）增肥全鴨肝最少必須重三百克，而增肥全鵝肝為四百克。這些管制區分出諸如「全肥肝」（Foie Gras Entier）、「肥肝塊」（Bloc de Foie Gras）、

集。我的回應者中無人提到這種轉變對阿爾薩斯的負面影響，只說到有這件事。

64 整個二○○○年代，法國加工的鴨子數量每年有百分之五成長。不過，產業會減緩生產速度，防止肥肝生產過度，以維持其頂級定位（與產業代表的私人對話）。

65 當時（一九八二到八七年間，之後又成為私有）蘇伊士金融公司是國營企業。

66 載於Coquart and Pilleboue, 2000.

67 數據來自CIFOG的《肥肝經濟與市場報告》（*Rapport économique, marché du foie gras*）。

68 因為對高級肥肝產品的需求再現，這個現象近年也變了。

69 二○○六年夏天，我在巴黎國家圖書館接觸CIFOG一九九六到二○○二年的完整通訊。肥鴨胸特指生產肥肝鴨子的增肥胸肉。

70 Ginor, Davis, Coe, and Ziegelman, 1999.

71 匈牙利年產大約兩千噸肥肝，成為僅次法國的第二大生產國。匈牙利養鵝場通常使用有彈性的橡膠管，接在可快速分餵飼料的機器上。Zsuzsa Gille（2011）討論過匈牙利肥肝產業的當今政治，尤其是二○○八年得到媒體關切與政府回應的一場抵制。

72 一篇（現受爭議的）生理指標研究回顧，可見Guémené, et al. (2004)。但也可參見「停止填肥」反駁，英文版可參見http://www.stopgavage.com/en/inra。

73 母雛鴨若沒被當成肉鴨飼養，就會安樂死。美國所有肥肝都是公鴨所產。哈德遜谷肥肝表示，他們是將所有母鴨運回加勒比海的養殖場作為肉鴨。肥鵝肝則公母皆有。

74 在法國，胡吉耶與費耶一阿茨納都有販售肥肝冰淇淋。二○○七年，胡吉耶在里昂的席哈／黃金博居斯節（Sirha/Bocuse D'Or Festival）讓得到創新大獎。在美國，肥肝冰淇淋是理查．布萊（Richard Blais）二○○一年在Bravo電視頻道的《主廚生死鬥全明星賽》（Top Chef All-Stars）贏得決賽的一道菜色。

75 這也讓記者與學者報導的肥肝爭議品質低落。例如，雖然肥鴨肝在法國占每年肥肝產量百分之九十五，並占美國全部生產，但許多新聞報導、社論、甚至是某些學術文章，仍持續使用「鵝肝」一詞稱呼。

76 根據法國玉米生產總會（Association Générale des Producteurs de

48 Allen Weiss (2012, 75)有力地提出，「這種典型只是某個給定時刻的所有可能之一道切面，而非一種歷史陳述。」

49 Ferguson, 2004, 7. See also Trubek, 2000.

50 Spang, 2000.

51 如食物歷史學家梅根·艾里亞斯（Megan Elias）所寫（2011），關聯到美食家的特質（鑑賞力、正統性、紅酒知識等等）首先是在一八〇〇年代被描述成是思考食物的理論取徑，並作為結合理論與實踐（飲食）的饕客（Gourmand）之對照。

52 Gopnik, 2011, 36.

53 城市人普遍吃得比較好，但多數食物（例如牛奶、魚、蔬菜）的新鮮度在二十世紀之前都是不可靠的。見 Scholliers, 2001.

54 Ferguson, 2004.

55 可參見 Mennell, 1985.

56 Furlough, 1998.

57 如女性主義人類學家Micaela Di Leonardo（1984）呈現，以祖母形象作為族群或國家認同的照護者，絕非法國獨有。在二十世紀末的美國，祖母變成廣告與電視在傳播白人族群自我認同時的有力形象，其性格特徵是哺育幼小、家族忠誠、聯繫鄰里、在家做飯。社會學家Mary Waters（1990）也對這種形象的文化重要性做出類似分析。

58 舉例來說，牛仔的形象——粗獷、陽剛、獨立的理想形象——常在美國西部的鄉土認知中作為英雄。見Savage, 1979.

59 Gary Alan Fine（2001）在他研究「名譽不佳」歷史人物的計畫中，稱這些個人與團體為「名譽企業家」（Reputational Entrepreneurs）。

60 Hall, 1992.

61 二〇〇六年五月田野筆記。重要的是，因為法國國家官方的世俗主義（Laïcité），聖誕節是作為法國國家節日來慶祝，而非純粹宗教節日。這也類似法國將中世紀大教堂歸類為國家文化遺產的作法。

62 法國肥肝製造的工業化、以及國家農業研究院（National Institute for Agricultural Research，INRA）在創造與擴散這些新科技時歷史角色，額外細節可參見Jullien and Smith, 2008.

63 阿爾薩斯如今只剩下三家規模顯著的製造商，數量由一九九〇年代大約六十間銳減。規模更小的商家在二戰時都消失了，可能是強迫合併或遭併購。此外，土地更加昂貴意味當地農牧業比西南部還要資本密

意象。

34 對我來說，FGFT是對解釋中的事物具有描述價值的速記工具，讓我能在故事講述當下，記下額外細節與變體（雖然很少）。

35 「童話」這個措辭也能取其義，指一種無憂無慮的故事。其他使用同樣措辭之處也作如此指涉。

36 Wuthnow, 1987.

37 自然的概念化使用，如李維史陀等人教導的，是鑲嵌於文化的現象，許多自然與文化的區別都是意識形態選擇的產物。參見Heath and Meneley, 2007.

38 http://www.rougie.us/Foie%20Gras.html.

39 埃及藝術與物質文化史學家強調，埃及的光環至今仍有懾人地位。

40 Giacosa, 1992.

41 Toussaint-Samat, 1994; Wechsberg, 1972.

42 法國西南地區的高盧—羅馬建築與廢墟當中，還可見這條路徑的部分實體證據。例如，十一世紀末建於貝亞恩（Béarn）鎮上的聖一福瓦·德·莫拉斯（Sainte-Foy de Morlaàs）教堂拱門上就有鵝的形象。參見如Perrier-Robert, 2007, and Daguin and Ravel, 1988.

43 Davidson, 1999.

44 猶太教的一項基本戒律，就是欣賞神給予人類的世界，包括宗教允許的牲畜之用途與益處，並使人道對待成為必要。見Schapiro, 2011, 119.

45 這個與猶太人的連結，佐證了肥肝產業在當代匈牙利的重要性。在東歐猶太人聚落中，猶太人不能擁有土地或農地，但可在屋內或附近養幾隻鵝。在「高級料理」達到巔峰、法國肥肝供不應求時，進口商於是轉往東歐，尤其是小型家庭代工已發展起來的匈牙利。一九三八年前後，匈牙利每年出口約五百公噸肥肝，透過冷藏鐵路貨運載往法國。

46 雖然烹飪史學家同意猶太人在歐洲傳播肥肝的角色，但仍就猶太人口對現代肥肝產業的影響程度爭論不休。有些提到阿爾薩斯地區在十六、十七世紀的食譜，上面認為是猶太人創造了肥肝生意（見Davidson，1999）。但其他人不同意，如Silvano Serventi（2005，13）就寫道：「猶太人製造肥肝的名聲要到十六世紀才完整建立，法國農學界也約莫在此時描述了取得這種食物的工法。」

47 Anderson, 1991; Bell, 2003.

錄到UNESCO這樣的組織中。

16 傳統引發的爭議干擾到某些視之為理所當然的社群。*Simon Bronner: Killing Tradition: Inside Hunting and Animal Rights Controversies* (2008)就相當值得參考。

17 此定義採自Grazian（2003）與Fine（2003）。如前者所論，正統文化產品的商品化能培養消費者追求正統性的胃口，結果往往出人意料。

18 參見Held, McGrew, Goldblatt, and Perraton, 1999.

19 Held and McGrew, 2007.第三章。

20 Mabel Berezin與Martin Schain合編之*Europe Without Borders: Remapping Territory, Citizenship, and Identity in a Transnational Age*（2003）扼要地將領土定義為「嵌於實體空間中的社會、政治、文化與認知權力關係的凝聚認同」（10）；而認同的定義為「使領土的心理向度一覽無遺的認知形式。」（11）

21 McMichael, Philip, 2012; Stiglitz, 2002.

22 Fourcade-Gourinchas and Babb, 2002; Sklair, 2002.

23 Brubaker, 1996.

24 Anderson, 1991.

25 Hobsbawm and Ranger, 1983.

26 Billig, 1995. 在美國，州政府也會宣告將某些普通記號作為官方象徵，像是樹、花、鳥。見Dobransky and Fine, 2006.

27 Anderson, 1991. 延伸閱讀：Richard Peterson知名作品，*Creating Country Music: Fabricating Authenticity*, 1997.

28 Bandelj and Wherry, 2011; Croucher, 2003.

29 Wilk, 2006.

30 舉例來說，法國前文化部長，傑克・朗 （Jack Lang）於一九九三年被《華盛頓郵報》引用的一段話就說，源於美國的文化商品在自由貿易中會帶來「歐洲的心靈殖民，及其想像力的逐漸崩毀。」（十月十六日）

31 肥肝在具備奢侈消費品品味的地方流行，包括美國與歐洲。其人氣也在亞洲與中東的富裕樞紐城市之間上升。

32 Toussaint-Samat, 1994; Combret, 2004.

33 我在美國進行的田野訪問中也發現，曾在法國當地學法國料理（像是在廚藝學校或是餐廳廚房）的人，也會說同樣的故事，帶出某些相同的城市是波爾多；以及南部—庇里牛斯（Midi-Pyrénées），其『首府』為土魯斯。此外，橫跨兩個大區的是兩個古代公國，加斯科尼與基恩（Guyenne）。加斯科尼包含朗德（Landes）、熱爾與其他部分；基恩由波爾多地區（Bordelais）、多爾多涅、一部分凱爾西（Quercy）與胡埃格（Rouergue）構成。但實際上的混淆始於：這些都是舊行省（province）的名稱，而新省分（department）的名稱與界線與舊劃分並非精準重合。於是傳統上，我們提到佩利戈、凱爾西與胡埃格，同時也能提到多爾多涅、洛特（Lot）與亞維宏（Aveyron）。」

4 Barham, 2003; Bowen, 2015.

5 Dubarry, 2004; Vannier, 2002.

6 「填肥」是將鴨鵝增肥的導管餵食工法。

7 《鄉村法典》L645–27–1修正案原文：Le foie gras fait partie du patrimoine culturel et gastronomique protégé en France. On entend par foie gras, le foie d'un canard ou d'une oie spécialement engraissé par gavage.

8 「停止填肥」目前是企圖與目標更廣大的動保暨權利促進團體L214的運動。

9 Bendix, 1997; Grazian, 2003; Peterson, 2005; Fine, 2006.

10 Wherry, 2008; Potter, 2010; Cavanaugh and Shankar, 2014.

11 Terrio, 2000; Herzfeld, 2004.

12 DeSoucey, 2010.

13 伴隨而來的是Prasad（2005）與Fourcade-Gourinchas & Babb（2002）所謂的法國「實用新自由主義」（Pragmatic Neoliberalism）轉向，其中國家領導的制度化協助從農業經濟中創造工業經濟，以參與國際經濟新體系。

14 Hoffman, 2006.

15 二〇〇八年，UNESCO開始蒐集一套文化習俗的官方清單，至今已蒐集全球各國近三百種不同條目，作為「需要緊急保護的非物質文化遺產」。該清單包含儀式舞蹈、纖維與織品藝術、樂器演奏法、節慶與建築工法。這份清單為各國經濟發展與觀光業定位且建立品牌。二〇一〇年，該清單添入三種與食物相關的「傳統」（隨之而來的就是針對各項適切性的辯論）：「地中海飲食」、「米卻肯（Michoacán）典範的傳統墨西哥料理」、「法國美食」。在此必須留意UNESCO資料庫建構的政治，並非各國都有同等資源或同等動力，可將文化遺產登

53 Goodman, 2002.

54 Gusfield, 1981.

55 Lamont and Fournier, 1992.

56 Lamont, 1992; Bourdieu, 1984.

57 Biltekoff, 2013. Also see Gutman, 2007.

58 Lamont and Molnar, 2002; Beisel, 1992.

59 DiMaggio, 1987.

60 Zelizer, 1983; Zelizer, 1985; Zelizer, 2011.

61 Healy, 2006; Almeling, 2011; Chan, 2012.

62 Beisel, 1993; Fourcade and Healy, 2007.

63 歷史上的酒精及禁酒運動便是一例（見 Gusfield, 1986.）歷史上有許多時期基於公共健康因素可飲酒，因為當時飲酒比喝水來得安全。見 Standage, 2006.

64 Steinmetz, 1999.

65 Tarrow, 1998.

66 收益數字來自各組織的年度財務報告。

67 各組織預算數字來自Kim Severson的報導“ Bringing Moos and Oinks into the Food Debate,” *New York Times*, July 25, 2007.PETA在二〇〇七年聲稱其有逾百萬的成員。該組織在一九九八年開始買進麥當勞的股票，並參與股東會議。美國人道主義協會握有Tyson chicken, Wal-Mart, McDonald's和Smithfield Foods的足量股票，可介入股東會議的決策。

第二章

1 一年後，許威伯成為「歐洲肥肝」聯盟（Euro Foie Gras）首任主席。此團體是為了表達法國、西班牙、保加利亞、匈牙利與比利時的肥肝在歐盟中的權益而創。此團體曾發出聲明稿，抨擊美國加州二〇一二年的肥肝禁令。

2 Trubek, 2008.

3 由於新舊地名範圍交疊，「法國西南」涵蓋的區域因此眾說不一。我能找到最清楚解釋，來自寶拉·沃爾菲特（Paula Wolfert）的食譜《法國西南料理》（*The Cuisine of Southwest France*）。她寫道（2005，xxii）：「整個區域有時會被視為兩個大區：亞奎丹（Aquitaine），其最重要法的理解，參見Youatt, 2012.

35 “Statement of Dr. Holly Cheever.” Chicago City Council Health Committee, October 2005.

36 美國養殖動物研究絕大多數都是關於牛肉、豬肉、乳製品與雞肉，而非鴨鵝。相反地，法國科學家已對鴨鵝進行過一系列從肝臟在餵食過程中的化學組成變化、最小化家禽壓力的技巧，到強迫灌食如何影響鳥類的荷爾蒙等無所不包的實驗與研究。這類研究有許多都是與法國國家農業研究所（Institut National de la Recherche Agronomique; INRA）聯手進行；其他細節載於一九九八年歐盟對生產肥肝之鴨鵝的福利報告中。

37 其他可參見Bennett, Anderson, and Blaney, 2002; Harper and Makatouni, 2002; *Consumer Attitudes about Animal Welfare: 2004 National Public Opinion Survey*, Boston: Market Directions, 2004.

38 儘管皮耶・布迪厄（Pierre Bourdieu, 1984）具有影響力的品味與食品消費社會學模型，引導著我的提問與分析，但他在討論人如何形成自己文化偏好，以及對他人的社會評斷策略時，大幅略去了道德與倫理的角色。

39 Curtis, 2013.

40 雖然，如瑪莉・道格拉斯呈現的，純淨與不純淨的食物之間那些正式與非正式的差異，透露了許多品味的高度細微變化（在高檔餐廳中上桌的精品漢堡依然是漢堡。）

41 Gabaccia, 1998; Wallach, 2013.

42 Biltekoff, 2013; DuPuis, 2002.

43 Gopnik, 2011.

44 Appadurai, 1981.

45 Brown and Mussell, 1984.

46 Ferguson, 1998; Ferguson, 2004.

47 可參見Gusfield, 1986; Beisel, 1997; Tepper, 2011.

48 Douglas, 1984, 30.

49 Douglas and Isherwood, 1979.

50 Gusfield, 1986, 11.

51 Jacobs, 2005.

52 Inglis, 2005.

團體「同情勝於殺害」（Compassion Over Killing）創辦人、美國人道主義協會的現任副董事長，保羅．夏皮羅（Paul Shapiro）。這些動物權運動人士的生活與他們表述的動機，在馬克．卡羅精彩的著作《肥肝戰爭》（*The Foie Gras Wars*）中有更詳盡的報導描寫。

25 作為相關注腳，萊恩．夏皮羅告訴馬克．卡羅，他們救出來的鴨子中除了一隻以外，其他都能「康復」，而且「牠們的肝臟自然縮回到幾乎是原本尺寸。」（Caro 2009, 73–74）。增肥的肝臟能回復正常的概念是肥肝擁護者的一項主要論點：肥肝工法是「自然的」，而非一種「疾病」。

26 Marcelo Rodriguez, "Activists Take Ducks from Foie Gras Shed," *Los Angeles Times*, September 18, 2003.

27 不少被稱作「動物的真朋友」的名人（包括影集《黃金女郎》的碧翠絲．亞瑟（Bea Arthur））在一份新聞稿中並未驗證或付上支持性論述。

28 農場庇護所（Farm Sanctuary）網站www.nofoiegras.org將其新聞稿下標為「史瓦辛格終結動物虐待」。

29 探討議題設定（Agenda-Setting）的大量文獻，已詳細記載大眾媒體在影響公民認定事物重要性時的角色與力量；還有政策議題，因為政治人物會利用新聞媒體作為「什麼被認為是議題」的資訊來源。換句話說，議題之所以重要，完全是因為它們在新聞中現身。參見Baumgartner and Jones, 2009; McCombs and Shaw, 1993.

30 Patricia Leigh Brown, "Foie Gras Fracas: Haute Cuisine Meets the Duck Liberators," *New York Times*, September 24, 2003.

31 Rollin, 1990; Lowe, 2006.

32 Jasper and Nelkin, 1992.

33 參見如農場庇護所的網站nofoiegras.org website，該網站在我寫作的同時寫著：「以醫療術語來說，肝臟在一種功能不全的狀態，叫做Hepatic Lipidosis或Hepatic Steatosis，意指肝臟不再能發揮它應有的功能。」Hepatic Lipidosis在人類身上俗稱「脂肪肝」，刻板印象是由過量飲酒引發（譯按：是過量攝取油糖）。對哈德遜谷肥肝提起的訴訟，以及美國農業部都宣稱，這間公司是在生產並流通一種「病態與摻假的產品」，但該說法被州法庭與聯邦法庭否決。

34 透過部落格意見來分析美國公眾對於動物感受能力、痛苦、與肥肝工

16 美國每年生產大約六十億隻肉雞。見美國農業部的《家禽屠宰年報》（*Poultry Slaughter Annual Summaries*），可以在美國國家農業統計局（National Agricultural Statistical Service）網站取得。參見Ollinger, MacDonald, and Madison, 2000.

17 全食超市（Whole Foods Market）執行長，約翰．麥奇（John Mackey）禁止其店面存有肥肝製品。

18 Johnston and Goodman, 2015.

19 Heldke, 2003.

20 事實上，美國兩個主要肥肝養殖場正好在安．巴爾（Ann Barr）與保羅．列維（Paul Levy）在一九八四年《官方吃貨手冊》（*The Official Foodie Handbook*）中創造「吃貨」一詞之後開始出現。參見Johnston and Baumann, 2010.

21 有些生產商以沒那麼硬的管子作實驗，一部分是為了平息批評聲浪。匈牙利肥肝商在生產肥鵝肝時使用一種特製的塑膠管。《紐約時報》二〇〇七年的一篇文章中曾介紹加州一位名叫湯姆．布若克（Tom Brock）的養殖商使用一種更短、且帶有彈性的餵食管（但他在接下來的幾年內就關門大吉）。哈德遜谷肥肝的易西．亞奈雖聲稱對布若克的技術感到好奇，但他告訴我：「看，你就是需要金屬管。因為塑膠管會滋生細菌。對鴨子來說，塑膠管相當可怕。牠們的食道會因此感染黴菌。金屬管可以清潔、消毒。我們都用不鏽鋼。」

22 我用「動物權」一詞作為概括性術語，形容那些提倡不為人類需求去使用動物，以善盡對動物的倫理義務之人或團體。動物權團體的議題、策略與意識形態派系涵蓋了整個光譜，從推廣素食者到解放動物主義者，當中有些解放動物主義者甚至排斥某些基於「爭取權利」的進路，傾向採更直接的行動戰術。作為這波運動論述基石的哲學鉅著包括彼得．辛格（Peter Singer）的《動物解放》（*Animal Liberation*）與湯姆．雷根（Tom Regan）的《動物權案例》（*The Case for Animal Rights*）。受訪的動物權運動人士人人都有一本辛格的書；不少人還會直接在對話當中引用書中句子。

23 Irvin Molotsky, "Foie Gras Event Is Killed by Protests," *New York Times*, August 24, 1999.

24 以紐約為根據地的「殘酷美食網」，是由莎拉珍．布倫（Sarahjane Blum）與萊恩．夏皮羅（Ryan Shapiro）所創立。萊恩的弟弟是動物權

2003. 若貝爾也告訴一份英國報紙，索諾馬肥肝是一個錯誤的標靶，因為他們的鴨子得到「極端良好的照顧——跟那些大型養雞場對待動物的方式比起來肯定如此。」（Andrew Gumbel, " 'Meat is Murder' Militants Target California's New Taste for Foie Gras," *The Independent*, August 23, 2003.）

6 Serventi, 2005.

7 這段陳述是波登在電視節目《波登不設限》（No Reservations）二〇〇七年某個佳節特集中所說，YouTube上能找到此片。美食學（Gastronomy）在英文中的定義一般而言是烹飪、備料與吃好食物的科學與藝術。該詞在法文中也指涉烹飪風格，例如關於某地某區的烹飪習俗，而英文更可能將此稱為「料理」（Ccuisine）。

8 Hugues, 1982; Serventi, 1993; Toussaint-Samat, 1994.

9 Daguin and de Ravel, 1988; Guérard, 1998; Ginor, Davis, Coe, and Ziegelman, 1999; Perrier-Robert, 2007.

10 大概有九百個在歐洲各國的特定食品，其產品與行銷擁有這些法律保障，還有更多品項正在待評鑑隊伍當中。

11 然而，有些身在美國的法國主廚，在一九七〇年早期就已開始偷渡新鮮肝臟進到美國。芝加哥城外餐廳「法國男子」（Le Français，在二〇〇六年關門大吉）的長期合作主廚，尚．邦榭（Jean Banchet）陳述，在吉諾、戴維斯（Davis）、寇（Coe）與齊格曼（Ziegelman）（1999, 63）等人著作中皆有引用。他說：「每次我從法國回來，都會藏一點在手提箱裡。有幾次我失手將東西裝在保麗龍盒裡；檢查員一看到盒子就知道裡面一定有食物。他會把整盒肥肝直接丟進垃圾桶，就當著我眼前。」我在研究過程中也聽到一些小規模自家產品的零星故事，可追溯至一八四〇年代。

12 Kamp, 2006.

13 http://chronicle.nytlabs.com/?keyword=foie%20gras.

14 最近只有一間隸屬名叫「優萊利斯」（Euralis）跨國企業的法國生產商胡吉耶（Rougié），會出口肥肝產品到美國，雖然好些位於魁北克的加拿大養殖場（都隸屬於法國公司）也鋪貨至美國市場。

15 在一次訪問中，一位芝加哥主廚驚呼：「兩千五百萬！那又沒怎樣。那只是密西根大道上的芝樂坊（Cheesecake Factory）分店一年賺進的數字。還不是整個連鎖企業。就那家分店。」

注釋

前言

1 Griswold, 1987.
2 舉例來說，「肥肝」（Foie Gras）與「肥肝爭議」（Foie Gras Controversy）的維基百科編輯歷史，就清楚展現出這種可得資訊的進化。投稿量在二〇〇七年之後才大幅增加（後者也才成為獨立條目）。
3 善待動物組織（People for the Ethical Treatment of Animals，PETA）
4 未全然依同情運動人士之觀點書寫肥肝的記者，也在網路上遭到斥責、霸凌與威脅。例如二〇一三年，德州一位接案的食物寫手就接到不少威脅郵件，甚至在她一篇有關休士頓五家供應肥肝餐廳的短文刊出後，「Change.org」上就發動了一次反對她的連署。連署下方回應稱她是「一個人類傲慢無知的絕佳範例」，以及「自私的自我主義者」。該寫手告訴我，電郵上那種不假辭色的暴力讓她相當緊張。她聲稱自己對有人為肥肝打抱不平甚感敬意，但也因為大家「很快便淪為人身攻擊、而且顯然無意進行更有理據的辯論而灰心。」

第一章

1 龔札雷茲後來分別告訴馬克．卡羅與我，這種指控展現了運動人士對於養殖場生活與野外生活的無知。「池塘是動物養殖的疾病溫床，」他這麼告訴卡羅（2009，90），而他對我說，「養殖場裡的池塘是主要細菌來源，會散播傳染病。」
2 Kim Severson, “Plagued by Activists, Foie Gras Chef Changes Tune,” *San Francisco Chronicle*/SFGate, September 27, 2003.
3 Grace Walden, “Sonoma Saveurs Foie Gras Shop Closes,” *San Francisco Chronicle*/SFGate, February 9, 2005.
4 Marcelo Rodriguez, “Foie Gras Flap Leads to Vandalism,” *Los Angeles Times*, August 25, 2003.
5 Patricia Henley, “Vandals Flood Historic Building,” *Sonoma News*, August 15,

System. Lanham, MD: Altamira Press.

Winter, Bronwyn. 2008. *Hijab and the Republic: Uncovering the French Headscraft Debate*. Syracuse, NY: Syracuse University Press.

Wolfert, Paula. (1983) 2005. *The Cuisine of Southwest France*. New York: Wiley.

Wuthnow, Robert. 1987. *Meaning and Moral Order: Explorations in Cultural Analysis*. Berkeley: University of California Press. Youatt, Rafi. 2012. "Power, Pain, and the Interspecies Politics of Foie Gras." *Political Research Quarterly* 65 (2): 346-58.

Zelizer, Viviana. 1983. *Morals and Markets: The Development of Life Insurance in the United States*. New Brunswick, NJ: Transaction Books.

——. 1985. *Pricing the Priceless Child: The Changing Social Value of Children*. New York: Basic Books.

——. 2005. "Culture and Consumption." In *Handbook of Economic Sociology*, edited by N.J. Smelser and R. Swedberg. Princeton, NJ: Princeton University Press.

——. 2011. *Economic Lives: How Culture Shapes the Economy*. Princeton, NJ: Princeton University Press. Zukin, Sharon. 1995. *The Cultures of Cities*. Cambridge, MA: Blackwell.

——. 2007. "Place Matters." In Korsmeyer 2007, 206-71.
——. 2008. *The Taste of Place: A Cultural Journey into Terroir*. Berkeley: University of California Press.
Vannier, Paul. 2002. *L'ABCdairedu foie gras*. Paris: Flammarion.
Veblen, Thorstein. (1899) 2007. *The Theory of Leisure Class*. New York: Oxford University Press.
Wagner-Pacifici, Robin, and Barry Schwartz. 1991. "The Vietnam Veterans Memorial: Commemorating a Difficult Past." *American Journal of Sociology* 97 (2): 376-420.
Wallach, Jennifer Jensen. 2013. *How America Eats: A Social History of U.S. Food and Culture*. Lanham, MD: Rowman & Littlefield.
Warde, Alan. 1997. *Consumption, Food and Taste: Culinary Antinomies and Commodity Culture*. London: Sage.
Waters, Mary C. 1990. *Ethnic Options: Choosing Identities in America*. Berkeley: University of California Press.
Weber, Klaus, Kathryn Heinze, and Michaela DeSoucey. 2008."Forage for Thought: Mobilizing Codes in the Movement for Grass-Fed Meat and Dairy Products." *Administrative Science Quarterly*. 53 (3): 529-67.
Wechesberg, Joseph. 1972. «Foie Gras: La Vie en Rise.» *Gourmet*, November.
Weiss, Allen S. 2012. "Authenticity." *Gastronomica: The Journal of Food and Culture* 11 (4): 74-77.
Wherry, Frederick F. 2006. "The Social Sources of Authenticity in Global Handicraft Markets: Evidence from Northern Thailand." *Journal of Consumer Culture* 6 (1): 5-32.
——. 2008. *Global markets and Local Crafts: Thailand and Costa Rica Compared*. Baltimore: Johns Hopkins University Press.
——. 2012. *The Culture of Markets*. Malden, MA: Polity.
Wilde, Melissa J. 2004. "How Culture Mattered at Vatican II: Collegiality Trumps Authority in Council's Social Movement Organizations." *American Sociological Review* 69 (4): 576-602.
Wilk, Richard R. 1999."'Real Belizean Food': Building Local Identity in the Transnational Caribbean." *American Anthropologist* 101 (2): 244-55.
——, ed. 2006. *Fast Food/Slow Food: The Cultural Economy of the Global Food*

Sohn, Doug, Graham Elliot, and Kate DeVivo. 2013. *Hot Doug's: the Book.* Chicago: Agate Midway.

Somers, Margaret R. 1994. "The Narrative Constitution of Identity: A Relational and Network Approach." *Theory & Society* 23 (5): 605-49.

Spang, Rebecca L. 2000. *The Invention of the restaurant: Paris and Modern Gastronomic Culture.* Cambridge, MA: Harvard University Press.

Standage, Tom. 2006. *A History of the World in 6 Glasses.* New York: Walker & Company.

Steinberger, Michael. 2009. *Au Revoir to All That: Food, Wine, and the End of France.* New York: Bloomsbury.

Steinmetz, George, ed. 1999. *State/Culture: State-Formation after the Cultural Turn.* Ithaca, NY: Cornell University Press.

Stiglitz, Joseph E. 2002. *Globalization and Its Discontents.* New York: W.W. Norton.

Sutton, Michael. 2007. *France and the Construction of Europe, 1944-2007: The Geopolitical Imperative.* New York: Berghahn Books.

Tarrow, Sidney G. 1998. *Power in Movement: Social Movements and Contentious Politics.* 2nd ed. Cambridge, UK: Cambridge University Press.

Téchoueryres, Isabelle. 2001. "Terroir and Cultural Patrimony: Reflections on Regional Cuisines in Aquitaine." Anthropology of Food. http://aof.revues.org/1531

——. 2007. "Development, Terroir and Welfare: A Case Study of Farm-Produced Foie Gras in Southwest France." Anthropology of Food. http://aof.revues.org/510.

Tepper, Steven J. 2011. *Not Here, Not Now, Not That!: Protest Over Art and Culture in America.* Chicago: University of Chicago Press.

Terrio, Susan J. 2000. *Crafting the Culture and History of French Chocolate.* Berkeley: University of California Press.

Toussaint-Samat, Maguelonne. 1992. *A History of Food.* Trasnlated by A. Bell. Cambridge, MA: Blackwell.

——. 1994. " Foie Gras." In *A History of Food*, 2nd ed., edited by M. Toussaint-Samat. New York: Blackwell.

Trubek, Amy B. 2000. *Haute Cuisine: How the French Invented the Culinary Profession.* Philadelphia: University of Pennsylvania Press.

Sahlin, Peter. 1989. *Boundaries: The Making of France and Spain in the Pyrenees*. Berkeley: University of California Press.

Sarat Austin, Marianne Constable, David Engel, Valerie Hans, and Susan Lawrence, eds. 1998. *Everyday Practices and Trouble Cases*. Vol.2, *Fundamental Issues in Law and Society Research*. Evanston, Il: American Bar Foundation and Northwestern University Press.

Savage, William W. 1979. *The Cowboy Hero: His Image in American History & Culture*. Norman, OK: University of Oklahoma Press.

Schapiro, Randall. 2011. "A Shmuz about Schmalz—A Case Study: Jewish Kaw and Foie Gras." *Journal of Animal Law* 7:119-45.

Schlosser, Eric. 2001. *Fast Food Nation: The Dark Side of the All-American Meal*. Boston: Houhghton Mifflin.

Schmidt, Vivien Ann. 1996. *From State to Market? : The Transformation of French Business and Government*. New York: Cambridge University Press.

Scholliers, Peter, ed. 2001. *Food, Drink, and Identity: Cooking, Eating and Drinking in Europe since the Middle Ages*. Oxford, UK: Berg.

Schor, Juliet. 1998. *The Overspent American: Upscaling, Downshifting, and the New Consumer*. New York: Basic Books.

Schudson, Michael. 1989. "How Culture Works: Perspectives from Media Studies on the Efficacy of Symbols." *Theory and Society* 18 (2): 153-80.

Schwalbe, Michael, Daphne Holden, Douglas Schrock, Sandra Godwin, Shealy Thompson, and Michele Wolkomir. 2000. " Generic Processes in the Reproduction of Inequality: An Interactionist Analysis.» *Social Forces* 79 (2): 419-52.

Seventi, Silvano. 1993. *La grande histoire du foie gras*. Paris: Flammrion.

——. 2005. *Le foie gras*. Paris: Flammarion.

Shields-Argelès, Christy. 2004. "Imagining the Self and the Other: Food and Identity in France and the united States." *Food, Culture and Society* 7 (2): 14-28.

Singer, Peter. (1975) 2002. *Animal Liberation*. New York: Ecco.

Sklair, Leslie. 2002. *Globalization: Capitalism and Its Alternatives*. Oxford, UK: Oxford University Press.

Smith, Laurajane. 2006. *Use of Heritage*. New York: Routledge.

Identity. Albuquerque, NM: University of New Mexico Press.

Pollan, Michael. 2006. *The Omnivore's Dilemma*. New York: Penguin Press.

Potter, Andrew. 2010. *The Authenticity Hoax: How We Get Lost Finding Ourselves*. Toronto: McClelland & Stewart.

Prasad, Monica. 2005. "Why is France So French? Culture, Institutions, and Neoliberalism, 1974-1981." *American Journal of Sociology* 111 (2): 357-407.

Prasad, Monica, Andrew J. Perrin, Kieran Bezila, Steve G. Hoffman, Kate Kindelberg, Kim Manturuk, and Ashleigh Smith Powers. 2009. "There Must Be a Reason': Osama, Saddam, and Inferred justification." *Sociological Inquiry* 79 (2): 142-62.

Rao, Hayagreeva, Philippe Monin, and Rodolphe Durand. 2005. "Border Crossing: Bricolage and the Erosion of Categorical Boundaries in French Gastronomy." *American Sociological Review* 70 (6): 968-91.

Regan, Tom. 1985. *The Case of Animal Rights*. Berkeley: University of California Press.

Rohlinger, Deana A. 2002. "Framing the Abortion Debate: Organizational Resources, Media Strategies, and Movement-Countermovement Dynamics." *The Sociological Quarterly* 43 (4): 479-507.

——. 2006. "Friends and Foes: Media, Politics, and Tactics in the Abortion War." *Social Problems* 53 (4): 479-507.

Rollin, Bernard E. 1981. *Animal Rights and Human Morality*. Buffalo, NY: Prometheus Books.

——. 1990. " Animal Welfare, Animal Rights and Agriculture." *Journal of Animal Science* 68 (10): 3456-61.

Rousseau, Signe. 2012. Food Media: Celebrity Chefs and the Politics of Everyday Interference. New York: Berg.

Ruhlman, Michael. 2007. *The Reach of a Chef: Professional Cook in the Age of Celebrity*. Berkeley: University of California Press.

Saguy, Abigail. 2013. *What's Wrong with the Fat?* New York: Oxford University Press.

Saguy, Abigail, and Forrest Stuart. 2008. "Culture and Law: Beyond a Paradigm of Cause and Effect." *The Annals of the American Academy of Political and Social Science* 619 (1): 149-64.

Culture: The Poetics and Politics of Food, edited by T. Döring, M. Heide and S. Mühleisen. Heidelberg, Germany: Winter.

Myers, B.R. 2011. "The Moral Crusade against Foodies." *The Atlantic*, March.

Naccarato, Peter, and Kathleen LeBesco. 2012. *Culinary Capital*. New York: Berg.

Nagel, Thomas. 1974. "What Is It Like to Be a Bat?" *The Philosophical Review* 83 (4): 435-50.

Nelson, Barbara J. 1984. *Making an Issue of Child Abuse: Political Agenda Setting for Social Problems*. Chicago: University of Chicago Press.

Nestle, Marion. (2003) 2010. *Safe Food: The Politics of Food Safety*. 2nd ed. Berkeley: University of California Press.

Nora, Pierre. 1996. *Realms of Memory: Rethinking the French Past*. Translated by L.D. Kritzman. New York: Columbia University Press.

Nyhan, Brendan, and Jason Reifler. 2010. "When Corrections Fail: The Persistence of Political Misperceptions." *Political Behavior* 32 (2): 303-30.

Nyhan, Brendan, Jason Reifler, and Sean Richey, and Gary L. Freed. 2014. "Effective Messages in Vaccine Promotion: A Randomized trial." *Pediatrics* 133 (4): e835-42.

Ohnuki-Tierney, Emiko. 1993. *Rice as Salt: Japanese Identities through Time*. Princeton, NJ: Princeton University Press.

Ollinger, Michael, James M, MacDonald, and Milton Madison. 2000. *Structural Change in U.S. Chicken and Turkey Slaughter*. Washington, DC: U.S. Department of Agriculture Economic Research Service.

Paxson, Heather. 2012. *The Life of Cheese: Crafting Food and Value in America*. Berkeley: University of California Press.

Pearlman, Alison. 2013. *Smart Casual: The Transformation of Gourmet Restaurant Style in America*. Chicago: University of Chicago Press.

Perreir-Robert, Aannie. 2007. *Foire gras, patrimoine*. Ingershcim-Colmar, France: Dormonval.

Peterson, Richard A. 1997. *Creating Country Music: Fabricating Authenticity*. Chicago: Chicago of University Press."

——. 2005. "In Search of Authenticity." *Journal of Management Studies 42 (5): 1083-98.*

Pilcher, Jeffrey M. 1998. *Que Vivan los Tamales!: Food and the Making of Mexican*

European Identity." *Ethnos: Journal of Anthropology* 68 (4): 437-62.

Lévi-Strauss, Claude. 1966. *The Savage Mind.* Chicago: University of Chicago Press.

Long, Lucy, ed. 2003. *Culinary Tourism*. Lexington, KY: University Press of Kentucky.

Lowe, Brian M. 2006. *Emerging Moral Vocabularies: The Creation and Establishment of New Forms of Moral and Ethical Meanings*. Langham, MD: Lexington Books.

MacCannell, Dean. 1973. "Staged Authenticity: Arrangements of Social Space in Tourist Settings." *American Journal of Sociology* 79 (3):589- 603.

Mannheim, Karl. 1985. *Ideology and Utopia: An Introduction to the Sociology of Knowledge*. Edited by L. Wirth and E. Shils. San Diego, CA: Harcourt Brace.

Matza, David, and Gresham M. Skyes. 1996. "Juvenile Delinquency and Subterranean Values." *American Sociological Review* 26 (5): 712-19.

McCombs, Maxwell, E., and Donald l. Shaw. 1993. "The Evolution of Agenda-Setting Research: Twenty Five Years in the marketplace of Ideas." *Journal of Communication* 43 (2): 58-67.

McMichael, Philip. 2012. Development and Social Change: A Global Perspective. 5th ed. Los Angeles: Sage.

Mennell, Stephen. 1985. *All Manners of Food: Eating and Taste in England and France from the Middle Age to the Present*. New York: Basil Blackwell.

Merry, Sally Engle. 1998. "The Criminalization of Everyday Life." In Sarat, Constable Engel, Hans and Lawrence 1998, 14-39.

Meskell, Lynn. 2004. *Object Worlds in Ancient Egypt: Material Biographies Past and Present*. New York: Berg.

Meunier, Sophie. 2000. "The French Exception." *Foreign Affairs* 79 (4): 104-16.

——. 2005. "Anti-Americanisms in France." French politics, Culture & Society 23 (2): 126-42.

Meunier, Sophie, and Kalypso Nicolaidis. 2006. "The European Union as a Conflicted Trade Power." *Journal of European Public Policy* 13 (6): 906-25.

Miller, Laura J. 2006. *Reluctant Capitalists: Bookselling and the Culture of Consumption*. Chicago: University of Chicago Press.

Mintz, Sidney W. 1985. *Sweetness and Power: The Place of Sugar in Modern History*. New York: Viking.

——. 2003. "Eating Communities: The Mixed Appeals of Sodality." In *Eating*

Kingsolver, Barbara, Steven L. Hopp, and Camille Kingsolver. 2007. *Animal, Vegetable, Miracle: A Year of Food Life*. New York: HarperCollins.

Kirshenblatt-Gimblett, Barbara. 1998. *Destination Culture: Tourism, Museums, and Heritage*. Berkeley: University of California Press.

Koopmans, Ruud. 2004. "Movements and Media: Selection Processes and Evolutionary Dynamics in the Public Sphere." *Theory and Society* 33 (3/4): 367-91.

Korsmeyer, Carolyn, ed. 2005. *The Taste Culture Reader: Experiencing Food and Drink*. New York: Berg.

Kowalski, Alexandra. 2011. "When Cultural Capitalization Became Global Practice: The 1972 World Heritage Convention." In Bandelj and Wherry 2011, 732-89.

Kuh, Patric. 2001. *The Last Days of Haute Cuisine*. New York: Viking.

Laachir, Karima. 2007. "France's 'Ethnic' Minorities and the Question of Exclusion." *Mediterranean Politics* 12 (1): 99-105.

Lakoff, George. 2006. *Whose Freedom?: The Battle Over America's Most Important Idea*. New York: Farrar Straus and Giroux.

Lamont, Michèle. 1992. Money. Morals, and Manners: The Culture of the French and American –Upper Middle Class. Chicago: University of Chicago Press.

Lamont, Michèle, and Marcel Fournier, eds. 1992. *Cultivating Differences: Symbolic Boundaries and the Making of Inequality*. Chicago: University of Chicago Press.

Lamont, Michèle, and Laurent Thévenot, eds. 2000. Rethinking Comparative Cultural Sociology: Repertoires of Evaluation in France and the United States. Cambridge, UK: Cambridge University Press.

La Pradelle, Michèle de. 2006. *Market Day in Provence*. Chicago: University of Chicago Press.

Laudan, Rachel. 2013. *Cuisine and Empire: Cooking in World History*. Berkeley: University of California Press.

Lavin, Chad. 2013. *Eating Anxiety: The Perils of Food Politics*. Minneapolis: University of Minnesota Press.

Lazareff, Alexandre. 1998. *L'exception culinaire française: Un patrimoine gastronomique en péril?* Paris: Éditions Albin Michel.

Leitch, Alison. 2003. "Slow Food and the Politics of Pork Fat: Italian Food and

Inglis, David. 2005. *Culture and Everyday Life*. Abingdon, UK: Routledge.

Inglis, David, and Debra L. Gimlin, eds. 2009. *The Globalization of Food*. New York: Berg.

Inglis, David and John Hughson. 2003. *Confronting Culture: Sociological Vistas*. Malden, MA: Polity Press.

Jacobs, Meg. 2005. *Pocketbook Politics: Economic Citizenship in Twentieth-Century America*. Princeton, NJ: Princeton University Press.

Jasper, James M. 1992. "The Politics of Abstractions: Instrumental and Moralist Rhetorics in Public Debate." *Social Research* 59 (2): 315-44.

——. 1997. *The Art of Moral Protest: Culture, Biography, and Creativity in Social Movements*. Chicago: University of Chicago Press.

——. 1999. "Recruiting Intimates, Recruiting Strangers: Building the Contemporary Animal Rights Movement." In *Waves of Protest: Social Movements Since the Sixties*, edited by J. Freeman and V. Johnson. Lanham, MD: Rowman& Littlefield.

Jasper, James M., and Dorothy Nelkin. 1992. *The Animal Rights Crusade: The Growth of a Moral Protest*. New York: Free Press.

Johnston, Josée. 2008. "The Citizen-Consumer Hybrid: Ideological tensions and the Case of Whole Food Market.: *Theory and Society* 37(3): 229-70.

Johnston, Josée, and Shyon Baumann. 2010. *Foodies: Democracy and Distinction in the Gourmet Foodscape*. New York: Taylor& Francis.

Johnston, Josée, and Michael K. Goodman. 2015. "Spectacular Foodscapes: food Celebrities and the Politics of Lifestyle meditation in an Age of Inequality." Food, Culture& Society 18 (2): 205-22.

Jullien, Bernard, and Andy Smith, eds. 2008. *Industries and Globalization: The Political Causality of Difference, Globalization and Governance*. New York: Palgrave Macmillan.

Kahler, Suasan C. 2005. "Farm Visits Influence Foie Gras Vote." Journal of the American Veterinary Medical Association 227 (5): 688-89.

Kahneman, Daniel. 2011. *Thinking, Fast and Slow*. New York: Farrar, Straus and Giroux.

Kamp, David. 2006. *The United States of Arugula: How We Become a Gourmet Nation*. New York: Broadway Books.

——. 2010. "The Naturecultures of Foie Gras: Techniques of the Body a Contested Ethics of Care." *Food, Culture and Society* 13 (3): 421-52.

Held, David, and Anthony G. McGrew. 2007. *Globalization / Anti-Globalization : Beyond the Great Divide*. 2nd ed. Cambridge, UK: Polity.

Held, David, Anthony G. McGrew, David Goldblatt, and Jonathan Perraton. 1999. *Global Transformations: Politics, Economics and Culture*. Palo Alto, CA: Stanford University Press.

Heldke, Lisa. 2003. *Exotic Appetites: Ruminations of a Food Adventure*. New York: Routledge.

Heller, Chaia. 1999. *Ecology of Everyday Life: Rethinking the Desire of Nature*. Montreal: Black Rose Books.

——. 2013. *Food, Farms, and Solidarity: French Farmers Challenge Industrial Agriculture and Genetically Modified Crops*. Durham, NC: Duke University Press.

Herzfeld, Michael. 2004. *The Body Impolitic: Artisans and Artifice in the Global Hierarchy of Value*. Chicago: University of Chicago Press.

Herzog Hal. 2010. *Some We Love, Some We Hate, Some We Eat: Why It's So Hard to Think Straight about Animals*. New York: Harper.

Hewison, Robert. 1987. *The Heritage Industry: Britain in a Climate of Decline*. London: Methuen.

Hobsbawm, Eric, and Terence Ranger, eds. 1983. *The Invention of Tradition*. Cambridge, UK: Cambridge University Press.

Hoschschild, Adam. 2006. *Bury the Chains: Prophets and Rebels in the Fight to Free an Empire's Slaves*. Boston: Houghton Mifflin.

Hoffman, Barbara T., ed. 2006. *Art and Cultural Heritage: Law, Policy, and Practice*. New York: Cambridge University Press.

Hollows, Joanne, and Steve Jones. 2010. "At Least He's Doing Something': Moral Entrepreneurship and Individual Responsibility in Jamie's Ministry of Food." *European Journal of Cultural Studies* 13 (3): 307-22.

Holt, Douglas B. 204. *How Brands Become Icons: The Principles of Cultural Branding*. Boston: Harvard Business School Press.

Hugues, Robert. 1982. *Le grand livre du foie gras*. Toulous, France: Éditions Daniel Briand.

Indicators of Stress in Male Mule Ducks." *British Poultry Science* 42 (5): 650-57.

Guérard, Michel. 1998. *Le jeu de l'oie et du canard*. France: Cairn.

Gusfield, Joseph R. 1981. *The Culture of Public Problems: Drinking-Driving and the Symbolic Order*. Chicago: University of Chicago Press

——. (1963) 1986. *Symbolic Crusade: Status Politics and the American Temperance Movement*. 2nd ed. Urbana, IL: University of Illinois Press.

——. 1996. *Contested Meanings: The Construction of Alcohol Problems*. Madison, WI: University of Wisconsin Press.

Guthman, Julie. 2007. " Can't Stomach It: How Michael Pollan et al. Made Me Want to Eat Cheetos." Gastronomica 7 (3): 75-79.

——. 2011. *Weighing In: Obesity, Food Justice, and the Limits of Capitalism*. Berkeley: University of California Press.

Guy, Kolleen M. 2003. *When Champagne Became French: Wine and the Making of a National Identity*. Baltimore: Johns Hopkins University Press.

Haidt, Jonathan. 2001. "The Emotional Dog and Its rational Tail: A Social Intuitionist Approach to Moral Judgement." *Psychological Review* 108 (4): 814.

Hall, Stuart. 1992. "Questions of Cultural Identity." In *Modernity and Its Futures*, edited by S.

Hall, D. held, and A. McGrew. London: Polity Press.

Haraway, Donna. 1988. "Situated Knowledges: The Science Question in Feminism and the Privilege of Partial Perspective." *Feminist Studies* 14 (3): 575-99.

Harper, Gemma C., and Aikaterini Makatouni. 2002. "Consumer Perception of Organic Food Production and Farm Animal Welfare." *British Food Journal* 104: 287-99.

Harrington, Alexandra R. 2007. "Not All It's Quacked Up to Be: Why State and Local Efforts to Ban Foie Gras Violate Constitutional Law." *Drake Journal of Agricultural Law* 12: 303-24.

Healy, Kieran. 2006. *Last Best Gifts: Altruism and the market for Human Blood and Organs*. Chicago: University of Chicago Press.

Heath, Deborah, and Anne Meneley. 2007. "Techne, Technoscience, and the Circulation of Comestible Commodities: An Introduction." *American Anthropologist* 109 (4): 593-602.

McAdam, J. D. McCarthy, and M. N. Zald. Cambridge, UK: Cambridge University Press.

Garner, Robert. 2005. *Animal Ethics*. Cambridge, MA: Polity.

Gille, Zsuzsa. 2011. "The Hungarian Foie Gras Boycott." East European Politics & Societies 25 (1): 114-28.

Ginor, Michael A., Mitchell Davis, Andrew Coe, and Jane Ziegelman. 1999. *Foie Gras: A Passion*. New York: Wiley.

Goodman, David. 2002. "Rethinking Food Production-Consumption: Integrative Perspectives." *Sociologia Ruralis* 42(4): 271-80.

Goody, Jack. 1982. *Cooking, Cuisine, and Class: A Study in Comparative Sociology*. New York: Cambridge University Press.

Gopnik, Adam. 2011. *The Table Comes First: Family, France, and the Meaning of Food*. New York: Knopf.

Gordon, Philip H., and Sophie Meunier. 2001. *The French Challenge: Adapting to Globalization*. Washington, DC: Brookings Institution Press.

Grant, Joshua I. 2009. "Hell to the Sound of Trumpet: Why Chicago's Ban on Foie Gras Was Constitutional and What It Means for the Future of Animal Welfare Laws." *Stanford Journal of Animal & Law Policy* 2: 53-112.

Gray, Margaret. 2014. *Labor and the Locavore: The Making of a Comprehensive Food Ethic*. Berkeley: University of California Press.

Grazian, David. 2003. *Blue Chicago: The Search for Authenticity in Urban Blues Clubs*. Chicago: University of Chicago Press.

Greene, Joshua. 2013. *Moral Tribes: Emotion, Reason, and the Gap between Us and Them*. New York: Penguin Press.

Griswold, Wendy. 1987. "A Methodological Framework for the Sociology of Culture." *Sociological Methodology* 17: 1-35.

——. (1994) 2013. *Cultures and Societies in a Changing World*. Thousand Oaks, CA: Sage.

Guémené, Daniel, and Gérard Guy. 2004. "The Past, Present and Future of Force-Feeding and 'Foie Gras Production." *World's Poultry Science Journal* 60 (2): 210-22.

Guémené, Daniel, Gérard Guy, J. Noirault, M. Garreau-Mills, P. Gouraud, and Jean-Michel Faure. 2001. "Force-Feeding Procedure and Physiological

Berkley: University of California Press.

Fine, Gary Alan. 1996. *Kitchens: The Culture of Restaurant Work*. Berkeley: University of California Press.

——. 2001. Difficult Reputations: Collective Memoires of the Evil, Inept, and Controversial. Chicago: University of Chicago Press.

——. 2003. "Crafting Authenticity: The Validation of Identity in Self-Taught Art." *Theory and Society* 32(2): 153-81.

——. 2004. Everyday Genius: Self-Taught Art and the Culture of Authenticity. Chicago: University of Chicago Press.

Fletcher, Nichola. 2010. Caviar: A Global History. Chicago: Reaktion Books.

Foer, Jonathan Safran. 2009. Eating Animals. New York: Little, Brown and Co.

Fourcade, Marion, and Kieran Healy. 2007. "Moral Views of Market Society." *Annual Review of Sociology* 33: 285-311.

Fourcade-Gourinchas, Marion, and Sarah Babb. 2002. "the Rebirth of the Liberal Creed: Paths to neoliberalism in Four Countries." *American Journal of Sociology* 108(3): 533-73.

Francione, Gary L., and Robert Garner. 2010. *The Animal Rights Debate: Abolition or Regulation?* New York: Columbia University Press.

Franklin, Adrian, Bruce Tranter, and Robert White. 2001. "Explaining Support for Animal Rights: A Comparison of Two Recent Approaches to Humans, Nonhuman Animals, and Postmodernity." *Society& Animals* 9(2):127-44.

Friedland William H, and Robert J. Thomas. 1974. "Paradoxes of Agricultural Unionism in California." *Society* 11 (4): 54-62.

Friedman, Monroe. 1996. "A Positive Approach to Organized Consumer Action: The 'Buycott' as an Alternative to the Boycott." *Journal of Consumer Policy* 19 (4): 439-51.

Furlough, Ellen. 1998. "Making Mass Vacation: Tourism and Consumer Culture in France, 1930s to 1970s." *Comparative Studies in Society and History* 40 (2): 247-86.

Gabaccia, Donna R. 1998. We Are What We Eat: Ethnic Food and the Making of Americans. Cambridge, MA: Harvard University Press.

Gamson, William, and David S. Meyer. 1996. "The Framing of Political Opportunity." In *Comparative Perspectives on Social Movements*, edited by D.

and Organizations, edited by L. Zucker. Cambridge, MA: Ballinger.

——. 1997. "Culture and Cognition." Annual Review of Sociology 23:263-87.

Dobransky, Kerry, and Gary Alan Fine. 2006. " The Native in the Garden: Floral Politics and Cultural Entrepreneurs.» *Sociological Forum* 21(4): 559-85.

Douglas, Mary. 1966. Purity and Danger: An Analysis of the Concepts of Pollution and Taboo. London: Routledge.

——, ed. 1984. *Food in the Social Order: Studies of Food and Festivals in Three American Communities*. New York: Russell Sage Foundation0 Douglas, Mary, and Baron C. Isherwood. 1979. *The World of Goods: Towards an Anthropology of Consumption*. New York: Basic Books.

Douglas, Mary, and Aaron Wildavsky. 1982. *Risk and Culture: An Essay on the Selection of Technical and environmental Dangers*. Berkley: University of California Press.

Dubarry, Pierre. 2004. Petit traité gourmand de l'oie & du foi gras. Saint-Remy-de-Provence, France: Equinoxe.

Dubuisson-Quellier, Sophie. 2009. *La consommation engagée*. Paris: Les Presses de Sciences Po.

——. 2013. "A Market Meditation Strategy: How Social Movements Seek to Change Firms' Practices by Promoting New Principles of Product Valuation." *Organization Studies* 34 (5-6): 683-703.

DuPuis, E. Melanie. 2002. *Nature's Perfect Food: How Milk Became America's Drink*. New York: new York University Press.

Elder, Charles D., and Roger W. Cobb. 1983. *The Political Uses of Symbols*. New York: Longman.

Elias, Megan. 2011. "The Meaning of Gourmet." Gourmet Magazine Online. Accessed September 21, 2011.

Emirbayer, Mustafa. 1997. "Manifesto for a relational Sociology." *American Journal of Sociology* 103(2): 281-317.

Ferguson, Priscilla Parkhurst. 1998. "A Cultural Field in the Making: Gastronomy in 19th-Century France." *American Journal of Sociology* 104(3): 597-641.

——. 2004. *Accounting for Taste: The Triumph of French Cuisine*. Chicago: University of Chicago Press.

——. 2014. Word of Mouth: What We Talk About When We Talk About Food.

Caro, Mark. 2009. *The Foie Gras Wars*. New York: Simon& Schuster.

Cavanaugh, Jillian R., and Shalini Shankar. 2014. "Producing Authenticity in Global Capitalism: Language, Materiality, and Value." *American Anthropologist* 116(1): 51-64.

Cerulo, Karen A. 1995. *Identity Designs: The Sights and Sounds of a Nation*. New Brunswick, NJ: Rutgers University Press.

Chan, Cheris. 2012. *Marketing Death: Culture and the Making of a Life Insurance Market in China*. New York: Oxford University Press.

Cohen, Lizabeth. 2003. *A Consumers' Republic: The Politics of Mass Consumption in Postwar America*. New York: Alfred A. Knopf.

Combret, Henri. 2004. *Foie gras tentations*. Escout, France: Osolasba.

Coquart, Dominique, and Jean Pilleboue. 2000. «Le foie gras: Un patrimoine régional?» In *Campagnes de tous nos desirs: Patrimoines et nouveaux usages sociaux*, edited by M. Rautenberg, A. Micoud, L. Bérard and P. Marchenay. Paris: Éditions de la Maison des Sciences del'Homme.

Counihan, Carole, and Penny Van Esterik. (1997) 2013. *Food and Culture: A Reader*. 2nd ed. New York: Routledge.

Croucher, Sheila. 2003. "Perpetual Imagining: Nationhood in a Global Era." *International Studies Review* 5(1):1-24.

Curtis, Valerie. 2013. *Don't Look, Don't Touch: The Science behind Revulsion*. New York: Oxford University Press.

Daguin, André, and Anne de Ravel. 1988. *Foie Gras, Magret, and Other Good Food from Gascony*. New York: Random House.

Davidson, Alan. 1999. *The Oxford Companion to Food*. Oxford, UK: Oxford University Press.

DeSoucey, Michaela. 2010. "Gastronationalism: Food Traditions and Authenticity Politics in the European Union." *American Sociological Review* 75(3): 432-55.

Di Leonardo, Michaela. 1984. *The Varieties of Ethnic Experience: Kinship, Class, and Gender among California Italian-Americans*. Ithaca, NY: Cornell University Press.

DiMaggio, Paul. 1987. "Classification in Art." American Sociological Review 52 (4): 440-55.

——. 1988. "Interest and Agency in Institutional Theory." In *Institutional Patterns*

Media and the New Incivility. New York: Oxford University Press.

Besky, Sarah. 2014. *The Darjeeling Distinction: Labor and Justice on Fair-trade Tea Plantations in India*. Berkeley: University of California Press.

Bessière, Jacinthe. 1996. *Patrimoine culinaire et tourisme rural*. Paris: Tourisme en Espace Rural.

Billing, Michael. 1995. *Banal Nationalism*. London: Sage.

Biltekoff, Charlotte. 2013. *Eating Right in America: The Cultural politics of Food and Health*. Durham, NC: Duke University Press.

Bishop, Thomas. 1996. "France and the Need for Cultural Exception." *New York University Journal of International Law and Politics* 29 (1-2): 187-92.

Bob, Clifford. 2002. "Merchants of Morality." *Foreign Policy* 129: 36-45.

Boisard, Pierre. 2003. Camembert: A National Myth. Translated by R. Miller. Berkeley: University of California Press.

Boltanski, Luc, and Laurent Thevénot. 2006. *On Justification: Economies of Worth*. Princeton, NJ: Princeton University Press.

Bourdieu, Pierre. 1984. *Distinction: A Social Critique of the Judgement of Taste*. Translated by R. Nice. Cambridge, MA: Harvard University Press0

Bowen, Sarah. 2015. *Divides Spirits: Tequila. Mezcal, and the Politics of Production*. Berkeley: University of California Press.

Bowen, Sarah, and Kathryn De Master. 2011. "New Rural Livelihoods od Museums of Production? Quality Food Initiatives in Practice." *Journal of Rural Studies* 27:73-82.

Bronner, Simon J. 2008. Killing Tradition: Inside Hunting and Animal Rights Controversies. Lexington, KY: University Press of Kentucky.

Brown, Linda K., and Kay Mussell. 1984. *Ethnic and Regional Foodways in the United States: The Performance of Group Identity*. Knoxville, TN: University of Tennessee Press.

Brubaker, Rogers. 1996. *Nationalism Reframed: Nationhood and the National Question in the New Europe*. Cambridge, UK: Cambridge University Press.

Calhoun, Craig J. 2007. *Nations Matter: Culture, History, and the Cosmopolitan Dream*. New York: Routledge.

Callero, Peter L. 2009. *The Myth of Individualism: How Social Forces Shape Our Lives*. Lanham, MD: Rowman & Littlefield.

Important Matters: Conversation Topics and Network Structure." *Social Forces* 83(2): 535-57.

Beisel, Nicola. 1992. "Constructing a Shifting Moral Boundary: Literature and Obscenity in Nineteenth-Century America." In Lamont and Fournier 1992, 104-28.

——. 1993. " Morals versus Art: Censorship, the Politics of Interpretation, and the Victorian Nude." *American Sociological Review* 58(2): 145-62.

——. 1997. *Imperiled Innocents: Anthony Comstock and Family Reproduction in Victorian America*. Princeton, NJ: Princeton University Press.

Belasco, Warren, and Philip Scranton, eds. 2002. *Food Nation: Selling Taste in Consumer Societies*. New York: Routledge.

Bell, David. 2003. *The Cult of the Nation in France: Inventing Nationalism*, 1680-1800. Cambridge, MA: Harvard University Press.

Bendix, Regina. 1997. *In Search of Authenticity: The Formation of Folklore Studies*. Madison, WI: University of Wisconsin Press.

Benedict, XVI, Pope, and peter Seewald. 2002. *God and the World: Believing and Living in Our Time*. San Francisco: Ignatius Press.

Bennett, Richard M., Johann Anderson, and Ralph J.P. Blaney. 2002. " Moral Intensity and Willingness to Pay Concerning Farm Animal Welfare Issues and the Implications for Agricultural Policy." *Journal of Agricultural and Environmental Ethics* 15(2): 187-202.

Benzecry, Claudio E. 2011. *The Opera Fanatic: Ethnography of an Obsession*. Chicago: University of Chicago Press.

Berezin, Mabel. 2007. "Revisiting the French National Front." *Journal of Contemporary Ethnography* 36 (2): 129-46.

——. 2009. *Illiberal Politics in Neoliberal Times: Culture, Security and Populism in the New Europe.* Cambridge, UK: Cambridge University Press.

Berezin, Mabel, and Martin Schain, eds. 2003. Europe without Borders: Remapping Territory, Citizenship, and Identity in a Transnational Age. Baltimore: Johns Hopkins University Press.

Beriss, David, and David E. Sutton, eds. 2007. *The Restaurants Book: Ethnographies of Where We Eat*. New York: Berg.

Berry, Jeffrey M., and Sarah Sobieraj. 2013. *The Outrage Industry: Political Opinion*

參考書目

Agnew, Robert. 1998. " The Causes of Animal Abuse: A Social-Psychological Analysis." *Theoretical Criminology* 2(2): 177-209.

Almeling, Rene. 2011. *Sex Sells: The Medical Market for Eggs and Sperms*. Berkeley: University of California Press.

Anderson, Benedict. 19911 *Imagined Communities: Reflections on the Origin and Spread of Nationalism*. New York: Verso.

Appadurai, Arjun. 1981. "Gastro-Politics in Hindu South Asia." *American Ethnologist* 8(3): 494-511.

——. 1986. *The Social Life of Things: Commodities in Cultural Perspective*. Cambridge, UK: Cambridge University Press.

Arluke, Arnold, and Clinton Sanders. 1996. *Regarding Animals*. Philadelphia: Temple University Press.

Aronczyk, Mellisa. 2003. *Branding the Nation: The Global Business of National Identity*. New York: Oxford University Press.

Ascione, frank R. 1993. "Children Who Are Cruel to Animals: A Review of Research and Implications for Developmental Psychopathology." *Anthrozoös* 6(4):226-47.

Aurier, P.,F.Fort, and L. Sirieux. 2005. "Exploring Terroir Product Meanings for the Consumer." Anthropology of Food. http://aof.recues.org/index187.htm.

Bandelj, Nina, and Fredrick F. Wherry, eds. 2011. *The Cultural Wealth of Nations*. Palo Alto, CA: Stanford University Press.

Barham, Elizabeth. 2003. "Translation Terroir: The Global Challenge of French AOC Labelling." *Journal of Rural Studies* 19 (1):127-38.

Barr, Ann and Paul Levy. 1984. T*he Official Foodie Handbook*. New York: Timbre Books.

Baumgartner, Frank R., and Bryan D. Jones. (1993) 2009. *Agendas and Instability in American Polictics*. 2nd ed. Chicago: University of Chicago Press.

Baumgartner, Jody C., and Jonathan S. Morris, eds.2008. *Laughing Matters: Humor and American Politics in the Media Age*. New York: Routledge.

Bearnman, Peter, and Paolo Parigi. 2004. "Cloning Headless Frogs and Other

爭議的美味

鵝肝與食物政治學

Contested Tastes:
Foie Gras and the Politics of Food

作者：米歇耶拉．德蘇樹（Michaela DeSoucey）｜譯者：王湲緯｜總編輯：富察｜責任編輯：賴英錡｜企劃：蔡慧華｜封面設計：朱疋｜排版：宸遠彩藝｜社長：郭重興｜發行人暨出版總監：曾大福｜出版發行：八旗文化／遠足文化事業股份有限公司｜地址：231新北市新店區民權路108-2號9樓｜電話：02-2218-1417｜傳真：02-2218-8057｜客服專線：0800-221-029｜E-mail：gusa0601@gmail.com｜Facebook：facebook.com/gusapublishing｜Blog：gusapublishing.blogspot.com｜法律顧問：華洋法律事務所／蘇文生律師｜印刷：成陽印刷股份有限公司｜出版日期：2020年05月／初版一刷｜定價：460元

國家圖書館出版品預行編目(CIP)資料

爭議的美味：
鵝肝與食物政治學
米歇耶拉·德蘇樹（Michaela DeSoucey）著；王湲緯譯.
-- 初版. -- 新北市：八旗文化出版, 遠足文化發行, 2020.05
譯自：Contested Tastes: Foie Gras and the Politics of Food

ISBN 978-957-8654-69-3(平裝)

1. 食品工業　2.食物　3.政治社會學

463
108009304